Logement et politique(s)

Un couple encore d'actualité ?

Habitat et sociétés

Collection dirigée par Claire Lévy-Vroelant et Férial Drosso

Les recherches sur l'habitat se sont multipliées dans le monde depuis la Seconde Guerre mondiale, dans les sciences sociales et en architecture, comme dans les sciences pour l'ingénieur. Cet intérêt pour l'habitat est lié à l'augmentation des populations citadines, d'abord dans les pays industrialisés et aujourd'hui dans les pays en développement, à des changements dans la structure des familles, à la montée historique de la privatisation mais aussi aux politiques sociales de l'habitat et à l'évolution des techniques et des modalités de construction et de conception. On doit attendre de ces recherches qu'elles contribuent à l'élaboration de solutions techniques, sociales et culturelles plus adaptées à la demande des habitants. Une partie importante de travaux réalisés ou en cours reste cependant mal connue, peu diffusée ou dispersée. L'objectif de cette collection est l'édition de recherches sur l'habitat au sens large (logements, équipements, architecture, espaces publics appropriés) et la réédition de textes importants écrits dans les dernières années, en France et à l'étranger, afin de constituer une collection d'ouvrages de référence pour les étudiants, les chercheurs et les professionnels.

Dernières parutions

Marie LOISON-LERUSTE, *Habiter à côté des SDF. Représentations et attitudes face à la pauvreté*, 2014.

Annabelle MOREL-BROCHET, Nathalie ORTAR, *La fabrique des modes d'habiter. Homme, lieux et milieux de vie*, 2012.

Martine BERGER et Lionel ROUGÉ (sous la dir.), *Être logé, se loger, habiter,* 2011.

N. BREVET, Le(s) bassin(s) de vie de Marne-la-Vallée. *Une politique d'aménagement à l'épreuve du temps et des habitants*, 2011.

N. ROUDIL, *Usages sociaux de la déviance*, 2010.

J LE TELLIER, A. IRAKI, *Politique d'habitat social au Maghreb et au Sénégal*, 2009.

N. HOUARD, *Droit au logement et mixité. Les contradictions du logement social*, 2009.

E. KALFF et L. LEMAITRE, *Le logement insalubre et l'hygiénisation de la vie quotidienne. Paris (1830-1990)*, 2008.

V. LAFLAMME, C. LEVY-VROELANT, D. ROBERTSON et J. SMYTH (sous la dir.), *Aux marges du palais. Héritages et perspectives du logement précaire en Europe,* 2007.

Textes réunis et présentés par
Fatiha Belmessous, Loic Bonneval,
Lydia Coudroy de Lille,
Nathalie Ortar

Logement et politique(s)

Un couple encore d'actualité ?

L'Harmattan

La « Journée jeunes chercheurs », qui s'est tenue le 22 novembre 2012 à l'École normale supérieure de Lyon, est issue d'une série d'autres Journées jeunes chercheurs organisées depuis 2005 au sein du réseau pluridisciplinaire sur l'habitat.

5-7, rue de l'Ecole-Polytechnique, 75005 Paris

http://www.harmattan.fr
diffusion.harmattan@wanadoo.fr

ISBN : 978-2-343-03990-9
EAN : 9782343039909

SOMMAIRE

DEUXIÈME PARTIE

NOUVELLES POLITIQUES, NOUVEAUX ACTEURS ?

TROISIÈME PARTIE

LOGEMENT ET MINORITÉS : UN TRAITEMENT MINIMAL

QUATRIÈME PARTIE
FAMILLES ET ÉTAT, COMPLÉMENTARITÉS ET DÉSUNION

LES AUTEURS

Fatiha BELMESSOUS est historienne, chargée de recherche à l'ENTPE au sein de l'UMR Environnement Ville et Sociétés. Ses travaux portent sur les processus socio-historiques des politiques urbaines et du logement depuis le XIXe siècle, analysés sous l'angle de la mise en catégories d'outils (critères sociaux et ethno-raciaux) pour faire la ville. Ses dernières publications portent sur les discriminations dans l'accès au logement (2006), le logement des Algériens dans l'agglomération lyonnaise (2014) ou la question des « seuils de tolérance » (2014). L'obtention d'une bourse de recherche de la Région Rhône-Alpes pour effectuer des séjours prolongés à l'Université autonome de Barcelone (2011-2013) lui permet d'introduire une dimension comparée dans ses approches et de questionner les concepts et catégories d'analyse construites dans d'autres sociétés.

Emmanuel BIOTEAU est maître de conférences en géographie, enseignant à l'Université d'Angers depuis 2007. Titulaire d'une thèse de doctorat portant sur une approche de géographie sociale de la frontière en Europe centrale et orientale, il consacre depuis 2006 l'essentiel de ses travaux aux dynamiques territoriales de l'économie sociale et solidaire et à la construction spatiale des solidarités. Ses recherches actuelles portent, outre l'habitat léger, sur la dimension spatiale des vulnérabilités (surendettement, accès aux financements, santé).

Loïc BONNEVAL est maître de conférences en sociologie à l'Université Lyon 2, membre du Centre Max Weber (UMR 5283), équipe MEPS. Ses travaux portent sur les acteurs des marchés du logement (*Les agents immobiliers*, ENS Éditions, 2011) ainsi que sur une approche socio-historique des propriétaires immobiliers et des rapports de location (*L'immeuble de rapport*, PUR, 2013 avec François Robert).

Mathilde COSTIL est doctorante, allocataire de recherche du Centre de recherche et d'analyse géopolitique (CRAG) à l'Université Paris 8. Elle prépare une thèse sur les enjeux géopolitiques de l'habitat indigne (habitat privé dégradé et habitat insalubre) à Saint-Denis, et notamment sur les politiques publiques envers cet habitat. Elle a travaillé, dans son mémoire de master 2, sur la question des bidonvilles roms, principalement sur la mise en place du projet du village d'insertion municipal de la ville de Saint-Denis et a publié « Roms migrants en

Seine-Saint-Denis » (dans *Des frontières indépassables*, sous la direction de Béatrice Giblin et Frédérick Douzet, 2013, Armand Colin).

Camille DEVAUX a soutenu en novembre 2013 une thèse en urbanisme réalisée sous la direction de Jean-Claude Driant portant sur les initiatives d'habitat participatif. Dans le cadre de ce travail doctoral, elle s'est intéressée à l'émergence de l'habitat participatif et à son intégration dans l'action publique. Son analyse repose sur l'investissement de quatre scènes locales et un suivi à l'échelle nationale du mouvement de l'habitat participatif.

Jerónimo DÍAZ a grandi à Mexico avant de s'installer à Toulouse pour mener des études de géographie. Ses premiers travaux portent sur l'écologie politique et la gestion du patrimoine « naturel » dans la sierra de Talamanca (Costa Rica). Depuis 2007 il s'intéresse aux enjeux de la patrimonialisation du centre historique de Mexico, plus particulièrement aux conflits associés à la gentrification du site, dans le cadre d'une thèse de doctorat qui sera soutenue en 2014.

Hélène DUCOURANT est maître de conférences en sociologie à l'Université de Marne-la-Vallée et est rattachée au laboratoire LATTS. Ses recherches portent principalement sur les marchés de crédit et l'endettement des individus.

Paul CITRON est doctorant en aménagement à l'Université de Paris 1, sous la direction de Francis Beaucire et de Sylvie Fol. Après avoir travaillé sur la diffusion de la notion d'écoquartier en France, son travail de thèse porte sur le rôle des grands opérateurs immobiliers dans les projets urbains en zone dense. Il bénéficie d'une bourse de l'ADEME et du ministère de l'Égalité des territoires et du Logement.

Lydia COUDROY de LILLE est géographe, professeure à l'Université Lumière Lyon 2 (UMR CNRS Environnement Ville Société). Ses recherches portent sur les transformations urbaines et du logement en Europe centrale et orientale, notamment en Pologne. Membre du Rehal depuis 2012, elle participe aux travaux de l'atelier « Habitat participatif » et a contribué à la publication du dossier spécial « La crise du logement en Europe au XXe siècle » dans *Le Mouvement Social* (volume 4, n° 245) en 2013.

Martha GILSON, doctorante en histoire contemporaine, travaille sur les traitements sociaux de la vieillesse après 1945. Elle aborde sa thèse sous l'angle de l'histoire urbaine, de l'action publique et des vulnérabilités, afin de comprendre la construction sociale de la catégorie de la vieillesse.

Magdalena Górczyńska, docteure en géographie, chargée de recherche à l'Institut de géographie et d'aménagement du territoire (Académie des sciences de Pologne) depuis 2012, actuellement chercheuse invitée au CNRS (UMR 8504 Géographie-Cités) dans le cadre du Programme de mobilité de jeunes chercheurs financé par le ministère polonais des Sciences et de l'Éducation supérieure. Ses recherches se concentrent sur les mécanismes des changements sociaux dans les espaces urbains européens, sur les nouveaux processus et les effets sociaux qui apparaissent dans l'espace à cause de ces changements.

Carine Henriot est docteure en géographie, ATER à l'université Paris 1 Panthéon-Sorbonne, et rattachée à l'UMR 8586 PRODIG. Ses recherches portent sur la production des villes nouvelles chinoises et des grands ensembles de logements sociaux, le peuplement de ces nouveaux quartiers et leurs divisions socio-spatiales. Elle est l'auteure d'une thèse intitulée : « Ville nouvelle et redéploiement métropolitain à Shanghai. Les nouvelles périphéries urbaines chinoises. »

Céline Jacquin réalise son doctorat en études urbaines au Lab'Urba à l'Université Paris-Est Marne-la-Vallée. Elle s'intéresse aux modes de vie et aux compétences sociales en jeu dans le développement des quartiers périphériques de la ville de Mexico. Céline Jacquin a développé des collaborations avec l'Université autonome métropolitaine (Azcapotzalco et Cuajimalpa à Mexico) et le Centre d'études mexicaines et centre-américaines.

Sylvaine Le Garrec est sociologue-urbaniste. Après avoir travaillé sur la notion de renouvellement urbain, elle a soutenu, à l'Institut d'urbanisme de Paris (Lab'Urba), sa thèse de doctorat portant sur l'histoire et la démolition d'un grand ensemble en copropriété à Clichy-sous-Bois/Montfermeil (93). Elle travaille aujourd'hui pour l'Association des responsables de copropriété (ARC) en tant que chargée de recherche sur les démarches d'amélioration énergétique dans les copropriétés et sur les copropriétés en difficulté.

Clémence Léobal, diplômée de l'Institut d'études politiques de Paris, est actuellement doctorante en sociologie à l'université Paris-Descartes. De 2009 à 2011, elle a consacré deux ans au Volontariat civil à l'aide technique au service patrimoine de la mairie de Saint-Laurent-du-Maroni. Elle poursuit désormais ses recherches en thèse de doctorat sur les politiques du logement dans l'Ouest guyanais.

Romain MAURICE est doctorant en urbanisme au laboratoire Pacte Territoire (Grenoble), Romain Maurice réalise une thèse en convention CIFRE à la communauté urbaine de Lyon. Elle porte sur l'utilisation des politiques foncières (règlementaires, opérationnelles et fiscales) comme outil de contrôle de l'action des promoteurs immobiliers et bailleurs sociaux.

Blandine MORTAIN est maître de conférences en sociologie à l'université Lille 1 et membre du CLERSÉ. Elle mène des recherches dans le champ de la famille et de la parenté et s'intéresse en particulier aux contenus matériels des échanges intergénérationnels.

Nathalie ORTAR est anthropologue, chargée de recherche au Laboratoire d'économie des transports à l'ENTPE. L'anthropologie de l'habiter reste au cœur de ses recherches. Elle a publié, en collaboration avec Annabelle Morel-Brochet, *La fabrique des modes d'habiter*, Paris, L'Harmattan (2012). Elle travaille également dans une perspective plus sociologique sur les mobilités géographiques, résidentielles et professionnelles. Ses terrains d'enquête actuels se situent en France et aux États-Unis où elle aborde la question du quotidien du développement durable au travers d'une anthropologie du quotidien et de la culture matérielle.

Jérôme PRUGNEAU est professeur agrégé de géographie, enseignant à l'Université d'Angers depuis 2006. Il réalise actuellement une thèse de doctorat consacrée aux territorialités des étudiant(e)s et à la place de la ville universitaire dans l'expérience étudiante. Ses autres travaux portent sur les trajectoires résidentielles et les vulnérabilités (surendettement, précarité énergétique, habitat léger), et plus particulièrement sur la dimension spatiale de la production, l'identification, l'accompagnement et la gestion des risques liés au logement et à l'habitat.

Élise ROCHE est géographe, maître de conférences en urbanisme à l'INSA de Lyon et membre de l'équipe ITUS au sein du Laboratoire Environnement Ville et Société (UMR 5600). Elle travaille sur la géographie des politiques urbaines et la ségrégation socio-spatiale, notamment sur la question de la production d'habitats spécifiques et d'espaces intermédiaires. Ses recherches les plus récentes s'attachent au traitement des marges urbaines à Saint-Denis, dans une perspective diachronique (cf. Costil M., Roche É., à paraître, *Traiter les bidonvilles hier et aujourd'hui. Le relogement entre permanence et provisoire*). Après sa thèse (*Territoires institutionnels et vécus de la participation en Europe. Le cas des quartiers périphériques*, 2010, dirigée par Marie-Vic Ozouf-Marignier, EHESS-CRH), elle a notamment publié « Participation et conflits : l'enjeu des espaces intermédiaires. Conflits socio-spatiaux à Berlin et Saint-Denis », 2011, *Trajectoires, travaux des jeunes chercheurs du CIERA*.

François VALEGEAS est doctorant au Laboratoire Ville Mobilité Transport et au Lab'Urba, au sein de l'Université Paris-Est. Ses recherches portent sur les conditions d'appropriations et de constructions collectives dans les projets de quartiers durables en France. Il a publié en 2013 *Du projet au quartier dit « durable » : des identités locales en construction* », (Actes du colloque international « S'Approprier la ville. Le devenir-ensemble, du patrimoine urbain aux paysages culturels », Presses de l'Université du Québec, collection Patrimoine urbain).

INTRODUCTION

Logement et politique(s) : un couple encore d'actualité ?

par Fatiha BELMESSOUS, Loïc BONNEVAL, Lydia COUDROY de LILLE, Nathalie ORTAR

La « Journée jeunes chercheurs », qui s'est tenue le 22 novembre 2012 à l'École normale supérieure de Lyon, est issue d'une série d'autres Journées jeunes chercheurs organisées depuis 2005[1] au sein du réseau pluridisciplinaire sur l'habitat. Il nous est apparu intéressant de regarder en arrière afin d'effectuer un état des domaines de recherche et des questions qui ont pu apparaître ou disparaître. Réunissant à chaque fois un grand nombre de doctorants (54 en 2012), ces journées d'étude donnent en effet des indications sur les questionnements et les objets émergents dans la recherche sur le logement et l'habitat. Ce regard rétrospectif ne prétend pas être exhaustif ni retracer fidèlement une évolution de la recherche sur le logement car l'exercice souffre d'un biais constitué par l'évolution des textes d'appel à propositions. Reflets des questionnements des époques, et même s'ils ont toujours été rédigés dans le but d'attirer le plus grand nombre, il est probable que certains questionnements, lors d'un colloque, résultent davantage de la mise en valeur d'une thématique que d'une évolution sensible de la recherche. Nonobstant ce biais, force est de constater la persistance des thèmes portant sur les politiques publiques de logement, le renouvellement urbain, les marchés immobiliers et les modes d'habiter, le renforcement de travaux sur des groupes sociaux (migrants et précaires) et de la catégorisation dans les politiques de peuplement et, enfin, l'émergence de nouveaux thèmes (développement durable, énergie).

À l'inverse, plusieurs thématiques ont quasiment disparu alors qu'elles s'étaient imposées au cours des Journées précédentes et qu'elles s'inscrivent toujours dans des champs de recherche actifs. La gentrification n'est abordée de manière frontale par aucune des

[1] Ces Journées ont eu lieu en 2005 et 2007 à Paris, en 2009 à Toulouse et en 2012 à Lyon. Les deux premières ont donné lieu à la publication d'une sélection de communications (Berger et Rougé (coord.), 2012).

présentations de 2012, à l'exception de la communication de Lina Raad[2], alors même que ce domaine d'étude compte des thèses et publications importantes récentes (Clerval 2013, Collet 2010, Giraud 2010, Tissot 2011). Le recul des travaux portant sur l'habiter périurbain, thème qui fut présent de manière explicite uniquement dans la communication de Séverine Bonnin-Oliveira[3], interroge également. En effet, cette forme d'habitat continue de progresser, s'adresse à une grande diversité de catégories sociales (Cartier *et al.*, 2008 ; Girard, 2009 ; Lambert, 2012) et constitue un enjeu politique majeur au regard notamment de la hausse des coûts de l'énergie. Il convient d'autant plus de souligner cette absence que cet objet a connu un regain d'intérêt au début du quinquennat de Nicolas Sarkozy et encore aujourd'hui dans un contexte de crise bancaire autant qu'économique. Non sans lien avec ce peu de renouvellement des questionnements autour de la localisation et des espaces des différentes classes sociales, force est de constater l'absence de recherches sur la morphologie et la mobilité sociale, l'analyse des trajectoires résidentielles. Leurs apports sont pourtant essentiels pour redéfinir les rapports sociaux de classes, les espaces, les univers de vie et les représentations des individus (Girard *et al.*, 2013). Au cours de ces Journées différentes thématiques furent abordées, convoquant de nombreux champs disciplinaires (histoire, géographie, anthropologie, urbanisme), ce qui contribue fortement à renouveler les questionnements et les méthodes de travail.

Parmi les thématiques récurrentes, on note la question du renouvellement urbain et de la démolition. Elle est actuellement traversée par celle de la patrimonialisation, comme en témoigne l'importance de cette réflexion à l'international comme en France. La recherche portant sur la production de logements sociaux, les effets des politiques publiques et le renouvellement de la conception reste très présente au sein des Journées.

La conception de logements et de quartiers neufs, comme de nouvelles formes de vivre ensemble, traverse de nombreuses recherches, qu'il s'agisse d'habitat social ou d'écoquartiers. On peut noter également la montée des recherches sur les logements participatifs et l'actualité de celles sur la participation des habitants, de même que celles consacrées aux nouveaux modes d'accession à la propriété et de construction.

---

[2] Stratégies résidentielles et ancrage territorial des couches moyennes en banlieue rouge : le rôle du contexte local, Journée jeunes chercheurs du Rehal, 2012.

[3] De la dépendance urbaine à l'ancrage périurbain : recompositions des territoires et des modes de vie aux marges de l'aire urbaine toulousaine, Journée jeunes chercheurs du Rehal, 2012.

Les travaux autour des modes d'habiter persistent avec un renouvellement des questionnements ainsi que des usages des espaces communs au travers des évolutions de l'urbanisme, notamment dans les écoquartiers (François Valegeas, cf. deuxième partie ; Laurie Louvet[4]). Les autres questionnements, plus « classiques », portent sur l'adaptation du logement aux personnes âgées (Fanny Auger[5]) et « faire couple au sein d'un logement » (Francesca Navarro[6]), seule communication à aborder la question du genre. Les cohabitations intergénérationnelles et interculturelles sont peu abordées.

La question des marchés de l'immobilier traverse également l'ensemble des Journées. Les économistes y sont toutefois peu présents et l'accent est mis sur les acteurs et la logique de leurs pratiques. La présence régulière de ce thème est d'autant plus notable que le champ de recherche sur le sujet est peu structuré et qu'il est parfois perçu comme déserté depuis les années 1980. Les marchés du logement ayant pris une place déterminante dans les dynamiques urbaines et la crise du logement, il n'est pas étonnant d'assister à un renouveau des travaux, même s'ils sont encore assez éclatés dans leurs approches et leurs méthodes.

À côté de ces thèmes réguliers, certains tendent à s'affirmer. Les questionnements autour de l'énergie sont ainsi de plus en plus présents : ils avaient déjà été évoqués lors de Journées précédentes au travers des travaux d'Hélène Subrèmon[7], mais n'avaient jamais fait l'objet d'un atelier en soi jusqu'à présent. Cette montée des questionnements sur l'énergie révèle autant la structuration du financement public de la recherche (par exemple par l'Agence de l'environnement et de la maîtrise de l'énergie) que des préoccupations croissantes sur les usages de l'énergie dans l'habitat comme préoccupation sociale, liée à la fois à des questions environnementales et d'équité sociale.

Une thématique qui s'est affirmée en lien avec l'actualité économique concerne les conditions de logement des précaires et des migrants. Si le thème a toujours été présent dans les précédentes éditions, même discrètement, le nombre important de communications présentées souligne l'intérêt croissant portant sur le traitement spécifique institué par les pouvoirs publics pour gérer les populations les plus fragiles. Le fait

---

[4] Saisir les modes d'habiter en écoquartier, Journée jeunes chercheurs du Rehal, 2012.

[5] L'habitat à l'heure de la retraite : entre aménagement de soi et aménagement des lieux, Journée jeunes chercheurs du Rehal, 2012.

[6] L'espace domestique comme révélateur du couple et de pratiques territoriales de genre, Journée jeunes chercheurs du Rehal, 2012.

[7] La construction d'un climat intérieur : condition d'un être au monde écologique. Ethnographie européenne des modes d'habiter en maison individuelle, Journée jeunes chercheurs du Rehal, 2009.

que deux ateliers lui ont été consacrés lors de la dernière Journée révèle les tensions sociales et économiques entourant le logement mais surtout les pratiques normatives des acteurs publics.

Enfin, si les questions liées à la crise de l'économie mondiale depuis 2008 ne sont jamais abordées de front, les communications font état des transformations en cours, que ce soit à travers l'analyse de nouvelles formes de vulnérabilité, des implications de la rétractation des ressources, des transformations de la ville, des quartiers et des logements témoignant de la nécessité d'un renouvellement large du cadre à penser. Cet environnement incertain serait l'une des clefs de compréhension de la forte présence du politique mais aussi des conséquences de son retrait, largement montré au cours de la dernière Journée d'étude.

Le logement et l'habitat saisis par le politique

Les recherches présentées ici ont en effet en commun de se situer à divers points de contact du logement et du politique. On ne saurait s'en étonner, tant cette « marchandise impossible », selon l'indémodable expression de Christian Topalov, est indissolublement liée à l'action publique et au politique. Bien de première nécessité, le logement fait l'objet, depuis la fin du XIXe siècle, d'une intervention publique visant à corriger les déséquilibres du marché. Devenu le premier poste des dépenses des ménages, l'élément le plus important de leur patrimoine, mais aussi l'un des principaux marqueurs des inégalités sociales (Bugeja-Bloch, 2013), le logement constitue un enjeu incontournable pour les politiques publiques, régulièrement réactualisé car la situation du logement est, de façon récurrente, décrite sous l'angle de la « crise » (Fourcaut et Voldman, 2013). On sait que ce terme ne convient qu'imparfaitement pour décrire la difficulté endémique à loger le plus grand nombre, et en particulier les plus modestes. C'est néanmoins ce vocable qui s'est imposé et qui renvoie, pour la période actuelle, à la cherté du logement, à l'augmentation des situations de mal-logement, et peut-être plus largement au « droit à l'habitat » (Fijalkow, 2013) donnant lieu à toute une série de diagnostics et de préconisations, comme par exemple dans le numéro spécial de la revue *Regards croisés sur l'économie* paru en 2011.

Parallèlement, l'action publique s'est recomposée. Le passage progressif, maintes fois décrit mais qu'il faudrait nuancer, de l'État fordiste, planificateur et producteur, à l'État régulateur et incitatif, s'accompagne d'un changement d'échelle au profit des collectivités locales. Le mouvement de décentralisation et de territorialisation n'est toutefois pas univoque puisque l'action publique se caractérise par une imbrication des échelles et des niveaux de décision, et par une spécialisation des tâches qui en complexifie parfois la mise en œuvre (Driant, 2009). Dans le même temps, la place prise par les incitations fiscales d'une part – sur lesquelles les pouvoirs locaux n'ont pas ou peu de prise – et par l'établissement de normes et de catégories d'autre part – pouvant résulter, elles, de formes diverses de coproduction – sont des signes du maintien du rôle de l'État en dépit de son désengagement des aides à la pierre et du financement du logement social. Ce constat, propre au cas français, caractérisé par l'importance de l'État central, est à décliner selon les contextes nationaux présents dans les différents textes (Chine, Irlande, Mexique, Pologne). Toutefois, on y retrouve à chaque fois cette prégnance du politique.

Le discours et les objectifs affichés ont en partie suivi ces évolutions, mais il serait réducteur de les ramener uniquement à un tournant néolibéral. L'ambition techniciste de modernisation de l'habitat, qui doublait le projet bâtisseur des Trente Glorieuses et qui semble s'être diluée dans le rafistolage des défaillances du marché, subsiste néanmoins à bien des égards, sous d'autres habits, comme ceux des nouvelles normes de construction basse consommation et de l'essor de la domotique. Le volet social de cette modernisation s'énonce dans de multiples lieux, comme les écoquartiers et parfois en dehors des pouvoirs publics comme dans le cas de l'habitat participatif. Les mots d'ordre successifs de la politique du logement en France présentent une certaine constance mais également des contradictions vivaces, s'articulant notamment autour de la tension entre l'injonction du *tous propriétaires* et celle du *tous logés*, et des ambivalences du droit au logement. Parce qu'elles impriment leur rythme et ont des effets sur les dispositifs mis en place (DALO, mixité sociale dans les opérations de renouvellement urbain), les oscillations du discours politique dominant ajoutent encore de la complexité à l'élaboration de l'action publique.

Ces permanences et ces reconfigurations, qui ne sont pas réservées au domaine du logement, ont ouvert la voie à un domaine de recherche qui étudie les politiques publiques par le bas, par leurs instruments et leur mise en œuvre, plutôt que par leurs principes et leurs institutions (Lascoumes et Le Galès, 2012). Les contributions recueillies dans cet ouvrage s'orientent toutefois dans une autre direction. Elles portent moins sur l'analyse de l'action politique en tant que telle que sur son articulation avec les populations, les dynamiques locales et la transformation du bâti. La recherche urbaine et la recherche sur le logement, elles-mêmes longtemps prises dans des rapports ambivalents à la commande publique (Amiot, 1986), ont souvent porté le regard sur la confrontation entre les dispositifs publics et leur appropriation (ou nonappropriation), sur le lien entre politiques et habitants. De ce point de vue, les travaux présentés ici offrent une continuité certaine et la question posée par le titre de l'ouvrage sur l'actualité du couple logement/politique, qui interpelle également la recherche, appelle à un renouveau des travaux par-delà la diversité des méthodes et des objets. Plutôt que de s'attarder sur cette tradition, il nous semble intéressant de souligner ici l'intérêt de ce type d'approche.

Le fait de s'intéresser moins à la mise en œuvre d'une politique qu'à ses effets ou à la façon dont les acteurs s'en emparent est nécessaire dans un cadre où les aides à la personne, censées donner plus de marge de manœuvre aux ménages, prédominent, et où les dispositifs incitatifs et fiscaux prennent de plus en plus d'importance. Les jeux d'acteurs, les configurations locales ou encore les logiques familiales deviennent indispensables à la compréhension des pratiques des habitants. L'intérêt réside également dans la possibilité d'observer des effets à plus long terme, en dehors du champ immédiat d'application des dispositifs publics. Le devenir d'un ménage quelques années après s'être engagé dans une accession aidée, la gestion de l'appartement d'un bailleur qui a bénéficié d'un dispositif de défiscalisation, la paupérisation d'une copropriété ou son évolution après un plan de sauvetage, l'intensité de la vie locale et de l'implication des habitants après l'adoption d'un projet d'écoquartier sont autant d'exemples parmi beaucoup d'autres où les rapports du logement, de l'habitat et du politique évoluent après l'application de mesures de politique du logement. Ils peuvent également se lire comme des manifestations de l'absence ou du retrait de l'État et des pouvoirs publics, là où l'œil du politiste diagnostiquerait plus un redéploiement qu'un désengagement. Une telle perspective peut ouvrir sur des approches critiques, notamment sur l'incapacité à anticiper des effets à long terme, ou sur les « ratés » de l'intervention publique. Mais cette tonalité, présente, n'est pas majoritaire dans les textes rassemblés ici.

La tension entre la présence et l'absence du politique se décline différemment dans les contributions, en fonction de la place respective de la transformation du bâti et des populations, mais aussi selon la façon dont ces dernières sont envisagées, dépendantes de l'action publique ou actrices dans leur rapport avec elle. Les chapitres du présent ouvrage reprennent ces différentes façons d'envisager le rapport du logement et du politique, ce qui conduit à organiser les textes autour de quatre parties.

La première partie met en avant toute la diversité des processus d'intervention et des corps intermédiaires chargés d'organiser les relations sociales relatives à l'habitat et à l'habiter. La deuxième partie aborde à la fois les manières d'appréhender les catégories de l'action publique et les logiques d'action de ceux chargés de les mettre en œuvre. La troisième partie porte sur la gestion différenciée par les acteurs du logement des populations minoritaires et leur mise en catégorie. Les ressorts des rôles du politique et de la famille sont analysés en quatrième partie, dans leurs fonctions de support à l'accession et de maintien dans la propriété lors de crises.

Indications bibliographiques

AMIOT M., *Contre l'État les sociologues*, Paris, Éditions de l'EHESS, 1986.

BERGER M., ROUGÉ L. (coord.), *Être logé, se loger habiter, regards de jeunes chercheurs*, Paris, L'Harmattan, 2012.

BUGEJA-BLOCH F., *Logement, la spirale des inégalités*, Paris, PUF, 2013.

CARTIER M., COUTANT I., MASCLET O. *et al.*, *La France des « petits-moyens ». Enquête sur la banlieue pavillonnaire*, Paris, La Découverte, 2008.

CLERVAL A., *Paris sans le peuple*, Paris, La Découverte, 2013.

COLLECTIF, « Pour sortir de la crise du logement », *Regards croisés sur l'économie*, La Découverte, 2011.

COLLET A., *Générations de classes moyennes et travail de gentrification. Changement social et changement urbain dans le Bas Montreuil et à la Croix-Rousse, 1975-2005,* thèse pour le doctorat de sociologie, Université Lyon 2, 2010.

DRIANT J.-C., *Les Politiques du logement en France*, Paris, La Découverte, 2009

FIJALKOW Y., « La "Crise du logement" n'est pas (seulement) celle qu'on croit », *Métropolitiques*, 17 juin 2013.

FOURCAUT A., VOLDMAN D., « Les Crises du logement en Europe au XXe siècle », *Le Mouvement social*, n°245, octobre-décembre 2013.

GIRARD V., *Un Territoire périurbain, industriel et ouvrier. Promotions résidentielles de ménages des classes populaires et trajectoires d'élus salariés intermédiaires de l'industrie*, thèse pour le doctorat de sociologie, EHESS, 2009.

GIRARD V. (coord.), « Propriété et classes populaires », *Politix*, n°101, 2013.

GIRAUD C., *Sociologie de la gaytrification, Identités homosexuelles et processus de gentrification à Paris et Montréal*, thèse pour le doctorat de sociologie, Université Lyon 2, 2010.

LAMBERT A., *« Tous propriétaires ! » Politiques urbaines et parcours d'accédants dans les lotissements périurbains (1970-2010)*, thèse pour le doctorat de sociologie, EHESS, 2012.

LASCOUMES P., Le GALÈS P., *Sociologie de l'action publique*, Paris, Armand Colin, coll. « 128 », 2012.

TISSOT S., *De bons voisins. Enquête dans un quartier de la bourgeoisie progressiste*, Paris, Raisons d'agir, 2011.

TOPALOV C., *Le Logement en France, histoire d'une marchandise impossible*, Paris, PFNSP, 1987.

PREMIÈRE PARTIE

TRANSFORMATIONS DE LA VILLE PAR L'HABITAT

Introduction

par Lydia COUDROY DE LILLE

La substance urbaine est largement constituée par l'espace habitat, construit au cours du temps. Le paysage urbain, dans sa dimension verticale et horizontale, est avant tout un paysage d'immeubles et de maisons à usage résidentiel ; l'identité paysagère des villes, née de la couleur des toits, des murs, provient également en grande majorité des matériaux et techniques utilisés dans l'habitat. Il en va de même pour la division sociale de l'espace : les caractères plus ou moins accusés de la ségrégation, de la fragmentation urbaine sont mesurés, en général, par la distribution de la population dans l'espace, par le lieu de résidence. Un certain nombre de « modèles » ou de poncifs descriptifs de types d'organisation socio-spatiale (la ville « américaine », la ville « duale », la ville « compacte », etc.) renvoient implicitement ou explicitement à des modes d'organisation sociale et spatiale de l'habitat (et par conséquent des habitants) dans le territoire urbain.

Naturellement, la répartition, les configurations matérielles et sociales de l'habitat sont tout sauf immuables, et une relation d'ordre dialectique relie habitat et espace urbain, la ville se transformant par l'habitat autant que l'inverse : d'une part, les citadins, par leur mode de vie, leurs comportements sociodémographiques, leurs pratiques de mobilités, optent pour des types d'habitat, de localisation qui affectent le fonctionnement et les configurations de l'espace urbain. D'autre part, la répartition changeante des activités, des infrastructures de communication, ou bien des modifications de l'environnement peuvent en retour influencer à la fois l'architecture, les modes d'habiter, les stratégies résidentielles des ménages. Cela ne va pas sans problèmes et sans décalages : la ville est faite de temporalités croisées, elle « n'est jamais synchrone avec elle-même » (Roncayolo, 1990). En la matière, l'habitat est une dimension de la spatialité urbaine parmi les plus inertes, avec le plan lui-même (Lepetit et Pumain, 1993). Dans l'Ancien Monde, les immeubles d'habitation ont une durée de vie souvent pluriséculaire. En revanche le bâti fonctionnel (les locaux commerciaux, industriels) est davantage susceptible de tomber dans l'obsolescence en raison des mutations rapides et conjoncturelles des processus économiques et techniques (Chesneau, 2002). Rien n'est cependant irréversible, car les dynamiques de patrimonialisation, de gentrification, montrent qu'en matière d'habitat aussi un quartier que l'on croyait livré au déclin physique, démographique et économique peut recouvrer une valeur symbolique, sociale et, *in fine*, immobilière nouvelle. Ces régularités observées par les sciences humaines, de l'histoire à la sociologie en passant par la géographie et l'architecture urbaines, par-delà leur universalité, n'en sont pas moins soumises aux effets de contexte culturel, économique, technique, de chaque milieu urbain. Il faut donc se garder de lire les relations dialectiques entre ville et habitat au prisme d'une unique focale occidentalo-centrée. Certes, la mondialisation traverse elle aussi les modes d'habiter, mais avec, là encore, une certaine inertie face à la dimension culturelle de l'habiter.

C'est à cette posture internationale qu'invite le choix de textes présentés dans ce chapitre qui traverse l'Europe, l'Amérique et l'Asie, mais aussi plusieurs temps historiques, des années 1940 à nos jours. Ils illustrent, de manière partielle naturellement, les transformations de la ville par l'habitat et de l'habitat par la ville. Des fils directeurs relient ces textes, malgré leurs objets extrêmement éloignés en apparence. Premièrement, du côté des temporalités urbaines, les quartiers anciens sont au cœur de plusieurs de ces articles. Qu'ils soient ciblés par des politiques de patrimonialisation comme à Mexico (texte de Jerónimo Diaz), démolis au nom de la modernisation urbaine à Shanghai (texte de Carine Henriot), rescapés des destructions massives pendant la guerre à Varsovie (texte de Magdalena Górczyńska), ou bien victimes de processus de taudification à Lyon (texte de Martha Gilson), les quartiers d'habitat ancien sont au cœur de dynamiques sociales complexes, où se profilent dans certains cas une certaine résignation, lorsque la population, elle aussi vieillissante, dépend des interventions associatives (Lyon), ou bien doit défendre ses droits de locataires face aux nouveaux propriétaires (Varsovie). Mais les habitants des quartiers anciens patrimonialisés de Mexico déploient au contraire d'efficaces stratégies de résistance pour défendre leur bien et font de l'entrisme dans les processus participatifs. Deuxièmement, les dynamiques sociales inhérentes aux transformations de l'habitat sont analysées par tous les auteurs, mais à différentes échelles. Il s'agira de « macroségrégation » à Shanghai lorsque les autorités planifient les grandes communautés résidentielles, ou de microségrégation, à l'échelle de l'immeuble, lorsque de nouveaux propriétaires cohabitent avec d'anciens locataires et qu'ils cherchent à éviter de les croiser en organisant matériellement des circulations disjointes (Varsovie) ; enfin la copropriété dégradée de Clichy (texte de Sylvaine Le Garrec) a vu se mettre en place une spirale de paupérisation plus marquée que dans les cités d'habitat social proches. Troisièmement, les propriétaires se trouvent aux avant-postes de ces mutations. Dès l'origine, ils participent de la constitution d'une bulle spéculative dans les années 1960 dans la cité de Clichy-Montfermeil, devenue au fil du temps une copropriété dégradée ; ils investissent, en représentants de la nouvelle classe moyenne mexicaine, le centre ancien ; ils découvrent les avantages de la spéculation sur le dos des locataires dans les immeubles « revendiqués » à Varsovie ; ils sont au premier plan de la fabrique urbaine lorsqu'en 1988 la Chine populaire mise sur le « tout marché » et encore lorsqu'en 2011 elle favorise l'accession sociale à la propriété dans les quartiers satellites. Enfin, dernier fil directeur : on est frappé par l'institutionnalisation très diverse des rapports entre acteurs : en Chine, l'individu, surtout s'il est migrant précaire, est livré à lui-même face aux organisateurs du « grand triomphe » immobilier. En Pologne, qui n'est plus un État socialiste contrairement à la Chine, le locataire, à défaut d'une loi éternellement repoussée qui clarifierait son sort face aux nouveaux propriétaires, peut s'appuyer sur un « comité de défense » de nature associative, comme c'est le cas pour la structure « Propagande et action contre les taudis » PACT, qui s'est imposée comme un acteur incontournable et a gravi les échelons territoriaux, de Lyon jusqu'au niveau étatique. À Mexico, la conservation du patrimoine devient au gré des processus participatifs une école de citoyenneté. Ainsi, on a là une palette de processus d'intervention, de corps intermédiaires chargés d'organiser les relations sociales relatives à l'habitat et à l'habiter.

Indications bibliographiques

CHESNEAU I., « De l'équilibre anticipé à la coexistence des différences. L'obsolescence des immeubles de bureaux », *Les Annales de la recherche urbaine*, vol. 92, 2002, pp.131-139.

LEPETIT B., PUMAIN D., *Temporalités urbaines*, Paris, Anthropos, 1993.

RONCAYOLO M., *La Ville et ses territoires*, Paris, Folio, 1990.

Enjeux entre acteurs publics et privés dans le secteur de l'habitat à Varsovie. Le cas des immeubles revendiqués

Magdalena GÓRCZYŃSKA

L'histoire de l'habitat en Pologne comprend des étapes particulières qui la distinguent des pays d'Europe occidentale. À Varsovie, la démolition de la ville durant la Seconde Guerre mondiale et la politique de reconstruction ont eu un impact crucial sur le paysage urbain de la capitale, de même que sur la structure de propriété et d'occupation des logements. Ces événements ont également contribué à la création d'une structure de propriété particulière, modifiant les rapports sociaux entre les individus. Ces changements sont toujours en cours d'évolution.

En 1945, le décret sur la propriété et sur l'utilisation du foncier avait instauré la communalisation des biens dans la ville de Varsovie. Les pouvoirs locaux de la ville sont ainsi devenus propriétaires des biens alors que les anciens propriétaires ont reçu un droit de location perpétuel ou un droit de construction selon des règles d'aménagement du territoire définies par le plan. De cette façon, près de quarante mille biens ont été cédés (représentant près de 94% du parc immobilier et du foncier dans les limites municipales de 1939).

La chute du régime socialiste en 1989 et la réouverture à l'économie de marché ont entamé une reprivatisation des logements communalisés. Les anciens propriétaires ou leurs descendants revendiquent de nouveau leurs biens. Depuis 1945, les limites cadastrales ont changé, de même que les modes d'occupation du sol sur plusieurs périmètres de la ville. En effet, la procédure de restitution de la propriété privé est devenue très compliquée et, dans plusieurs cas, les pouvoirs locaux de Varsovie sont obligés de payer des indemnités aux anciens propriétaires si la revendication des biens n'est guère possible (par exemple, cette solution peut être envisagée dans le cas d'une partie du territoire, gérée par le Trésor public, sur laquelle le nouveau stade national vient d'être construit, en 2012).

Ces changements de statut de propriété exercent également une influence sur la structure socio-spatiale des quartiers centraux. Les bâtiments communalisés durant les années socialistes dépendaient de la municipalité[1] ; de ce fait, lors du changement de statut (restitution aux particuliers par les autorités locales), les loyers demandés aux locataires ont augmenté. Ainsi, la majorité des anciens locataires (qui ont occupé ces logements à titre de location municipale) sont souvent obligés de quitter le logement. Les travaux de modernisation et de réhabilitation permettent aux propriétaires de vendre les logements à des prix élevés. Étant donné que les immeubles anciens sont très rares à Varsovie (les logements construits avant 1944 constituaient 13,2% du parc en 2002), la demande pour ce type de logements devient de plus en plus importante. Les logements luxueux dans les immeubles anciens situés dans les quartiers centraux sont notamment recherchés par la classe supérieure comme alternative aux immeubles neufs ou récents qui manquent de charme et d'histoire (Bouloc, 2012).

Le statut de propriété très diversifié que présente le centre de Varsovie a contribué à une dualisation de la structure socio-spatiale, visible déjà à partir des années 1990. D'après Grzegorz Węcławowicz et Lydia Gaudray-Coudroy (1998, p.77) : « *Dans le centre-ville, les extrêmes se côtoient, des plus pauvres (par exemple dans les appartements communaux) aux plus riches (qui ont pu racheter des appartements bourgeois d'avant-guerre en relogeant des locataires par exemple).* »

Cette problématique de réappropriation de logements est un des nombreux phénomènes que nous étudions afin de comprendre les processus de gentrification à l'œuvre à Varsovie. À partir de données quantitatives (sur le nombre de logements et les conditions de logement dans ce parc) et qualitatives (entretiens avec les pouvoirs locaux et les acteurs privés), nous tentons d'expliquer les enjeux entre les pouvoirs publics, les locataires des logements communalisés en 1945 et les nouveaux-anciens propriétaires de ces biens réquisitionnés juste après la Seconde Guerre mondiale. L'expulsion de locataires des biens revendiqués et la question des relogements constituent à Varsovie des problèmes très souvent discutés actuellement dans les médias.

[1] Les logements municipaux sont des logements ayant des loyers réglementés par les autorités locales et sont destinés aux couches sociales à bas revenus ; la commune en est propriétaire. En outre, le terme « logement social » désigne une partie des logements municipaux offrant des conditions de logement plus faibles que des logements municipaux standards et qui visent à répondre aux besoins particuliers (les personnes qui ont perdu leur logement en raison d'une catastrophe naturelle, qui se trouvent dans une situation de pénurie définie par les plafonds de revenus par rapport à la pension la plus faible, pour les jeunes de dix-huit ans qui sortent d'orphelinats, ou encore les personnes sortant de prison).

Des conditions de logement difficiles à Varsovie à l'aube de l'époque socialiste

Au cours du XXe siècle, le secteur de l'habitat polonais a considérablement évolué. Chaque changement politique a apporté son lot de bouleversements, malmenant tous les segments du secteur, aussi bien la propriété privée pendant le socialisme que les logements réquisitionnés après 1989. Son histoire est extrêmement complexe.

À Varsovie, l'habitat a en effet été fortement touché par les destructions de la Seconde Guerre mondiale. En 1945, moins de 30% du stock d'avant-guerre est resté en l'état : 29% des logements et 26% des pièces (Cegielski, 1948). Ainsi, les petits logements dominent à cette période (tableau 1) par rapport aux autres capitales européennes. Malgré une augmentation totale du nombre de logements durant l'entre-deux-guerres, une pénurie a subsisté et s'est renforcée durant les années qui ont suivi. En effet, les logements d'une ou deux pièces dominaient encore à cette époque la structure du parc de logements.

Non seulement les logements étaient de petite taille en 1945, mais ils offraient, en outre, un confort médiocre : la majorité des logements varsoviens après la Seconde Guerre mondiale se caractérisaient par le manque de toilettes à l'intérieur du logement (98%), d'eau courante (86%) et par un faible ensoleillement (70%).

Enfin, Varsovie se distingue aussi par rapport aux autres capitales européennes quant au surpeuplement. En 1931, près de 58% de la population habitait des logements surpeuplés contre 8,8% à Berlin en 1927 et 9,4% à Londres. Ainsi, c'est à Varsovie que l'on retrouve le nombre moyen de personnes par pièce le plus élevé (tableau 2).

TABLEAU 1
STRUCTURE DE LA TAILLE DES LOGEMENTS À VARSOVIE EN 1931 ET 1945 PAR RAPPORT AUX CAPITALES EUROPÉENNES (%)

Nombre de pièces	1927	1931	1931	1931	1945
	Berlin	Londres	Bruxelles	Varsovie	Varsovie
1 pièce	4,4	0,7	12,5	42,7	43,0
2 pièces	29,0	3,3	23,1	24,5	33,7
3 pièces	35,4	7,4	21,7	16,3	15,1
4 pièces et plus	31,2	88,6	42,7	16,5	8,2

Source : Cegielski, 1948, p. 2.

TABLEAU 2
NOMBRE MOYEN DE PERSONNES PAR PIÈCE À VARSOVIE EN 1931 ET 1945 PAR RAPPORT AUX CAPITALES EUROPÉENNES

Nombre de pièces	1927	1931	1931	1931	1945
	Berlin	Londres	Bruxelles	Varsovie	Varsovie
1 pièce	1,77	-------	1,45	4,0	3,2
2 pièces	1,44	-------	1,16	2,4	2,1
3 pièces	1,13	-------	0,89	1,7	1,9
4 pièces et plus	0,9	-------	0,73	1,1	1,7
Moyenne	1,01	0,89	-------	2,1	2,3

------- *manque de données.*
Source : Cegielski, 1948, p. 6.

Communalisation des biens et politique du cantonnement après la Seconde Guerre mondiale

Après la Seconde Guerre mondiale, les pouvoirs publics ont dû réagir très vite afin de gérer les rares logements habitables. Le 26 octobre 1945, le décret sur la propriété et sur l'utilisation du foncier a proclamé la communalisation des biens de la ville (Dz. U. Nr 50, poz. 279) sur un périmètre de 14 146 ha (carte 1) situés à Varsovie *intra-muros* selon les limites administratives de 1939[2].

Ce décret avait pour but de faciliter la reconstruction et aider à la planification ainsi que d'empêcher les problèmes liés à la propriété, notamment faute de cadastre à jour ou encore à cause de la disparition des propriétaires ou de leurs descendants. Ce premier décret a également évité des procédures d'expropriation à long terme.

Les anciens propriétaires pouvaient déposer une demande pour l'octroi d'un bail perpétuel. À partir de 1947, les propriétaires pouvaient demander le droit de propriété temporaire[3] et, depuis 1961, le droit d'usufruit perpétuel[4]. Conformément au décret, les anciens propriétaires ont pu déposer une demande de droit de bail[5] perpétuel accompagné d'un faible loyer, ou de droit de construction en payant les frais de construction. Les pouvoirs locaux acceptaient les demandes à condition que le type d'usage corresponde aux modes d'occupation des sols prévus par les plans. Si les propriétaires n'avaient pas déposé de demande ou dépassaient le délai, les droits de propriété étaient transférés à l'État.

Entre 1948 et 1949, les anciens propriétaires de logements ou leurs descendants (personnes physiques ou morales) ont déposé environ dix-sept mille demandes. La majorité de ces demandes a été rejetée des années 1950 aux années 1970. Par conséquent, les immeubles se trouvant sur ces terrains sont devenus la propriété de l'État, plus concrètement des « conseils nationaux », représentants de l'État au niveau local. Cinq ans plus tard, en 1950, en raison de la liquidation des autorités locales, les biens communalisés ont été assignés au Trésor public.

---

[2] Ce territoire couvrait notamment le cœur de la ville. Des quartiers périphériques ont été incorporés au périmètre municipal à partir des années 1950.

[3] *prawo własności czasowej.*

[4] *prawo użytkowania wieczystego.*

[5] Ils avaient six mois depuis le moment où la commune prenait en possession ce terrain.

CARTE 1
LIMITES ADMINISTRATIVES DE VARSOVIE
EN 1939 ET ACTUELLES

Conception : Górczyńska, 2012.

En outre, le but de la communalisation des biens repose sur l'introduction de la politique de cantonnement (décret du 21 décembre 1945 sur la gestion publique des logements et sur le contrôle de la location) à travers des règles concernant la superficie habitable par personne. Les propriétaires des immeubles étaient privés du droit de disposer de leur bien, alors que les pouvoirs locaux y exerçaient un droit de cantonnement en installant des locataires supplémentaires dans leur logement (selon la norme d'occupation des logements définissant la superficie moyenne par personne). Ces logements sont appelés « sous régime spécial de bail ». Le contrôle des loyers a également été introduit, de même que les règles d'attribution des logements. En conséquence, la location libre de rapport n'existait plus. De plus, le décret est devenu un outil de limitation du nombre d'immigrants à Varsovie, car seulement les personnes « utiles » pour la capitale du point de vue de la reconstruction recevaient un droit de séjour. En 1954, l'interdiction d'emménagement à Varsovie a été introduite (excepté pour les personnes « utiles »), ce qui a contribué à la diminution du nombre des arrivants dans la capitale au profit de la banlieue proche (Gliszczyński, 1967). Ces actions ont contribué à la « répartition équitable des logements » entre les habitants (Andrzejewski, 1977).

Aujourd'hui, la majorité des logements anciens dans les limites administratives de Varsovie en 1939 se concentrent dans quatre quartiers (carte 2) : Praga Północ (41,5%), Śródmieście (23,6%), Żoliborz (21,9%) et Ochota (18,5%).

CARTE 2
LOGEMENTS ANCIENS (CONSTRUITS AVANT 1944) À VARSOVIE PAR UNITÉS STATISTIQUES

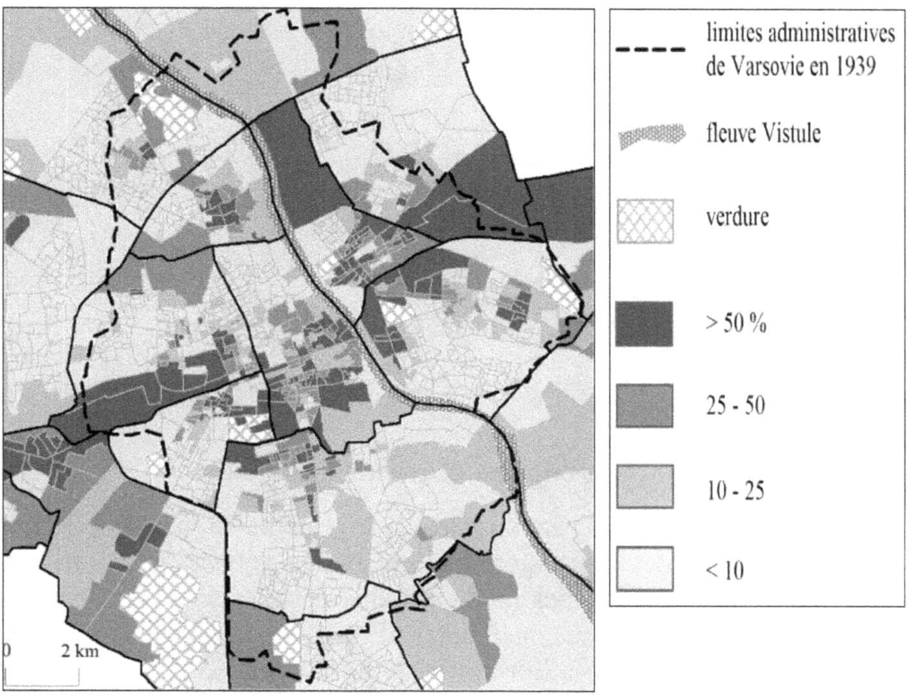

Górczyńska, 2012, source : NSP 2002.

Si l'on compare la localisation des immeubles anciens selon la structure de propriété, les quartiers centraux sont toujours dotés d'une proportion élevée d'anciens logements municipaux (carte 3). Bien que les statistiques concernant les logements communalisés ne soient pas très détaillées, on estime qu'une part importante du parc de logements anciens situés dans les quartiers centraux est progressivement restituée aux anciens propriétaires (ou plutôt à leurs descendants).

CARTE 3
PART DE LOGEMENTS MUNICIPAUX AU SEIN DU PARC DE LOGEMENTS ANCIENS (CONSTRUITS AVANT 1944) À VARSOVIE

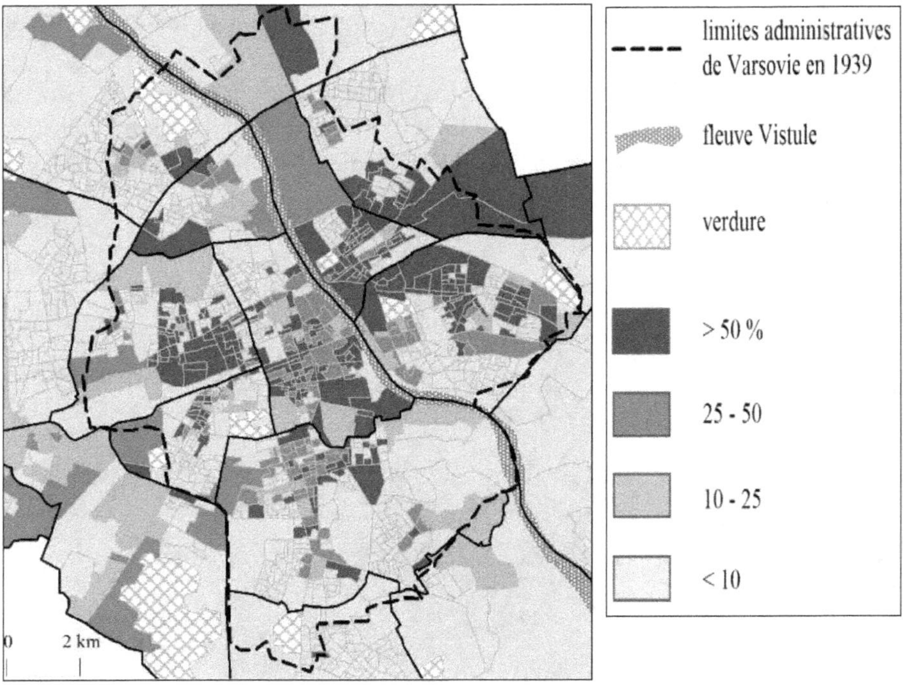

Górczyńska, 2012, source : NSP 2002.

Dégradation continue du parc de logements anciens

Depuis sa création, la part du parc de logements en cantonnement a diminué en raison des démolitions des immeubles vétustes. Aujourd'hui, il constitue une partie du stock municipal et se caractérise souvent par des conditions d'habitation très médiocres. En effet, dans ces immeubles anciens (construits avant la Seconde Guerre mondiale), les loyers n'ont jamais couvert les frais d'entretien. La règlementation des loyers introduite en 1944 les a maintenus à un niveau très bas au regard des frais de construction et d'entretien des immeubles, ce qui a contribué au processus de dégradation du stock durant les années suivantes. Les conséquences de ces décisions sont ainsi visibles actuellement.

La chute du régime socialiste et la délégation aux autorités locales de la responsabilité de la question de l'habitat se sont traduites par la diminution des dépenses pour les logements. Entre 1991 et 2005, leur part dans le budget national est passée de 5,1% à 0,4% (Korniłowicz, Żelawski, 2007). En outre, ces moyens étaient utilisés pour régler d'anciens engagements. C'est pourquoi le budget pour les investissements et l'aide pour les personnes pauvres étaient très limités.

En raison du mauvais état des logements communaux, il est nécessaire de rassembler des moyens pour réaliser des travaux de réparation, ou bien de modernisation. Cependant, entre 1992 et 1994, les revenus issus des loyers et charges payés par les locataires ont couvert seulement 30% des frais d'entretien des logements communaux (Korniłowicz, Żelawski, 2007). En effet, les autorités locales ont commencé à vendre des logements communaux, et par conséquent ne sont plus responsables de l'entretien du stock. On estime qu'au début de la transformation du système, les communes ont vendu aux locataires environ six cent cinquante mille logements à des prix situés à 10% de ceux du marché libre (Zaniewska, 2005). Dans ce contexte, des locataires ont décidé d'acheter leur logement. En effet, le nombre de propriétaires « relativement pauvres » a augmenté. En raison de bas revenus et d'un faible niveau de mobilité résidentielle, le processus de vieillissement dans ces lieux a été renforcé.

Nouvelles configurations de la propriété dans les immeubles revendiqués

L'achat de logements municipaux a également concerné les immeubles communalisés en 1945. C'est pourquoi la structure d'occupation des logements dans les bâtiments revendiqués est devenue encore plus complexe (figure 1). Les locataires qui ont décidé d'acheter leur appartement après 1989 sont devenus propriétaires et du même coup membres de la copropriété (avec la municipalité). Après le retour à la propriété privée d'immeubles et les restitutions qui suivirent, les locataires municipaux pouvaient être relogés par les pouvoirs locaux s'ils répondaient toujours aux critères d'attribution des logements municipaux. Cependant, les ménages locataires qui dépassent les plafonds de revenus peuvent seulement choisir entre deux possibilités : (1) rester dans les lieux et payer un loyer, dit « du marché », établi par le propriétaire de l'immeuble, ou (2) déménager (mais sans aides des pouvoirs locaux). Dès que le processus de revendication des biens a commencé, près de huit mille familles ont disparu du registre des locataires municipaux.

La résistance des anciens locataires dans ces immeubles pose problème, car le nouveau propriétaire souhaite principalement réhabiliter les locaux afin de vendre ou louer ces logements à une clientèle issue des classes supérieures. Au vu du marché immobilier d'aujourd'hui, ces derniers sont capables de payer 15 000 złoty par mètre carré (3 750€) ou plus à l'achat, alors que les anciens locataires municipaux tardent souvent à payer les loyers, même s'ils sont faibles, et n'apportent pas de revenus aux propriétaires d'immeubles.

FIGURE 1
PROPRIÉTÉ DES LOGEMENTS DANS UN IMMEUBLE – SCHÉMA D'ÉVOLUTION

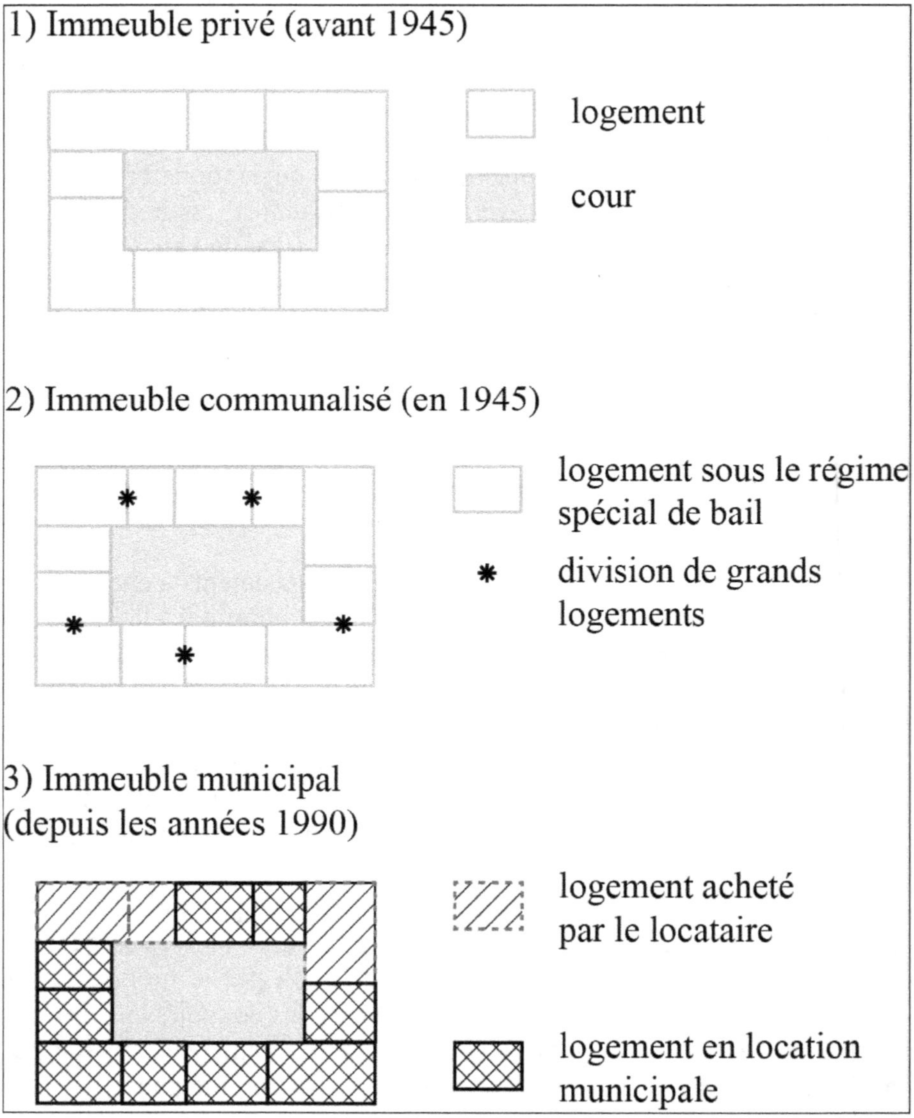

4) Immeuble revendiqué
(Phase I)

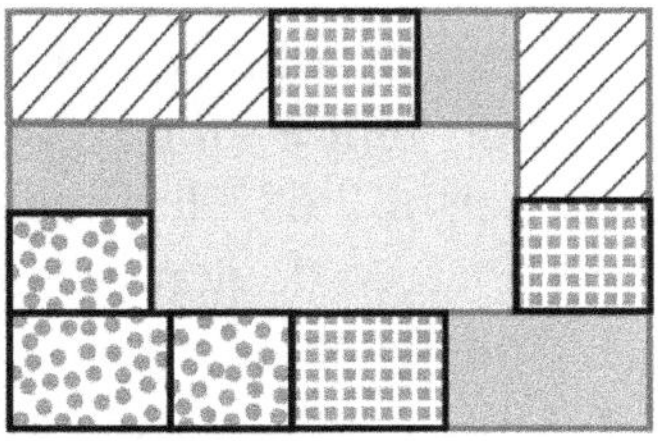

- logement acheté par le locataire
- logement vide (décès, déménagement du locataire)
- changement de location municipale à location libre
- locataires qui ne répondent guère aux critères sociaux
- locataires relogés par la municipalité

5) Immeuble revendiqué
(Phase IIa : anciens locataires restent)

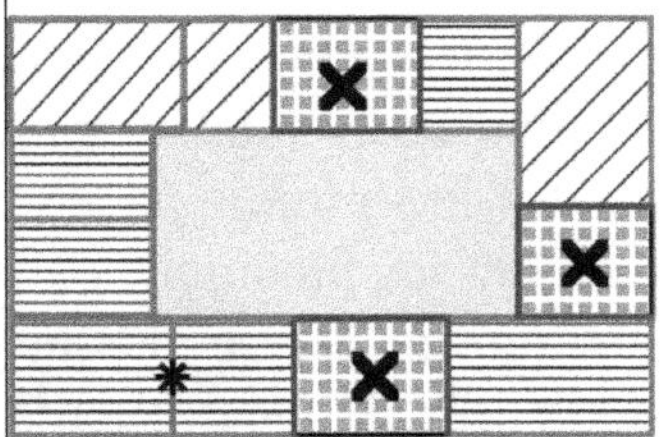

- logement acheté par le locataire
- logement vide en cours de rénovation
- logement en location libre
- ✱ possible fusion de logements
- ✖ possible conflits entre locataires et propriétaire d'immeuble

6) Immeuble revendiqué
(Phase IIb : départ des anciens locataires)

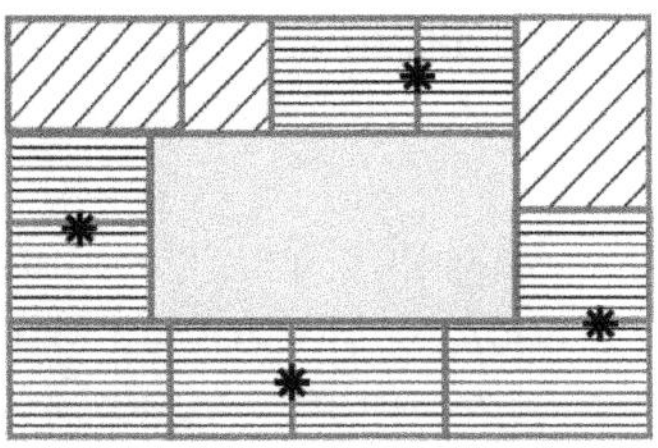

- logement acheté par le locataire
- logement vide en cours de rénovation
- ✱ possible fusion de logements

Conception : Górczyńska, 2012.

La revendication des biens, un processus coûteux pour la Ville de Varsovie

C'est au cours des années 1990 que le processus de reprivatisation des biens communalisés a commencé à Varsovie. Ainsi, entre 1995 et 2002 environ neuf cents parcelles, construites ou non, ont été restituées à leurs anciens propriétaires. Depuis 1995, dans le seul centre-ville appelé Śródmieście, deux cent vingt-six immeubles contenant 2 687 logements ont été rendus aux particuliers. Ce phénomène a soulevé de nombreuses controverses, d'autant plus que, souvent, les anciennes limites des parcelles ne sont pas les mêmes qu'en 1945, ce qui rend difficile le découpage. En 1993, environ six mille propriétaires se sont réunis à Varsovie pour réclamer le vote immédiat d'une loi relative à la restitution des immeubles et de terrains confisqués par le décret de 1945 (Węcławowicz, Gaudray-Coudroy de Lille, 1998). Bien que la Diète revendique l'élaboration de la loi sur la restitution des biens, aucun document n'a été fourni jusqu'à présent (le président de l'État a opposé son veto au projet de loi élaboré en 2001).

Aujourd'hui, près de huit mille démarches administratives liées au décret de Bierut sont en cours, dont quatre mille cinq cents concernent la revendication de biens et trois mille cinq cents des indemnités pour les biens couverts par le décret (cela concerne également les indemnités aux propriétaires des immeubles pour les logements qui ont été vendus aux locataires entre-temps). Ainsi, la Ville de Varsovie prévoit des difficultés pour payer toutes les indemnités, sachant que pour la période 2012-2014, la somme à indemniser s'élève à environ 1,4 milliard de złoty (350 millions d'€) alors que la prévision financière à long terme n'a prévu que 426 millions de zloty (106,5 millions d'€) dans ce but pour la même période. Il est estimé que la somme globale pour couvrir les indemnités atteint 40 milliards de złoty (10 milliards d'€). La situation est d'autant plus compliquée que le décret de Bierut était une décision prise à une échelle centrale, tandis que ses conséquences touchent directement le budget de la Ville de Varsovie. En d'autres termes, si les indemnités sont trop élevées, cela pénalisera les autres dépenses de la ville. De surcroît, une loi sur la reprivatisation est indispensable afin de régler ce genre de problèmes.

D'après le document fourni par le maire de Varsovie, les procédures administratives pour restituer la propriété aux anciens propriétaires ou aux descendants étaient en cours dans près de deux mille cas en 2011 (tableau 3).

TABLEAU 3
NOMBRE DE BIENS COMMUNALISÉS EN COURS DE REVENDICATION EN 2011
(PAR QUARTIER)

Nom du quartier	Nombre de biens
Białołęka	9
Bielany	166
Mokotów	295
Ochota	109
Praga Południe	422
Praga Północ	119
Śródmieście	484
Targówek	104
Wola	136
Żoliborz	99

Source : document non-officiel : Wykaz nieruchomości zabudowanych objętych działaniem dekretu z dnia 26 października 1945 r. o własności i użytkowaniu gruntów na obszarze m. st. Warszawy, co do których przed Prezydentem m.st. Warszawy toczą się postępowania administracyjne o ustanowienie prawa użytkowania wieczystego (2011).

Conflits et enjeux entre propriétaires et locataires

Les achats de certains logements par les locataires, de même que la restitution de la propriété privée à partir des années 1990, ont créé de nouveaux rapports sociaux entre les « nouveaux » propriétaires privés des immeubles, les locataires dits « sociaux », les propriétaires de logements rachetés et, bien évidemment, les pouvoirs locaux chargés d'attribuer des logements aux ménages pauvres. Ainsi, ces quatre groupes d'acteurs sont obligés de trouver un équilibre entre leurs propres intérêts. Le nombre insuffisant de logements municipaux (et sociaux) ne permet pas de répondre aux besoins de tous les locataires en attente de relogement. Par ailleurs, ceux qui ont vécu plusieurs années (ou même toute leur vie) dans ces logements ne veulent pas forcément être relogés ailleurs. D'après eux, ils ont payé les loyers et les charges pendant toute cette période d'occupation de logement, donc ils ne voient aucune raison pour être relogés dans un autre quartier de Varsovie, c'est-à-dire d'être expulsés de leur milieu social : *« La famille vit ici depuis longtemps. Ce logement leur a été attribué après la Seconde Guerre mondiale (cantonnement[6]), ou après 1991 comme un logement municipal. Ils parlent de ce logement seulement comme "le mien". Ils le peignent, changent des installations. Même si ce n'est pas le cas de toutes les*

6 *Mieszkanie kwaterunkowe.*

familles, sûrement la majorité le fait. Ils s'occupent du logement. Ils paient les loyers à la ville. » (Zubik, 2012).

L'augmentation des loyers par les propriétaires est devenue un des problèmes les plus urgents. Plusieurs exemples de situations extrêmes sont cités par les médias : « *À Śródmieście : 99 złoty par mètre carré (24,75€). La famille ayant un revenu de 1 300 złoty (325€) devait payer un loyer mensuel de 3 450 złoty (862,50€).* » (Zubik, 2012).

D'autres types de problème concernent les immeubles anciens en cours de revendication. Bien que ces immeubles logent toujours des locataires municipaux, les pouvoirs locaux refusent de consacrer des moyens financiers à la réhabilitation et aux réparations nécessaires, sachant que dans les mois (ou années) qui viennent, ils seront restitués à un ancien propriétaire (Gawrońska, Blikowska, 2012).

Du point de vue des anciens propriétaires, qui redeviennent responsables de l'entretien, de tous les travaux de réparation et de modernisation de l'immeuble (laissé en l'état depuis 1945 le plus souvent), il n'est pas possible que les loyers soient si faibles (Naszkowska, 2009). À titre d'exemple, un loyer de 0,80 złoty par mètre carré (0,20€), établi par les autorités locales dans un immeuble en 2009, ne couvrait aucun frais d'entretien. Ainsi, d'après les propriétaires des immeubles, l'augmentation des loyers est une procédure obligatoire afin de maintenir les biens en bon état et de réaliser les travaux de réparation.

De plus en plus souvent, les relations entre les propriétaires d'immeuble et les locataires deviennent difficiles et des conflits sérieux apparaissent. En effet, certains propriétaires tentent de se débarrasser des locataires en utilisant des méthodes douteuses, comme par exemple la coupure de l'alimentation en eau dans l'immeuble, la non-réparation d'infrastructures techniques. Les manifestations de défense des locataires dans les immeubles revendiqués se multiplient. En raison de l'augmentation des loyers dans les logements municipaux en 2008[7], un « comité de défense de locataires[8] » a été établi. Parmi ses actions, certaines concernent également l'appui aux locataires dans les immeubles revendiqués. Ainsi, les deux groupes (les anciens propriétaires et les locataires) soulignent la nécessité de la loi sur la reprivatisation afin de régler leur situation.

---

[7] Le loyer de base par mètre carré ne peut pas dépasser 3% de la valeur de construction d'un nouvel immeuble. En 2012, le loyer de base par mètre carré est de 6,65 złoty (1,66€).

[8] *Komitet Obrony Lokatorów.*

Conclusion : quelle structure sociale dans les immeubles revendiqués ?

Un accord entre les acteurs publics et privés impliqués dans la restitution des biens communalisés devient de plus en plus hors de portée. À partir de la Seconde Guerre mondiale, la propriété privée des immeubles et la location de rapport n'existaient plus. Du coup, durant plusieurs décennies, les seuls statuts d'occupation possibles étaient la location sous régime spécial de bail, la propriété, ou le droit d'usage du logement dans une coopérative d'habitation. Ainsi, après 1989, la restitution des propriétés a contribué à la recréation d'un marché locatif privé dans les anciens immeubles très dégradés. De cette façon, les locataires municipaux d'hier deviennent les locataires au prix du marché d'aujourd'hui, voire les expulsés de demain.

L'augmentation des loyers est inévitable mais provoque un double paradoxe. Les immeubles exigent des travaux importants de restauration mais les locataires ne sont pas en mesure de payer des loyers élevés, ce qui les oblige à quitter leur demeure. Par conséquent, la réhabilitation des immeubles et des logements vides permet aux anciens propriétaires des immeubles de vendre les logements au marché libre, à des prix très élevés. Ainsi, ces immeubles datant du début du XXe siècle, en locatif privé jusqu'à la Seconde Guerre mondiale, deviennent aujourd'hui des copropriétés où se côtoient des logements appartenant à des particuliers et d'autres à l'État

Enfin, le retour des anciens propriétaires des immeubles provoque des tensions de plus en plus prononcées et contribue au relogement des locataires municipaux. En effet, la structure de propriété des immeubles et des logements pousse à la valorisation des immeubles anciens et au changement de la provenance sociale de leurs occupants. Néanmoins, ce processus n'en est qu'à ces prémices et ne se développe que très lentement.

Bibliographie

ANDRZEJEWSKI A., *Sytuacja mieszkaniowa w Polsce w latach 1918-1974 [La situation du logement en Pologne de 1918 à 1974]*, Varsovie, Państwowe Wydawnictwo Ekonomiczne, 1977.

BOULOC C., « Miejsce zamieszkania elity w Warszawie, wybory i aspiracje », Procesy Gentryfikacji kontra procesy wykluczenia społecznego w Polskich Miastach, XXV Konwersatorium Wiedzy o Mieście/« Lieux d'habitation des élites à Varsovie : choix et aspirations », in JAKÓBCZYK-GRYSZKIEWICZ J. (coord.), *Processus de gentrification dans la ville*, Łódź, Wydaw UŁ, 2012, pp. 257-267.

CEGIELSKI J., « Sytuacja mieszkaniowa i potrzeby mieszkaniowe w Warszawie » [La Situation de l'habitat et les problèmes de logement à Varsovie], Biblioteka Polskiego Towarzystwa Reformy mieszkaniowej, Seria I nr 9, Varsovie, przedruk z miesięcznika Dom Osiedle Mieszkanie nr janvier-mars 1947, 1948.

GAWROŃSKA A., BLIKOWSKA J., « Czy zdążą z remontem przed katastrofą budynku ? » [La Catastrophe sera-t-elle évitée avant la réhabilitation de l'immeuble ?], *Rzeczpospolita*, 13/02/2012, consulté le 23/08/2012.

GLISZCZYŃSKI F., *Problematyka przestrzenna sytuacji mieszkaniowej i budownictwa mieszkaniowego Warszawy i jej strefy podmiejskiej* [*La Problématique spatiale de l'habitat et de la construction de logement à Varsovie et dans sa périphérie*], Studia Tom XXI, Komitet Przestrzennego Zagospodarowania Kraju Polskiej Akademii Nauk, Varsovie, PAN, 1967.

KORNIŁOWICZ J., ŻELAWSKI T., *Mieszkalnictwo w Polsce w latach 1991-2005* [*L'Habitat en Pologne de 1991 à 2005*], Cracovie, Instytut Rozwoju Miast, 2007.

MOLSKI P., *Studia nad urbanistyką Warszawy. Mieszkalnictwo a przemiany przestrzenne miasta. Warszawa 1945-1980* [*Études sur l'urbanisme de Varsovie. L'habitat et les transformations spatiales de la ville. Varsovie 1945-1980*], Instytut Urbanistyki i Planowania Przestrzennego Politechniki Warszawskiej, Varsovie, Łodź, Państwowe Wydaw. Naukowe, 1988.

NASZKOWSKA K., « Kamienicznik przeciw Polsce », *Gazeta Wyborcza*, Duży Format, 2009/09/20, consulté le 23/08/2012.

WECLAWOWICZ G., GAUDRAY-COUDROY L., « Le Renouveau du secteur privé et la recomposition de l'espace social à Varsovie », in BERTRAND J-R., CHEVALIER J. (coord.), *Logement et habitat dans les villes européennes*, Paris, L'Harmattan, 1998, pp. 59-78.

ZANIEWSKA H. (coord.), *Mieszkania dla ubogich w zrównoważonym rozwoju miast [Le Logement pour les pauvres et le développement durable des villes]*, Cracovie, Instytut Rozwoju Miast, 2005.

ZUBIK M., « Czynsz 99 zł/m². Dramat rodzin w prywatnych kamienicach » [Un loyer de 99 zł/m². Le Drame des familles dans les immeubles de rapport privés], *Gazeta Stołeczna*, 14/03/2012, consulté le 23/08/2012.

Gouverner la « revitalisation » du centre historique de Mexico : l'École de formation citoyenne et conservation du patrimoine

Jerónimo DIAZ

Le 16 août 2011, dans le cadre d'un événement protocolaire présidé par Marcelo Ebrard, maire de Mexico, est dévoilé le Plan de gestion du centre historique, un document exigé par l'Unesco[1]. L'événement rassemble une diversité d'acteurs sociaux et culturels que la maîtresse de cérémonie, Alejandra Moreno Toscano, énumère dans le moindre détail. Parmi les orateurs, on retrouve Nuria Sanz, représentante de l'Unesco pour l'Amérique latine, ainsi que des personnalités distinguées de la société mexicaine, telles que le milliardaire Carlos Slim, un célèbre présentateur du journal télévisé, l'archevêque primé du Mexique ou l'érudit Guillermo Tovar de Teresa, tous membres du Conseil consultatif pour le centre historique créé dix ans plus tôt. Loin des projecteurs et des discours officiels, on retrouve un petit groupe de citoyens ordinaires, aisément repérables au milieu de l'élite entrepreneuriale et des hauts fonctionnaires. Il s'agit des membres de l'École de formation citoyenne et conservation du patrimoine (EFCyCP), un dispositif de participation mis en place en 2009 par l'agence publique chargée de la revitalisation : le Fidéicommis du centre historique. Ils ont été introduits dans l'enceinte par les soins d'Ernesto Alvarado, promoteur de l'initiative politico-pédagogique en question. Bien que les lignes directrices du Plan de gestion aient été discutées à l'École, la présentation officielle prend de court les participants qui préparaient une première « rencontre citoyenne du centre historique », largement stimulée par Alvarado, pour apporter des éléments au nouveau schéma de gestion du site. Déçus par la publication anticipée du Plan mais ravis de pouvoir assister à sa présentation officielle, ils se font discrets.

La participation des personnalités distinguées permet de placer l'événement dans tous les quotidiens nationaux mais, sur le moment, oblige le gouvernement à opérer en toute discrétion. Pour cause, le

[1] Le centre historique de Mexico fait partie de la Liste du patrimoine mondial depuis 1987. Bien qu'il n'existe pas en tant qu'entité administrative (cela est en train d'advenir), un décret présidentiel de 1980 le divise en deux périmètres de conservation, A et B, sur un total de 10,3 km^2. Les critères de protection sont définis par la loi fédérale sur les monuments et les sites archéologiques, artistiques et historiques de 1972, ainsi que par le Plan de gestion en question.

programme de réaménagement – qui implique la piétonisation de plusieurs rues, l'interdiction du commerce ambulant et la mise en place d'un système de transport en site propre appelé Metrobus – tient le centre historique dans une ambiance électrique. Malgré les précautions adoptées, les opposants à la nouvelle ligne du Metrobus finissent par arriver jusqu'aux portes du palais où se tient l'événement et pendant qu'ils scandent des slogans contre le « tyran » Marcelo Ebrard, à peine audibles dans l'enceinte, la représentante de l'Unesco vante les vertus du nouveau système de transport, faisant la sourde oreille aux profanes revendications.

L'anecdote nous permet de soulever la problématique de la participation des habitants aux opérations d'aménagement. Étant devenue un mot d'ordre des schémas de conservation pour les sites classés, la participation se limite-t-elle aux notables et aux experts du patrimoine ? Peut-on concevoir un processus de patrimonialisation qui écarte les opposants ou qui exclut le gros des usagers d'un espace patrimonial donné ? Notre étude se focalise sur un dispositif encore peu connu des spécialistes mexicains du patrimoine et pourtant si nécessaire à la gouvernance d'un territoire en pleine mutation. Afin d'analyser l'EFCyCP, nous faisons nôtres les interrogations soulevées par Majid Rahnema. Qui génère les objectifs des exercices de participation ? À quels intérêts répondent ces objectifs ? Quelle est la relation du groupe avec les « centres de pouvoir » concernés par les décisions et les actions éventuellement adoptées à l'issue de l'exercice[2] ? En somme, l'EFCyCP opère-t-elle dans le sens d'une manipulation de l'opinion publique plutôt que dans la formation de véritables contre-pouvoirs citoyens ?

Avant de fournir des éléments de réponse, soulignons que l'anticipation du Plan de gestion relève d'une décision de l'Autorité du centre historique, plus proche du milieu entrepreneurial et académique que des réseaux citoyens formés autour du Fidéicommis. En effet, plutôt que de parler d'une manipulation délibérée, il convient de réinterroger, dans un premier temps, la complexité de l'appareil administratif du centre historique en nous focalisant sur la trajectoire et les aspirations du créateur de l'EFCyCP. Dans un second temps, nous essayerons de montrer qu'au-delà des objectifs affichés, l'EFCyCP constitue un dispositif d'information, au mieux de consultation, auprès des habitants. Autrement dit, si l'on admet la conception graduelle de la participation proposée par Arnstein[3] (1 – information, 2 – consultation, 3 – concertation et 4 –

---

[2] « Participation », in BAWTREE V., RAHNEMA M. (coord.), *The Development dictionary: a guide to knowledge as power*, (1992), New York, Zed Books, 2007.

[3] ARNSTEIN S., « A ladder of citizen participation », *Journal of the American Institute of Planners*, 1969, vol. 35, n°4, pp. 216-224.

codécision), l'EFCyCP a le mérite d'offrir une « formation à la participation », en vue d'atteindre (un jour ?) une implication citoyenne en termes de codécision.

Les fonctionnaires de la « revitalisation »

L'année 2001 marque le début d'une ère nouvelle dans l'administration de l'espace patrimonial à Mexico. Avec l'incorporation du Fidéicommis du centre historique (FCH) au gouvernement du District Fédéral[4], l'organisme chargé de « revitaliser » les lieux acquiert une puissance renouvelée qui se reflète dans sa composition. Sa direction est alors assumée par une figure de l'équipe rapprochée du maire Andrés Manuel López Obrador (2000-2006) : Ana Lilia Cepeda, qui arrive d'un poste clé à la Direction générale de la communication du GDF (2000-2002). Forte de cette expérience, elle réussit à placer le centre historique sur le devant de la scène médiatique, non plus sur le registre péjoratif, comme ce fut le cas durant les décennies passées[5], mais désormais sur le registre de la célébration. Par ailleurs, un pacte entre les principales forces politiques (Fédération et GDF) et le milliardaire Carlos Slim est alors conclu afin de placer la « revitalisation » du centre historique comme une des priorités nationales.

L'arrivée de Marcelo Ebrard au GDF (2006-2012) s'accompagne d'un réaménagement institutionnel qui marginalise le Fidéicommis, rétrogradé au rôle de bras financier de la toute nouvelle Autorité du centre historique[6]. Cepeda se retire de son propre gré et c'est l'agent comptable du FCH qui assume temporairement la direction. Cependant, un nouveau vent souffle sur le Fidéicommis à partir de 2007, alors que le GDF traverse une crise institutionnelle associée à la démolition de trois immeubles classés, destinés à la réorganisation du commerce ambulant[7]. Afin de ratifier la volonté de la ville de préserver le label patrimoine mondial de

---

[4] Depuis l'indépendance du Mexique en 1821, la ville de Mexico accueille le District Fédéral, soit le siège des pouvoirs de la fédération. Entre 1928 et 1997, le gouvernement de la capitale a été placé sous la tutelle du président de la République. Désormais, le GDF compte sur un parlement, un tribunal indépendant et un pouvoir exécutif élu au suffrage universel.

[5] MONNET J., *Usos e imágenes del centro histórico de la ciudad de México*, DDF, 1995.

[6] Nommée par le maire en 2007, l'ACH dépend du gouvernement central et non pas de l'arrondissement qui comprend le centre historique. Elle a pour mission de coordonner les instances du District Fédéral (unités de police, secrétariats d'urbanisme, développement social, etc.) et les instances fédérales (Institut national d'anthropologie et d'histoire, Institut national des beaux-arts, etc.), tout en exerçant certaines attributions de l'arrondissement Cuauhtémoc (intendance, application de la loi, etc.). Elle est précisément conçue pour éviter la corruption du gouvernement élu localement et mieux combattre le commerce ambulant.

[7] SILVA LONDOÑO D., *Negociando la (in)-formalidad. Las contiendas por el desalojo del comercio ambulante en el Centro Histórico de la Ciudad de México (1990-2008)*, thèse de doctorat, Colegio de México, 2011.

l'humanité, Ebrard charge un jeune député du PRD[8], spécialisé dans la politique culturelle, de ménager les relations avec l'Unesco[9]. Proche du milieu éditorial, Inti Muñoz accepte le défi et assume la direction du FCH, convaincu par la promesse d'importants moyens en matière de diffusion. Or, le tandem FCH-ACH forme un duo en apparence incohérent. D'une part, l'ACH est incarnée par la figure d'une historienne distinguée, le docteur Alejandra Moreno Toscano, représentante de l'ancienne *intelligentzia* du PRI[10]. D'autre part, la direction et plusieurs sous-directions du Fidéicommis sont occupées par les jeunesses fondatrices du PRD, avec des figures du mouvement étudiant des années 1980 et des artisans du « zapatisme civil », soit le mouvement de solidarité avec les Indiens rebelles du Chiapas. La plupart d'entre eux se sont incorporés au GDF en 1997, motivés par la possibilité de développer un programme de gauche aux côtés du premier gouverneur démocratiquement élu : Cuauhtémoc Cárdenas. Hélène Combes décrit cette génération de la façon suivante : « *Âgés de vingt-cinq à trente-cinq ans, ces nouveaux fonctionnaires rompent avec le stéréotype du bureaucrate en costume cravate, si bien que certains journalistes parleront de l'arrivée au pouvoir de la génération "jeans*[11]*".* » Pourtant, loin de s'éclipser mutuellement, l'ACH et le Fidéicommis vont gagner en puissance grâce à la mise en place d'une stratégie conjointe de communication, qui comprend la création du mensuel *Km.Cero*, organe de communication du Fidéicommis qui intègre Moreno Toscano (ACH) au sein du comité éditorial.

Le défi assumé par le duo administratif est énorme. Le centre historique constitue un territoire convoité par les acteurs économiques du commerce et du tourisme, les dirigeants des organisations d'ambulants, les migrants à la recherche d'un logement bon marché et un ensemble multiforme d'habitants affiliés à des organisations ou partis antagoniques. Afin de mieux agir dans cet environnement complexe et parfois hostile, Inti Muñoz crée une « cellule de participation » destinée à

---

[8] Le Parti de la Révolution Démocratique s'est constitué en 1989 à partir du regroupement des partis de gauche et des mouvements sociaux.

[9] Dès 2008, le GDF s'engage à restituer un immeuble de qualité à la place du bâtiment démoli sur Regina 97, ainsi qu'à l'élaboration d'un plan de gestion pour le centre historique en tenant compte des nouvelles injonctions de l'Unesco en matière de participation citoyenne.

[10] Le Parti de la Révolution Institutionnel (PRI) a tenu le pays de 1928 à 2000. Issue du Colegio de México, équivalent de l'École nationale d'administration, Moreno Toscano assume le secrétariat aux Affaires sociales sous l'administration de Camacho Solis (1988-1994), aux côtés de l'actuel maire Marcelo Ebrard. Avec l'arrivée du PRD au pouvoir en 1997, ces hauts fonctionnaires se sont rapprochés du nouveau parti qui rassemble sociaux-démocrates, trotskistes, maoïstes et anciens *priistes*.

[11] COMBES H., *Faire parti. Trajectoires de gauche au Mexique*, Paris, Karthala, 2011, p. 292.

apaiser les tensions sociales dans les secteurs affectés par les opérations de requalification urbaine. Cette cellule, officiellement baptisée « département de promotion », est cédée à Ernesto Alvarado qui conçoit l'EFCyCP comme l'aboutissement d'une longue carrière politique forgée sur les sentiers de la participation sociale et partisane.

FIGURE 1
L'EFCyCP
DANS LA STRUCTURE DU FIDÉICOMMIS DU CENTRE HISTORIQUE

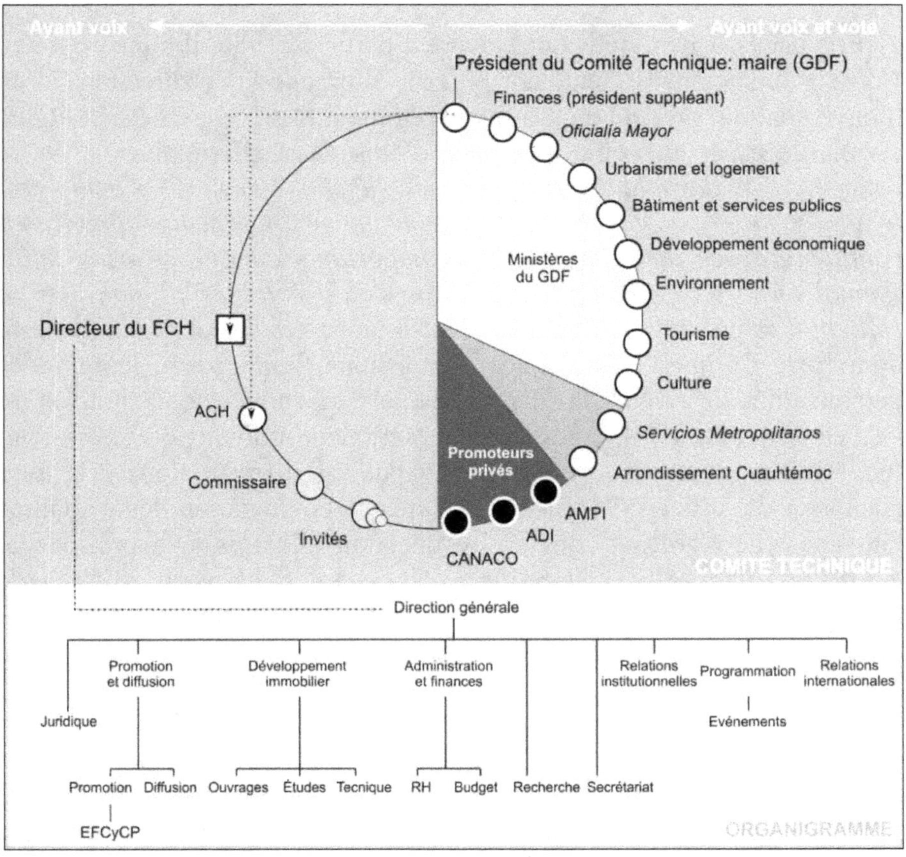

Entre le parti et la société

Ernesto Alvarado est diplômé en psychologie sociale à l'UNAM, d'où il tient ses « *compétences professionnelles en matières de facilitation, négociation et communication*[12] ». « *J'étais intéressé par le rôle du*

[12] BACQUÉ M-H., GAUTHIER M., « Participation, urbanisme et études urbaines », *Participations*, 2011, vol.1, n°1, pp. 36-66, 46.

citoyen actif, je voulais savoir comment on pouvait acquérir une condition réelle de citoyenneté et comment on pouvait l'exercer (...). C'était ça ma grande interrogation à l'université : que doit-il se passer pour que l'être humain abandonne cette posture d'apathie et qu'il en adopte une davantage critique, engagée, solidaire et généreuse[13] ». Au début des années 1980, il devient conseiller étudiant de sa faculté et s'engage activement auprès des victimes du tremblement de terre de 1985. Il fonde le PROTAZAS (Programme de travail académique dans les zones affectées par les séismes), qui lui permet de côtoyer les dirigeants du MUP[14].

Pris par la dynamique contestataire à partir de 1986, il s'incorpore au Conseil universitaire étudiant (CEU), l'organe de direction d'un mouvement qui prétend mettre fin au régime du PRI. Sa carrière politique est marquée par une suite précipitée d'épisodes contestataires : « *De la concomitance des mobilisations découle l'établissement d'un pont entre le MUP et le CEU. Quand, en 1988, Cuauhtémoc Cárdenas annonce sa candidature, les dirigeants les plus importants du CEU (Carlos Imaz, Imanol Ordorika, Antonio Santos) ainsi qu'une armée d'anonymes se rallient à sa cause*[15]. » Alvarado serait-il un de ces soldats « anonymes » dont parle Combes ? Quoi qu'il n'ait jamais figuré parmi les grandes personnalités de la gauche, il participe aux assemblées constitutives du PRD en 1989. En 1994, tandis que de nombreux militants du CEU – dont Inti Muñoz – s'en vont soutenir les zapatistes, il reste cloué à la lutte électorale de juillet 1994 : il doit assumer la coordination des « comités citoyens » de Cárdenas, qui aspire une nouvelle fois à la présidence. « *J'ai été chargé de coordonner les comités citoyens à l'échelle nationale, c'est ainsi qu'on appelait ce secteur qui soutenait Cuauhtémoc sans appartenir au PRD. (...) Nous reconnaissions qu'il y avait un secteur social très large qui ne voulait pas participer de façon organique dans un parti mais qui voulait participer avec le camarade Cuauhtémoc.* »

Malgré la défaite de 1994, l'avancée des partis d'opposition sur le terrain parlementaire se traduit par la réforme du statut du District Fédéral, qui ouvre la possibilité d'élire, pour la première fois depuis 1928, le chef du GDF et les délégués des seize arrondissements qui composent l'entité. En 1997, Cuauhtémoc Cárdenas est ainsi élu à la

---

[13] Communication personnelle. Série d'entretiens réalisés en novembre 2011.

[14] Autrefois articulé au sein de la Conamup (Coordination nationale du MUP), le Mouvement urbain-populaire est aujourd'hui une notion générique pour désigner un ensemble multiforme d'organisations sociales travaillant sur la question du droit à la ville et au logement. Le MUP a largement contribué à la démocratisation du pays en se constituant comme un adversaire du PRI, le parti d'État qui a longtemps contrôlé l'ensemble des sous-systèmes de gouvernement à travers ses centrales ouvrières, paysannes et populaires.

[15] COMBES H., *Faire parti*, *op.cit.*, p. 99.

mairie de Mexico et Alvarado nommé à la Direction générale de la participation citoyenne du GDF sous l'auspice de son ancien camarade universitaire Carlos Imaz. Le modèle de participation citoyenne que les anciens du CEU souhaitent développer dans la capitale s'inspire du processus démocratique brésilien mené par « l'ami » d'Ernesto Alvarado, Pedro Pontual, directeur de la Participation sociale sous le gouvernement de Dilma Rousseff. À l'image du Brésil donc, la Direction de la participation citoyenne est placée au ministère de l'Intérieur du District Fédéral. « *Nous dépendions du ministère de l'Intérieur pour une raison historique du moment : nous entrions dans une ville qui avait été gouvernée durant soixante-dix ans par un clan qui avait ses propres mécanismes et qui cherchait à créer de l'instabilité. J'ai eu jusqu'à mille six cents promoteurs sous ma responsabilité, c'était eux qui assuraient le lien avec les citoyens.* »

Le destin d'Alvarado est étroitement lié à celui de la gouvernante intérimaire de Mexico, Rosario Robles[16]. En 2002, il l'accompagne dans sa course à la présidence nationale du PRD, en dirigeant sa campagne dans l'État du Tabasco. Tandis que Robles atteint la présidence nationale du parti, Imaz réussit l'exploit à Mexico. Ainsi encadré par les deux piliers du PRD, Alvarado quitte la fonction publique pour se consacrer aux activités partisanes : « *Quand Rosario a gagné la présidence du parti, nous lui avons proposé de réaliser des activités supplémentaires aux activités traditionnelles d'un parti politique (...). C'est à partir de là que nous avons impulsé une "consultation des priorités nationale". Ce fut un exercice national très intéressant à travers lequel nous avons voulu montrer que dans ce pays les priorités étaient à l'envers.* »

En 2004, la progression du courant politique d'Alvarado au sein du PRD est brutalement interrompue par une affaire de corruption qui se solde par l'expulsion de Rosario Robles et le départ « volontaire » de Carlos Imaz[17]. L'affaire aura de lourdes conséquences sur la carrière d'Ernesto Alvarado, qui perd la Direction aux affaires sociales de Tlalpan. Il est cependant récupéré par la ministre locale de l'Environnement, Claudia Scheinbaum – épouse de Carlos Imaz –, qui l'invite à la mise en place du Metrobus. Alvarado s'occupe d'une part de la gestion des ressources allouées par la Banque mondiale et d'autre part des enquêtes auprès des usagers, c'est à dire, encore une fois, de la participation citoyenne. En 2008, il est finalement appelé au FCH pour présenter un diagnostic sur la situation de la participation dans le centre

[16] En 1999, Cárdenas quitte le GDF pour se présenter aux présidentielles de 2000, sans succès.

[17] Robles est suspectée d'avoir mis en relation des cadres du PRD avec l'entrepreneur argentin Carlos Ahumada pour le financement de campagnes électorales en échange de futurs contrats.

historique : « *Quand je suis arrivé au Fidéicommis, le rapport avec les architectes et les urbanistes m'est apparu comme celui des ingénieurs et logisticiens du Metrobus, sauf qu'il s'agissait désormais d'immeubles.* » Alvarado réussit à convaincre son ancien camarade du CEU, Inti Muñoz, de la nécessité d'élaborer une nouvelle stratégie de participation. Il obtient une sous-direction créée à sa mesure, le Département de promotion, où il peut enfin réaliser le projet qui lui tient à cœur depuis plusieurs années : une école de formation citoyenne.

En quoi consiste l'EFCyCP ?

Le centre historique est malade et la cure risque d'être douloureuse, ou du moins perçue comme telle par les habitants. La première mission assignée à Alvarado consiste en la création d'un climat favorable au réaménagement de la rue Regina, où le gouvernement projette un « corridor culturel » emblématique. Face à une population de plus en plus hostile à la piétonisation – alors que les travaux sont déjà lancés et qu'ils produisent de nombreuses nuisances –, Alvarado conçoit une stratégie alternative de dialogue avec les riverains : « *Regina était déjà en train d'être réaménagée et c'est là que j'ai mené la première expérience avec les assemblées de riverains. J'avais observé que les réunions avec eux étaient insuffisantes, qu'il fallait un autre type d'espace pour analyser les défis et les problèmes, un cadre plus détendu, plus systématique, plus ordonné, plutôt que les assemblées classiques (...). J'ai donc décidé d'élaborer le programme pilote d'une école de formation en partant d'un groupe de treize habitants de Regina.* »

L'initiative du psychologue social compte sur le soutien du directeur du Fidéicommis qui souhaite que l'EFCyCP devienne « *un espace citoyen, horizontal, de participation de tous, de dialogue permanent et de prises de décisions, dans lequel on puisse découvrir de nouvelles formes de sociabilité. (...) Nous voulons que [l'École] soit un lieu où l'on puisse générer un pacte écrit qui établisse les règles du vivre ensemble dans le moindre détail : comment gérer les déchets, les obligations du gouvernement en termes de sécurité publique ou encore le fonctionnement des interventions culturelles et artistiques dans l'espace commun*[18] ». Pour Muñoz, l'École a vocation à s'étendre sur l'ensemble du centre historique afin d'inclure les participants à l'élaboration du Plan de gestion.

Qu'il s'agisse d'obtenir le consentement de la population ou de construire les bases d'un véritable aménagement participatif, l'EFCyCP se

[18] « Abre escuela de Formación Ciudadana », publié en décembre 2009 dans *Km.Cero*, n°19.

présente comme un dispositif hybride, à la frontière entre la concertation citoyenne et la formation politique, visant à développer les compétences civiques des habitants du centre historique. D'après Alvarado, « *on doit promouvoir des attitudes plus tolérantes et doter les citoyens d'une capacité à construire des consensus. Or on oublie trop souvent cette question fondamentale : comment construire un consensus ? Ce qui pour toi est important ne l'est peut-être pas pour moi, ni pour le voisin d'en face. Quelle préoccupation est plus légitime, la tienne, la mienne ou la sienne ? Toutes, bien sûr ! L'enjeu est donc d'apprendre à les mesurer les unes aux autres de sorte que l'on puisse trouver un consensus autour d'un élément central* ».

Contrairement aux assemblées sporadiques, que notre interlocuteur considère inappropriées pour l'échange pédagogique, l'EFCyCP comprend une vingtaine de séances hebdomadaires articulées autour d'un programme prédéfini. Le premier cycle de formation comprend quatre axes thématiques : 1 – Les habitants du District Fédéral : vers une condition de citoyens. 2 – Le cadre juridique dans la ville de Mexico : avant-garde nationale. 3 – Les droits économiques, sociaux, culturels et environnementaux. 4 – L'aménagement participatif : principes et pratique. En août 2009, l'équipe du Fidéicommis en charge de la participation citoyenne lance un second cycle de formation adressé aux participants du premier cycle, ainsi qu'aux habitants des différents secteurs en cours de requalification. L'absence de diffusion assure à nouveau un certain contrôle sur le profil des participants, invités cette fois à travailler sur les thématiques suivantes : 1 – Diagnostic de la réalité et des priorités. 2 – Les tendances récentes du centre historique. 3 – La gouvernance du centre historique. 4 – Culture de la légalité et sécurité publique. 5 – Sauvegarde du patrimoine historique. 6 – Le Plan de gestion du centre historique. Enfin, la formation de la deuxième génération est ponctuée par une rencontre avec une délégation de l'Unesco en visite à Mexico et par un cours magistral du docteur Alejandra Moreno Toscano, qui propose au passage de remplacer EFCy*PB* (*Planificación Barrial*) par son acronyme définitif.

Alors qu'il s'agissait, au départ, d'un dispositif voué à dissiper les hostilités survenues à l'égard de l'opération urbaine de Regina, l'EFCyCP devient un mécanisme fondamental de dialogue avec les habitants qui, se prêtant au jeu de l'École, réussissent à se faire écouter du gouvernement par l'intermédiaire du FCH. Bénéficiant d'une popularité croissante parmi les réseaux de petits acteurs locaux, l'EFCyCP atteint une masse cumulée de cent quatre-vingt-six participants vers la fin de son cinquième cycle (mars-septembre 2011), offrant un total de cent quarante-quatre sessions de travail, soit quelques quatre cent quarante-trois heures de formation d'après les chiffres avancés dans le Plan de gestion[19]. Il faut néanmoins relativiser ces chiffres en tenant compte de la qualité des participations, parfois sporadiques et parfois nettement engagées.

Caractéristiques et aspirations des participants

Bien qu'il existe un certain nombre de visiteurs irréguliers, par exemple des adolescents qui accompagnent leurs parents, la plupart des participants disposent d'une expérience politique préalable. Leurs engagements s'expriment aussi bien dans le domaine des organisations de commerçants que dans celui de la participation formelle au sein des comités citoyens élus depuis octobre 2010 dans les quartiers du centre-ville[20]. Il serait impossible de décrire ici les itinéraires de vie et les processus individuels de politisation analysés dans le cadre de notre thèse. Signalons simplement les caractéristiques et les aspirations communes des participants.

D'abord, il s'agit d'une génération spécifique ayant connu le « miracle économique » des années soixante ainsi que les crises économiques successives de 1982 et 1995. Nous avons, en quelque sorte, affaire aux résidus des classes moyennes qui ont fui le centre-ville avant qu'il ne devienne « historique » et surtout après la catastrophe sismique de 1985. Autrement dit, les participants témoignent d'une ascension sociale brisée par les périodes de crise économique et de crise de la centralité urbaine. Si le déclassement apparaît évident dans certains cas, il est toutefois moins évident pour ceux qui sont devenus propriétaires dans l'élan des expropriations postsismiques. Or, le statut de propriétaire joue un rôle fondamental, parfois explicite, dans la formulation des objectifs communs des participants : pour certains, il s'agit d'améliorer l'environnement urbain et, en effet, d'augmenter la valeur des propriétés.

Une autre caractéristique relève du terrain d'affinités existant envers une catégorie spécifique de populations subalternes, les ambulants, généralement stigmatisée par les médias et les classes moyennes de Mexico. Or, ici, l'origine sociale des participants et la présence de dirigeants du commerce populaire favorisent l'émergence d'une vision plus compréhensive du phénomène. En revanche, la situation des sans-

---

[19] Autoridad del Centro Histórico, *Plan de Manejo del Centro Histórico de la Ciudad de México (2011-2016)*, 2012, p. 111.

[20] Les comités citoyens sont les organes de représentation citoyenne de chaque quartier depuis l'entrée en vigueur de la loi de participation citoyenne du District Fédéral (27 mai 2010). Ils sont constitués par neuf représentants issus de listes indépendantes des partis politiques et sont censés assurer le lien avec la communauté en facilitant les processus de consultation citoyenne : budget participatif (2% du budget de l'arrondissement), travaux publics… Dans le centre historique, on compte trente-cinq comités, dont huit sur le périmètre A de conservation.

abris n'attire pas tellement la compassion des participants. Pour certains, il s'agit d'une population indésirable, au même titre que l'accumulation des déchets et la saleté des rues du centre historique. Par ailleurs, la problématique réitérée du trafic de drogue – voire du recyclage de l'argent du narcotrafic dans le commerce et l'immobilier – constitue une préoccupation majeure qui renforce la cohésion du groupe autour de l'équipe du Fidéicommis en charge de la participation, censée assurer le lien avec les forces de police.

Il faut également noter que nous avons affaire à des acteurs sociaux qui se déploient sur différents champs de la politique locale. L'importance accordée à la défense des infrastructures scolaires est en ce sens exemplaire. Dans plusieurs cas, la mobilisation au sein d'associations de parents d'élèves constitue la première étape avant d'intégrer l'EFCyCP. Par ailleurs, la continuité des traditions catholiques (par exemple les processions) « menacées » par l'arrivée d'un gouvernement de gauche justifie l'engagement de certains participants à l'EFCyCP, comme une façon de « garder un œil sur le gouvernement ». Ainsi, au-delà des intérêts immédiatement économiques des petits propriétaires, les participants sont souvent attachés à la sauvegarde d'un patrimoine constitutif de leur identité culturelle.

Enfin, bien que l'EFCyCP constitue un espace de rencontres hétéroclites parfois antagoniques, elle représente également l'opportunité de reconstituer un « tissu social » dégradé par des décennies d'abandon. Autrement dit, cette mosaïque d'acteurs sociaux devrait contribuer au renforcement des capacités des habitants à s'organiser en dehors du cadre de l'État afin d'améliorer durablement les conditions d'existence dans le centre historique. Or, l'importance prise par la figure des comités citoyens indique au contraire une tendance à la réification de l'ordre étatique et, en effet, à l'instrumentalisation des dispositifs de participation par les participants eux-mêmes. C'est l'hypothèse de Bernard Jouve, « *d'un sacre des notables locaux rendu possible par l'exercice de la démocratie participative sur un registre institutionnalisé*[21] », qui nous vient à l'esprit lorsqu'on découvre qu'une partie non négligeable des participants s'est présentée aux élections locales des comités citoyens[16] (au moins huit participants de la cinquième génération) et qu'une autre les a même remportées (cinq participants). Forts d'une préparation politique et d'un réseau social élargi par l'EFCyCP, ces nouveaux représentants citoyens s'introduisent dans le champ du pouvoir, dans un terrain déjà bien quadrillé par les partis

[21] JOUVE B., « La démocratie en métropoles : gouvernance, participation et citoyenneté », *Revue française de science politique*, 2005, vol. 55, pp. 317-337, 326.

politiques. Sauront-ils garder le lien avec ceux qu'ils représentent ? Souhaiteront-ils les former à leur tour pour qu'ils participent au même niveau ?

Résister en participant

Finalement, en paraphrasant l'expression de Matthieu Giroud, « *résister en habitant*[22] », nous pouvons résumer l'attitude des membres de l'EFCyCP à travers l'expression « résister en participant ». Car si « *continuités populaires* » il y a, c'est aussi par l'activité et le multi-engagement des individus qui favorisent la circulation de l'information, disséminée sous la forme de la rumeur lorsqu'il s'agit de freiner une opération d'aménagement qui menace leurs intérêts. Au contraire, lorsqu'un terrain de coopération est trouvé avec les autorités, ce sont ces mêmes acteurs locaux qui facilitent l'instrumentation des opérations menées par l'arrondissement Cuauhtémoc, l'ACH, le GDF ou encore le gouvernement fédéral. En effet, on conçoit difficilement la mise en place d'un programme d'amélioration du centre historique ou de régularisation de l'habitat sans l'existence de ces relais communautaires. Ainsi, il ne suffit pas d'habiter les lieux pour se maintenir face aux transformations urbaines. Pour les membres de l'EFCyCP, il faut également prendre part à la dynamique collective de façon consciente et volontaire. Enfin, l'investigation auprès des participants nous a montré qu'il ne s'agit pas des secteurs les plus favorisés du centre historique, ni des « pionniers » de la gentrification. Or, il ne s'agit pas, non plus, des secteurs les plus démunis, victimes du nettoyage social. En réalité, l'EFCyCP représente un espace de concertation auprès des notables locaux issus des catégories moyennes. Dans un contexte de mutations urbaines et d'antagonismes exacerbés, ce dispositif est l'expression d'une gouvernance intelligente visant à désamorcer les rumeurs qui vont à l'encontre du projet « revitalisateur » du GDF tout en dotant les habitants d'un certain pouvoir d'information.

---

[22] L'hypothèse posée par Giroud est la suivante : « *Les continuités populaires sont le résultat de résistances, non pas en termes de luttes collectives, mais produites à l'échelle de l'individu. Ces résistances s'appuieraient sur l'habiter des individus, c'est-à-dire sur leurs pratiques ordinaires, réalisées au cours de parcours biographiques et de cheminements quotidiens, ainsi que sur leurs représentations.* », « Résister en habitant ? Renouvellement urbain et continuités populaires en centre ancien (Berriat Saint-Bruno à Grenoble et Alcântara à Lisbonne) », thèse de doctorat, Université de Poitier, 2007, p. 3.

FIGURE 2

PORTRAITS D'UNE SOCIÉTÉ PROACTIVE DANS LE CENTRE HISTORIQUE

Première Rencontre Citoyenne du Centre Historique

Une réunion de l'EFCyCP

Plan de gestion : Slim et Ebrard au centre du podium

Réunion entre fonctionnaires et gentrifieurs

Campement du MUP-CND dans la place centrale

La participation citoyenne dans le Centre Historique comprend une multiplicité de modalités. En plus de l'EFCyCP [1 et 2], il existe des mécanismes de médiation auprès des groupes de pression émergents, notamment les associations de nouveaux habitants issus des classes moyennes [4], ou des anciennes organisations de demandeurs de logement [5].

(CLICHÉS : J. DÍAZ).

Indications bibliographiques

ARNSTEIN S., « A ladder of citizen participation », *Journal of the American Institute of Planners*, 1969, vol. 35, n° 4, pp. 216-224.

AUTORIDAD DEL CENTRO HISTÓRICO, *Plan de Manejo del Centro Histórico de la Ciudad de México (2011-2016)*, México DF, 2012.

BACQUÉ M-H., GAUTHIER M., « Participation, urbanisme et études urbaines », *Participations*, 2011, vol. 1, n° 1, pp. 36-66.

COMBES H., *Faire parti. Trajectoires de gauche au Mexique*, Paris, Karthala, 2011.

GIROUD M., *Résister en habitant ? Renouvellement urbain et continuités populaires en centre ancien (Berriat Saint-Bruno à Grenoble et Alcântara à Lisbonne)*, thèse de doctorat, Université de Poitier, 2007.

JOUVE B., « La Démocratie en métropoles : gouvernance, participation et citoyenneté », *Revue française de science politique*, 2005, vol. 55, pp. 317-337.

MONNET J., *Usos e imágenes del centro histórico de la ciudad de México*, DDF, 1995.

RAHNEMA M., « Participation », in BAWTREE V., RAHNEMA M. (coord.), *The Development dictionary : a guide to knowledge as power* (1992), New York, Zed Books, 2007.

SILVA LONDOÑO D., *Negociando la (in)-formalidad. Las contiendas por el desalojo del comercio ambulante en el Centro Histórico de la Ciudad de México (1990-2008)*, thèse de doctorat, Colegio de México, 2011.

Le PACT de Lyon, 1942-1980. Entre gestion et médiation de la réhabilitation de l'habitat, la place d'une association

Martha GILSON

Souvent oubliées, les associations sont des acteurs à part entière – intermédiaires entre les institutions publiques et les « habitants » – des politiques d'habitat de la Ville, véritables partenaires de l'action publique. Hier bénévoles, aujourd'hui véritables professionnels du logement, les membres du PACT-Arim participent pleinement de la politique du logement, notamment social, depuis la création de l'association en 1942 jusqu'à aujourd'hui. Le PACT (Propagande et action contre les taudis) est un réseau national de réhabilitation de logement.

À partir de notre travail de thèse, qui s'attache à étudier les prises en charge sociales des personnes âgées à Lyon de 1945 à 1980, nous souhaiterions ici présenter un mode original d'intervention sur l'urbain : la restauration et l'amélioration de logements afin de garantir le maintien à domicile des personnes aidées. Luttant contre une politique de destruction d'immeubles anciens, cette association s'efforce de préserver le cadre de vie de personnes en situation de précarité économique – très majoritairement des personnes âgées – en réhabilitant leur logement. Nous proposons de retracer les évolutions de cette association, qui a toujours souhaité être en lien étroit avec les pouvoirs publics et amener la question du logement sur le devant de la scène politique. Contrairement aux autres associations qui pallient les « failles de l'aide sociale », le PACT aspire à faire partie intégrante du système d'action publique. Cette association se développe à Lyon à partir d'initiatives privées : des bénévoles se présentant à une population précaire pour des travaux de peinture. Peu à peu, des partenariats solides avec les pouvoirs publics se mettent en place et aujourd'hui elle participe pleinement du maintien à domicile des personnes âgées en adaptant leur logement. Cette évolution résulte de la place originale que tient le PACT dans le paysage institutionnel : une association ni totalement caritative ni de production de services, qui cherche l'efficacité du social par son intégration économique aux politiques de la Ville en mettant en avant des solutions novatrices aux problématiques urbaines[1].

Cet article présente l'évolution du PACT et son insertion dans les politiques d'habitat de Lyon des années 1940 aux années 1980. Si, depuis les années 1980, la décentralisation et la naissance de politiques contractuelles ont accentué et renouvelé la participation des associations aux politiques publiques, rares sont les études qui analysent les prémices de cette interdépendance forte aujourd'hui[2]. Nous nous appuyons sur les archives de la ville de Lyon, du bureau d'action sociale de la ville de Lyon, et surtout sur celles du PACT-Arim. Ces archives contiennent des comptes-rendus de conseils d'administration, des budgets, des études et notes internes autour de l'action de l'association, ainsi que la totalité de la revue mensuelle des PACT.

Durant cette période, le PACT s'impose à la fois comme un gestionnaire incontournable dans les questions d'habitat et comme un médiateur entre les habitants et les pouvoirs publics. Ces rôles sont facilités par la place antérieure occupée par l'association comparée à celle des pouvoirs publics sur les questions du logement. C'est un phénomène général observé pour les associations : « *Leur antériorité aurait donc donné aux groupements de solidarité une légitimité pour se maintenir en place quand la puissance publique s'est engagée elle-même dans le "social*[3]*".* »

De l'association composée de quelques bénévoles à l'acteur des politiques publiques : les années 1950-1960

Un problème de société, la volonté d'un homme

À la Libération, la France est un pays qu'il faut reconstruire. Dans les années 1950, le logement devient un besoin prioritaire. Une véritable « crise du logement » survient durant cette période. Plusieurs facteurs sont à mettre en cause. La crise est à la fois quantitative et qualitative :

---

[1] Pour une histoire des associations, se référer aux travaux d'Axelle Brodiez Dolino, notamment, « Penser et panser la vulnérabilité sociale au XXe siècle : évolutions et recompositions du paysage associatif lyonnais », in GUESLIN A. et STIKER H.-J.(coord.), *Les maux et les mots de la précarité et de l'exclusion en France au XXe siècle*, Paris, L'Harmattan, 2012, pp. 123-138, ou encore à ARCHAMBAULT E., BOUMENDIL J., *Le secteur sans but lucratif en France*, Paris, Fondation de France, 1995.

[2] MAILLARD J. (de), « Les associations dans l'action publique locale : participation fonctionnalisée ou ouverture démocratique ? », *Lien social et Politiques*, n°48, 2002, pp.53-65 ; BARTHÉLÉMY M., *Associations : un nouvel âge de la participation ?*, Paris, Presses de Sciences Po., 2000.

[3] LAFORE R., « Le rôle des associations dans la mise en œuvre des politiques d'action sociale », *Informations sociales*, 2010/6, n°162, pp. 64-71.

20% des immeubles de province ont plus de cent ans et, en 1946[4], dans les villes de plus de trois cent mille habitants, seulement 5% des immeubles disposent de toutes les commodités, eau courante, électricité, gaz, tout à l'égout, chauffage central. Le parc immobilier est vétuste et le plus souvent insuffisant : « *Non seulement les logements sont rares et chers, mais l'état de salubrité des quelques logements bon marché, du moins dans les villes, laisse à désirer*[5]. » Si on rajoute à cet état de fait une poussée démographique sans précédent et une vague d'immigration liée à la reconstruction, on comprend que toute une frange de la population, même salariée, ne trouve pas de quoi se loger. Ce phénomène donne naissance à certaines œuvres caritatives, comme Emmaüs ou le foyer Notre-Dame des sans-abri. C'est dans ce contexte qu'est créé le Centre de propagande et d'action contre les taudis (PACT) en 1942, au départ sous forme de groupe d'étude. Il a pour but l'étude et la mise en œuvre de toutes mesures permettant de lutter efficacement contre l'insalubrité des logements[6]. Les Centres de propagande et d'action contre le taudis (PACT) constituent la branche active de la Ligue nationale contre le taudis créée en 1924 et reconnue d'utilité publique en 1927[7].

Le PACT de Lyon entre réellement en activité à la fin de l'année 1947. Jean Pila, fils d'industriel et alors étudiant, et certains de ses amis cumulent leurs pensions de démobilisés et recueillent des dons de diverses institutions de bienfaisance pour lancer l'association. Effectuant au départ de simples livraisons de colis le dimanche aux personnes nécessiteuses, le groupe d'amis s'essaye vite au bricolage afin d'améliorer leur habitat. Pour la première fois, une association s'intéresse directement à la question du logement, sous un angle innovant : celui de la rénovation.

Agir : développer l'activité de l'association

Le PACT, et à sa tête Jean Pila – président de l'association jusqu'en 1976 –, a pour objectif de monter un dispositif visant à régler au mieux les problèmes d'habitat les plus urgents. L'association n'a jamais eu pour

---

[4] EFFOSSE S., *L'Invention du logement aidé en France. L'immobilier au temps des Trente Glorieuses*, Paris, Comité pour l'histoire économique et financière de la France, 2003.

[5] GUESLIN A., *Les gens de rien. Une histoire de la grande pauvreté au XXe siècle*, Paris, Fayard, 2004, p. 139.

[6] Déclaration à la préfecture du Rhône le 4 février 1944, parution au Journal Officiel le 25 février 1944.

[7] La situation immobilière des années 1920 est comparable à celle des années 1950. Pour lutter contre cette situation, en 1924, l'épouse de Georges Leygues, président du Conseil en 1920-1921 et plusieurs fois ministre, crée la Ligue nationale contre le taudis. Une association qui existe toujours et qui est dans la mouvance aujourd'hui du Mouvement PACT-Arim au niveau national.

vocation de fonctionner sur le volet caritatif mais plutôt de tendre à une professionnalisation et à une rationalisation de son action d'une part, et à provoquer une prise de conscience des pouvoirs publics sur la question du logement d'autre part.

Au début des années 1950, les bénévoles, comme des mouvements de jeunesse ou encore d'anciens prisonniers effectuent des réparations sommaires dans les habitats précaires, encadrés par quelques techniciens. C'est le temps des « opérations pinceaux », réparations superficielles, puisqu'aucune aide financière n'existe pour mener un travail de fond. Très vite, l'association prend de l'ampleur et modifie son mode de fonctionnement.

Une volonté de s'ancrer dans un dispositif local

Pour agir, il faut des fonds à l'association. La question des financements est centrale dans l'activité du PACT, d'une part car il se veut un organisme qui salarie, d'autre part parce que la rénovation coûte cher : c'est une activité qui ne peut se passer des soutiens publics.

Au début des années 1950, il n'existe aucune aide financière utilisable pour l'amélioration d'un logement défectueux. Or, dès 1949 est posé le problème des sommes que le PACT doit avancer aux familles pour les rénovations et dont le remboursement s'effectue parfois à de très longues échéances. Cette activité se développant, il apparaît nécessaire à l'association d'obtenir l'assurance d'une aide substantielle et régulière.

Très actif quant à la recherche de subventions, le PACT passe en février 1951 une convention avec la Caisse d'allocations familiales (CAF) – informée par son réseau d'assistantes sociales du travail des équipes du PACT, des activités de l'association – afin de préciser les différents points de leur action commune. Parallèlement, l'association trouve indispensable de chercher, en dehors de la CAF, des subventions – publiques comme privées – du côté du département, de la Ville, du GSHH (Groupement social de l'hygiène et de l'habitat), ou encore de la chambre de commerce[8]. En 1952, soutenu par la CAF, le FNAH (Fonds national de l'amélioration de l'habitat) et le GSHH, le PACT peut réaliser des travaux à hauteur de vingt-cinq millions de francs.

Cette recherche de subventions dépasse largement le simple cadre financier. Le PACT développe à travers ses recherches un réseau solide de relations au sein des différents organismes d'action sociale lyonnais et s'ancre, ainsi, dans le dispositif social local. Plusieurs administrateurs du PACT représentent ces différents organismes ; c'est le cas, en 1962, de M.

[8] PACT, conseil d'administration du 17 mars 1952.

Bourget qui au sein du conseil représente la Caisse régionale de sécurité sociale, avec laquelle le PACT a signé un contrat en faveur de l'amélioration des logements des personnes âgées du régime général[9] ; c'est également le cas, en 1965, de M. Tavernier, de la Sauvegarde immobilière, de M. Wolville, désigné par le maire de Lyon, et de M. Paccot, d'ARCIL[10]. S'intégrant ainsi dans le dispositif d'aide social lyonnais, le PACT a pour ambition d'être, plus qu'un simple gestionnaire de l'aide sociale, un médiateur, ce que lui permet son statut d'association. En effet, « *présentes dans le champ de l'aide sociale bien avant que l'État ne s'y engage, les associations y sont toujours majoritaires parmi les structures gestionnaires. Elles ont joué un rôle historique de médiateur en exprimant les besoins des populations qu'elles représentent et en élaborant des problématiques sociales*[11] ».

L'Association : une structure qui s'adapte aux besoins

Dès les années 1950, l'association se construit afin de participer à l'aide sociale locale, et en intègre rapidement les codes. Elle décentralise son action au niveau de l'arrondissement, mettant en place, en 1950, pour chaque arrondissement, un inspecteur et un inspecteur adjoint bénévoles chargés de se tenir en contact avec les familles, calquant ainsi son mode de fonctionnement sur celui du bureau d'aide sociale. Elle s'adapte aux besoins et aux modes de fonctionnent du territoire.

L'activité première du PACT est la rénovation des logements des personnes défavorisées, environ deux cents par an à la fin des années 1950, et environ sept cents par an à la fin des années 1960. Parallèlement, il « crée » des logements, en réhabilitant d'anciens bâtiments. L'association n'a cependant pas forcément pour public les assistés du bureau d'aide sociale : elle fonctionne par « bouche à oreille ». Néanmoins, elle travaille souvent en collaboration avec d'autres organismes sociaux et s'adapte alors à leurs publics. S'adapter au territoire amène l'association à s'adapter aux besoins. Sa structure s'y prête bien ; comme le rappelle Robert Lafore, les associations « *disposent dune grande souplesse d'adaptation pour aménager en continu le contenu de l'offre ; elles accueillent, du fait de leur malléabilité, les innovations et les innovateurs qui s'engagent dans une course sans fin entre les formes établies et les nouveautés de l'action sociale*[12] ».

---

[9] PACT, conseil d'administration du 27 juin 1962.
[10] PACT, conseil d'administration du 26 octobre 1965.
[11] LAFORE R., « Le rôle des associations… », *op. cit.*
[12] LAFORE R., « Le rôle des associations… », *op. cit.*

En plus de la rénovation de logements, le PACT ouvre, en 1953 au moment de la période de froid, neuf centres d'accueil de quartier afin de venir en aide aux centres existants submergés par le nombre des sans-abris. Ces centres destinés à abriter des familles ont dû accueillir surtout de nombreux isolés[13]. Bien que ce ne soit pas sa vocation, le PACT se lance dans cette lutte contre la misère et le froid, les œuvres d'accueil étant littéralement débordées par le flot des sans-logis à héberger. Parallèlement, profitant de la prise de conscience amorcée par la campagne de l'abbé Pierre concernant le problème des mal-logés, le PACT a intensifié son action de récupération des greniers[14]. À plusieurs reprises, le PACT dévie de sa « mission initiale » pour répondre aux problématiques conjoncturelles.

Cette adaptation au territoire guide et structure l'action du PACT, encore aujourd'hui. Dans les années 1950 et 1960, deux activités lui permettent d'acquérir des fonds importants : l'aide aux personnes âgées et l'aide aux rapatriés Algériens.

À sa création, le PACT s'adresse principalement aux familles nécessiteuses, et n'a pas vocation à prendre en charge les personnes âgées. Cependant, au fil des ans, ce public devient majoritaire parmi les personnes aidées. Loin d'être une volonté spécifique de l'association, il s'impose par d'importantes subventions acquises pour la rénovation de logements de personnes âgées dans les années 1960. Au début des années 1960, le PACT constate que son activité traditionnelle dans le domaine de l'amélioration et de l'équipement des logements familiaux est en régression faute de moyens financiers appropriés, alors que dans le secteur « amélioration des logements de personnes âgées », l'activité se développe de plus en plus, grâce à l'aide de la caisse régionale d'assurance vieillesse de la Sécurité sociale et à celle des caisses complémentaires de retraite[15]. En 1965, trois cent quatre-vingt-huit chantiers sont terminés, dont deux cent vingt améliorations de logements pour des personnes âgées, cent trente et une améliorations de logements de familles et trente-sept mises en état d'habitabilité[16]. L'aide aux personnes âgées est à la fin des années 1960 l'activité principale du PACT quant aux rénovations de logements. Si le PACT ne s'affirme pas comme un acteur des politiques de prise en charge de la vieillesse, il est considéré comme tel par la municipalité et le département, qui le subventionnent et le citent comme un partenaire qui aide au maintien à domicile. L'association est, de fait, soumise à la catégorisation des

[13] PACT, conseil d'administration du 11 mai 1954.
[14] PACT, conseil d'administration du 11 février 1954.
[15] PACT, conseil d'administration du 17 juin 1963.
[16] PACT, conseil d'administration du 24 mai 1966.

publics effectuée par les organismes financeurs, à savoir les collectivités territoriales.

Parallèlement, dans les années 1960, l'association se lance dans le projet de la cité d'Oullins pour lequel le PACT est largement subventionné. Une étude assez poussée, suivie de très près par le bureau de direction, est entreprise par les services du PACT sur un projet de création de deux cent cinquante logements dans les anciens bâtiments des Tanneries lyonnaises à Oullins[17]. Très vite, ces logements servent à loger les personnes rapatriées d'Algérie, et deviennent une cité de transit. L'association est donc largement subventionnée par le ministère des Rapatriés. Le rôle du PACT dépasse celui de propriétaire, puisqu'il collabore avec le centre social et essaye d'être conseiller et animateur au sein des structures qu'il loue[18]. À la fin des années 1960, l'association peut continuer à rénover des logements pour les plus défavorisés, activité qui reste déficitaire, car la cité de transit dégage des excédents. « *À la coexistence entre public et privé se substitue, progressivement, une association du privé au service public mis à égalité tandis que les administrations centrales s'en tiennent à des fonctions d'administration globale, qu'on appellerait aujourd'hui de "régulation" (aménagement de l'offre, répartition des ressources et contrôle*)[19]. »

Structuration et professionnalisation : les enjeux de l'association

Dès ses premières années, l'association se structure. Lors de sa création, l'équipe « dirigeante » du PACT de Lyon est composée de M. Pila, président, de Mme Marie-Thérèse Martel, qui gère les équipes de bénévoles, et de Mme Hélène de Souza-Dantas, responsable de la communication. En 1955, le PACT est réorganisé administrativement. Un bureau de direction est créé avec pour membres MM. Fayolle, Perrin, Rossel et Hubsch. Des réunions ont lieu deux fois par mois[20]. En 1963, le conseil d'administration est renouvelé. Le président est M. René Bellemain ; les vice-présidents MM. Marcel Perrin, Forrat et un membre du conseil municipal ; le trésorier M. Passot ; le trésorier adjoint M. Rossel ; le secrétaire M. Aguettant et le secrétaire adjoint M. Jourdan[21]. En 1964, Mme Ruby est nommée vice-présidente[22]. Elle est présentée comme une « amie de la première heure » du PACT, et a été choisie par le conseil général. Elle assure le contact avec les collectivités locales. Loin

[17] PACT, conseil d'administration du 13 mars 1956.
[18] PACT, conseil d'administration du 17 mars 1964.
[19] LAFORE R., « Le rôle des associations... », *op. cit.*
[20] PACT, conseil d'administration du 24 février 1955.
[21] PACT, conseil d'administration du 26 novembre 1963.
[22] PACT, conseil d'administration du 17 mars 1964.

de l'amateurisme, le PACT se veut une association solide et organisée, à l'action efficace.

Parallèlement, l'association s'entoure de professionnels. Si dans les années 1950 le PACT fonctionne majoritairement grâce à des bénévoles, bien que l'association se veuille gérée par des permanents, c'est par manque de financements plus que par choix : « *Nous pûmes embaucher nos premiers permanents, encore que la précarité et la modicité de leurs indemnités de fonction nous faisaient les appeler des bénévoles à temps complet*[23]. »

Dès le départ, le PACT a collaboré avec des architectes et a voulu s'inscrire dans les politiques économiques, comme sociales, de la ville. Il s'attache, un an après sa création, un architecte chargé de l'étude de toutes les questions techniques qui se posent parmi les cas signalés par les services sociaux[24]. Dès 1947, les membres du conseil décident qu'il est indispensable qu'un observateur de la chambre syndicale des propriétaires assiste à chaque séance du conseil d'administration, alors qu'un représentant de la Fédération des locataires est membre du conseil d'administration depuis le départ[25]. Nous n'avons malheureusement pas trouvé de chiffres précis du nombre de bénévoles et de professionnels, mais il semble qu'à partir des années 1960 il ne soit pratiquement plus fait appel aux bénévoles au sein de l'association, qui fonctionne uniquement avec des professionnels (de l'urbanisme, de l'architecture, de la gestion ou encore de l'action sociale).

Une association locale ? Le choix de la Fédération

L'ancrage territorial de l'association pose la question de son développement national. Informés de l'initiative lyonnaise, Lille, Roubaix, Dijon et Marseille créent des PACT, puis Nantes, Bordeaux et Nancy à la fin des années 1940. En 1951, afin de resserrer les liens entre les diverses associations, est créée la Fédération nationale des PACT, présidée par M. Pila, dont le siège est à Paris. Le nombre de PACT croît rapidement, et avec lui l'audience et la confiance des collectivités locales et organismes sociaux, ou encore des CIL[26]. Les financements se font plus généreux. En 1952, une quarantaine de PACT sont recensés, dont vingt déjà en fonctionnement. La Fédération des PACT est rattachée à la Ligue nationale contre le taudis. La Ligue est chargée de collecter des fonds

[23] « Une interview exclusive de Jean Pila, président fondateur : "Comment est né le mouvement PACT ?" », feuille volante non datée.
[24] PACT, conseil d'administration du 29 septembre 1948.
[25] PACT, conseil d'administration du 3 novembre 1947.
[26] Comités interprofessionnels du logement. Ces comités sont des associations qui encouragent la participation des employeurs à l'effort de construction.

pour la propagande et pour les PACT, alors que la Fédération reste uniquement un organisme d'action[27]. En 1960, le PACT de Lyon devient Délégation régionale de la Fédération des PACT pour les huit départements de la région Rhône-Alpes, qui se réunissent bimestriellement pour mettre en commun leurs difficultés et leurs projets. Cela permet de renforcer les liens et de créer une dynamique régionale[28]. La fédération n'a jamais eu pour vocation une centralisation nationale de l'action des PACT, qui gardent une très grande latitude d'action. Il s'agit pour chaque PACT de s'insérer dans un tissu local. Ce mode de fonctionnement n'est d'ailleurs pas propre au PACT et *« même si certaines associations s'organisent nationalement en de vastes ensembles, la plupart s'accordent parfaitement avec une logique de décentralisation qui a conduit d'emblée à ce que la mise en œuvre des politiques, fondées sur des lois nationales, soit largement confiée aux collectivités locales, la commune dans un premier temps, puis le département. Les associations sont, en quelque sorte, le second pilier de la décentralisation, une sorte de "décentralisation fonctionnelle" : elles s'accordent avec les logiques locales qui sont souvent indispensables à la légitimité des interventions*[29] ». La fédération permet de développer la cohérence entre les centres PACT, afin que leurs actions atteignent une audience nationale. Bien avant la décentralisation, le territoire comme unité pertinente d'action est mis en avant par le secteur associatif qui a su, par le biais de la fédération, s'imposer nationalement sans centraliser son action[30].

Comme expliqué précédemment, l'efficacité de l'association repose sur sa communication, et à plusieurs niveaux : il faut que les mal-logés puissent s'adresser à elle, elle doit gagner la confiance des organismes d'action sociale, et enfin a pour but d'amener la question du mal-logement à un niveau national. Pour cela, la Fédération dispose d'un organe de presse, la revue *PACT*, éditée mensuellement à partir de décembre 1955. Tous ces efforts de communication vers les pouvoirs publics portent leurs fruits à la fin des années 1960, lorsque le PACT réussit à imposer la réhabilitation comme solution au mal-logement.

---

[27] PACT, conseil d'administration du 17 mars 1952.
[28] PACT, conseil d'administration du 27 juin 1962.
[29] LAFORE R., « Le rôle des associations… », *op. cit.*
[30] Pour plus d'informations sur ces questions, se reporter à BARTHÉLÉMY M., *Associations : un nouvel âge de la participation ?*, Paris, Presses de Sciences Po, 2004, pp.100 et suivantes.

Le tournant des années 1970 : une association au cœur des politiques de logement

En 1977, le sigle PACT change de signification, et devient l'acronyme de : Protection, Amélioration, Conservation et Transformation de l'habitat. Une résolution en ce sens avait été adoptée par la Fédération nationale des PACT au cours de son assemblée générale extraordinaire du 29 mai 1975 à Rouen. L'obligation est faite de supprimer la définition « centre de propagande et d'action contre le taudis[31] ». Cette réactualisation des termes, plus proches de ceux utilisés dans la sphère publique, entérine un nouveau positionnement de l'association dans les politiques d'habitat.

L'apparition des Arim : une association à la frontière entre social et économique

En 1957, le PACT évolue en une société d'économique mixte, ce qui lui permet d'acquérir des immeubles et de mener à bien le projet de la cité d'Oullins. Partenaire de plus en plus formel de l'action publique, la structure évolue vers une gestion économique de l'habitat. En effet, la propagande des PACT en direction des politiques publiques commence à porter ses fruits. En 1962 est votée la « loi Malraux », qui crée les « secteurs sauvegardés ». Cette loi, qui a un impact très visible sur la rénovation des quartiers anciens et sur le patrimoine historique des grandes villes françaises, correspond à un tournant important de la politique du logement.

Face à une population en pleine croissance, le gouvernement commence à s'intéresser à la réhabilitation de l'habitat ancien et sollicite le PACT. La Fédération prend alors en charge l'étude et la réalisation des OGRI (opérations groupées de restauration immobilière) dans la France entière. Ces opérations, qui concernent le secteur immobilier privé, ont pour principe de prendre en compte tous les logements d'un quartier. Elles s'inscrivent dans une approche globale du problème du logement et sont conçues comme des programmes couvrant le champ de l'habitat dans sa totalité : infrastructures, immeubles, mais aussi accompagnement social des populations concernées. Cette démarche préfigure celle des OPAH (opérations programmées d'amélioration de l'habitat), qui sont lancées en 1977[32].

---

[31] PACT, conseil d'administration du 22 décembre 1977.

[32] *L'histoire du mouvement PACT-Arim,* http://www.pact-rhone-alpes.org/pages/qsn/doc/histoire.pdf, consulté le 10 septembre 2012.

Parallèlement, à la fin des années 1960, le PACT connaît une hémorragie de ses finances, ce qui l'amène à quitter la voie uniquement sociale pour se tourner vers une activité plus économique. « *Compte tenu, en outre, de la nature essentiellement humaine et sociale des interventions du PACT, il est évident qu'une partie de son activité demeurera déficitaire et devra être couverte par des subventions. Toutefois une chance s'offre pour Lyon : les opérations de restauration immobilière qui, si elles prennent de l'extension, seront rentables pour le PACT*[33]. »

L'argumentaire est que l'action ponctuelle pour être socialement valable ne l'est pas économiquement. L'association se propose alors d'expérimenter des opérations groupées de restauration immobilière étendues à tous les logements d'un quartier. En 1965, M. Pila signe avec M. Nungesser, secrétaire d'État au Logement, un contrat expérimental portant sur cinq opérations de quartier : à Lyon, Bordeaux, Lille, Marseille et Nancy. Ainsi, les PACT poursuivent leurs opérations ponctuelles, tandis que les Arim, dans le cadre d'un mandat spécial de la collectivité locale, poursuivent les opérations groupées. Les sept premières Arim – associations de restauration immobilière – voient le jour en 1967. Le Mouvement PACT-Arim est maintenant l'interlocuteur de référence des pouvoirs publics en matière de réhabilitation, au niveau local comme au niveau national.

La sectorisation des activités

À Lyon, la transformation du PACT en PACT-Arim est suivie d'une scission des activités sociales du PACT, et de l'apparition d'un PACT « personnes âgées » spécifique. L'« activité personnes âgées » devient de plus en plus importante pour le PACT du fait de l'obligation qui lui est faite de préfinancer les travaux et de recevoir en remboursement des frais de contrôle sur un tarif de 30F forfaitaires par dossier, fixé en janvier 1965, qui ne correspond plus au service rendu par le PACT[34].

À la fin des années 1960, l'activité de l'association est très hétérogène : si elle améliore la vie des foyers les plus défavorisés en prodiguant une aide à la personne, cette aide tend à se diversifier selon qu'il s'agit de personnes âgées – dont les problèmes de perte d'autonomie commencent à être pris en compte – ou de familles à faibles ressources. Le PACT gère par ailleurs le transit et la gestion sociale avec la cité d'Oullins. Il propose aussi une aide technique à l'amélioration de

---

[33] PACT, conseil d'administration du 11 avril 1967.
[34] PACT, conseil d'administration du 17 juin 1969.

l'habitat, et bien sûr participe à l'Arim et à la société HLM « La sauvegarde immobilière[35] ».

M. Pila, président de l'association, aimerait avoir un président responsable pour chacune de ces activités, en liaison étroite avec des représentants d'organismes extérieurs, afin de se spécialiser dans les problèmes posés par l'activité dont il serait chargé, étant entendu que l'ensemble serait coordonné par le PACT central. En 1974, un PACT « personnes âgées » (PACT PA) est créé. Il a pour président M. Robert Wolville. La deuxième association développe la branche « aide technique à l'amélioration du logement » (ATAL). Elle a un rôle de bureau d'études techniques et assure des prestations de services de qualité[36]. L'association PACT-Transit est aussi créée en 1974. Elle a pour but d'assurer la gestion de la cité d'Oullins, de la cité Ernest Renan et de petites unités de transit extérieures. Elle est gérée par M. Balay. Deux autres organismes créés par le PACT de Lyon ont déjà leur autonomie : l'Arim et la société HLM « La sauvegarde immobilière[37] ». Enfin, est créé le PACT central, qui coordonne ces différentes activités. Son conseil est composé de deux administrateurs de chacune des associations. La présidence est assurée par M. Pila et Mme Martel[38]. L'ampleur prise par le PACT de Lyon l'amène donc à segmenter ses activités pour plus de cohérence.

Impulser la politique nationale

Comme expliqué précédemment, de par son antériorité sur le terrain, le PACT impulse les politiques de réhabilitation et devient un conseil majeur des pouvoirs publics. Ce rôle de conseil est possible car, non contente d'agir, l'association développe un sérieux travail d'étude autour de la réhabilitation. Dans la mesure où les opérations sur le « logement social » exigent l'intervention d'acteurs nombreux et divers, il semble nécessaire au PACT de clarifier certaines notions afin que tous puissent se référer à des définitions communes. Qu'est-ce qu'un « bon » ou un « mauvais » logement ? Qu'est-ce que le « logement décent pour tous », dont fait état la Déclaration des droits de l'homme ? Cette interrogation est au cœur du dixième congrès des PACT à Nancy, en 1962. Le Mouvement y répond en faisant naître l'idée des « normes minimales d'habitabilité », qui reçoivent en 1967 leur consécration par insertion dans un texte officiel. C'est là une nouvelle étape importante. Une enquête réalisée avec le concours de l'Institut national des statistiques sur

---

[35] PACT, conseil d'administration du 28 mai 1973.
[36] PACT, conseil d'administration du 6 novembre 1973.
[37] PACT, conseil d'administration du 6 novembre 1973.
[38] *Idem.*

un échantillon réparti sur toute la France révèle que plus du tiers des logements ne répondent pas aux normes nouvelles, pourtant volontairement modestes.

Reconnu par les pouvoirs publics comme un partenaire à part entière de la politique du logement, l'association prend une place de premier plan dans le développement économique et social du pays. Ce partenaire est invité à participer aux commissions spécialisées des Ve, VIe et VIIe Plans.

Les pouvoirs publics et les responsables de la construction s'intéressent, à partir des années 1970, davantage aux problèmes de l'habitat ancien, sans doute motivés par le travail d'étude sur les normes minimales d'habitabilité, et par le rapport de la commission présidée par M. Raymond Barre. De leur côté, les HLM rédigent un livre blanc sur le sujet et l'UNIL sort un mémorandum « Construction et restauration[39] ».

Conclusion

À la fin des années 1980, le PACT est un gestionnaire incontournable de l'habitat. Loin d'être une association caritative traditionnelle, elle s'insère dans les logiques économiques de son champ afin de rentabiliser son action et de la rendre plus efficace. Ce n'est pourtant pas une association émanant des pouvoirs publics et son intégration aux politiques publiques est davantage fonctionnelle qu'intériorisée[40]. Depuis les années 1980, le PACT reste un partenaire contractuel des pouvoirs publics, porteur de la voix des populations mal logées, un partenaire associatif et non lucratif[41].

Son statut d'association lui permet – bien qu'elle fonctionne presqu'exclusivement avec des salariés – de garder un rôle d'intermédiaire entre la société civile et les collectivités territoriales. Jacques Barrot écrit à propos des PACT : « *Secrétaire d'État au logement, j'ai pu en découvrir le sérieux et l'enthousiasme lors de leurs congrès de Rouen en 1974 et de Nantes en 1977, et mesurer à quel point leur métier de tiers-intervenant entre les populations et les collectivités était une nécessité pour lutter contre la ségrégation par l'inconfort. Déjà il ne faisait plus de doute pour moi que les PACT-Arim étaient devenus, grâce à leur dynamisme et à leur caractère social et désintéressé, un*

[39] PACT, conseil d'administration du 10 mai 1976.

[40] MAILLARD J. (de), « Les associations dans l'action publique locale : participation fonctionnalisée ou ouverture démocratique ? », *Lien social et Politiques*, n°48, 2002, pp. 53-65.

[41] Pour approfondir les liens entre associatif militant et relations avec les pouvoirs publics : « Militantismes institutionnels », *Politix* 2/2005, n°70, pp. 3-6.

interlocuteur privilégié des pouvoirs publics dans la mise en œuvre d'une politique sociale de l'habitat ancien[42]. »

En 1980, à la veille des lois de décentralisation, les PACT et les Arim redéfinissent leur rôle respectif, et notamment leur indépendance vis-à-vis de l'administration et des pouvoirs publics.

Bibliographie

BARTHÉLÉMY M., *Associations : un nouvel âge de la participation ?*, Paris, Presses de Sciences Po, 2004.

BRAULT Y., *Des Toits et des hommes. Cinquante ans de la vie du mouvement PACT-Arim,* Paris, L'Inédite, 1992.

DUHAMEL N., *Le Mouvement PACT-Arim et les politiques sociales de l'habitat*, Paris, Drosso Férial, 1988.

EFFOSSE S., *L'Invention du logement aidé en France. L'immobilier au temps des Trente Glorieuses*, Paris, Comité pour l'histoire économique et financière de la France, 2003.

GUESLIN A., *Les Gens de rien. Une histoire de la grande pauvreté au xxe siècle*, Paris, Fayard, 2004.

LAFORE R. , « Le Rôle des associations dans la mise en œuvre des politiques d'action sociale », *Informations sociales*, 2010/6, n°162, pp. 64-71

LAFORE R. (coord.), *Faire société, les associations de solidarité par temps de crise*, Paris, Dunod, coll. « Actions sociales », 2010.

Chronologie

1924 : Création de la Ligue nationale contre le taudis

1942 : Le premier centre PACT voit le jour à Lyon

1951 : Naissance de la Fédération des centres PACT

1952 : Premier congrès des PACT à Lyon : 23 centres PACT y sont représentés

1960 : Les PACT participent aux travaux du VIe Plan

1962 : La loi du 4 août, dite « loi Malraux » crée les « secteurs sauvegardés »

1964 : Des délégations régionales PACT sont mises en place sur tout le territoire français

1966 : Roland Nungesser, secrétaire d'État au Logement et la FNC PACT signent une convention pour l'expérimentation d'opérations groupées de restauration immobilière (OGRI) dans sept villes

1967 : Création des Arim

---

[42] BRAULT Y., *Des Toits et des hommes. 50 ans de la vie du mouvement PACT-Arim* Paris, L'Inédite, 1992, p. 7.

Bulles spéculatives et copropriétés en difficulté. Les leçons de l'histoire du grand ensemble de Clichy-Montfermeil

Sylvaine LE GARREC

Introduction

Lorsque les émeutes de 2005 ont éclaté au Chêne Pointu à Clichy-sous-Bois avant de gagner de nombreux quartiers périphériques des grandes agglomérations françaises, le grand ensemble intercommunal de Clichy-Montfermeil a été érigé en archétype du problème des cités HLM de banlieue. Et pourtant, les tours et les barres qui marquent le paysage de ces deux communes de Seine-Saint-Denis ne sont pas constituées de logements locatifs sociaux. Il s'agit pour l'essentiel de copropriétés privées, qui manifestent des signes de délabrement, de délaissement et de paupérisation bien plus impressionnants encore que les quartiers HLM les plus disqualifiés. Clichy-sous-Bois et Montfermeil sont emblématiques du phénomène des « copropriétés en difficulté », identifié en tant que nouveau problème public au milieu des années 1990 (Beck, 2005 ; Lefeuvre, 2007 ; Braye, 2012 ; ARC, 2012).

Si la copropriété est un domaine globalement peu investi par la recherche urbaine, certains travaux ont cherché à analyser les mécanismes particuliers de dégradation des copropriétés en difficulté. Ces chercheurs nous invitent à dépasser les questions de formes architecturale et urbaine et mettent en avant que chaque copropriété a sa propre « histoire résidentielle » (Ballain, Jacquier, 1989). Ils montrent que les difficultés de ces copropriétés prennent généralement leurs racines dans leur processus de production et de commercialisation (*ibid.*) et dépendent aussi de l'efficacité des organes de gestion (conseil syndical et syndic) et de leur capacité de mobilisation collective des copropriétaires (Golovtchenko, 1998 ; Lefeuvre, 1999).

C'est en suivant ces pistes que j'ai reconstitué, dans ma thèse de doctorat, l'histoire de la première copropriété du grand ensemble de Clichy-Montfermeil qui a fait l'objet d'une intervention publique et d'opérations de démolition : la copropriété des Bosquets (Le Garrec, 2010). Pour comprendre l'origine des difficultés actuelles de cette copropriété, j'ai pris le parti de remonter en amont de sa construction et de retracer l'ensemble du processus d'urbanisation de Clichy-

Montfermeil après la Seconde Guerre mondiale. À partir d'investigations archivistiques[1], j'ai exploré les conditions de production de ce grand ensemble en prenant soin de les restituer dans des processus plus larges relatifs aux politiques d'aménagement du territoire, aux politiques de financement du logement et aux cycles du marché immobilier.

Cette démarche multiscalaire s'est révélée très riche d'enseignements. Au-delà de la monographie locale, elle a révélé des aspects méconnus de la production urbaine des Trente Glorieuses, qui ouvrent de nouvelles pistes de compréhension du problème des grands ensembles et donnent à voir quels peuvent être, à long terme, les effets pervers d'une politique de financement du logement engendrant une bulle spéculative.

Cette investigation historique a en effet permis de montrer que le grand ensemble de Clichy-Montfermeil n'est pas un produit de la politique d'aménagement régional mais un produit de la politique de financement du logement. La construction de ce grand ensemble privé a été stimulée par la politique des prêts Logecos mis en place par le Plan courant en 1953.

Or, cette politique des prêts Logecos a entraîné une véritable bulle spéculative qui est à l'origine des difficultés du grand ensemble et de certaines de ses copropriétés.

Cinquante ans plus tard, portant toujours les stigmates de ces conditions particulières de production, ce grand ensemble fait l'objet du plus important projet de rénovation urbaine à l'échelle nationale avec un budget estimé à six cent cinquante millions d'euros, mais on peut se demander si cette intervention massive pourra offrir à ce grand ensemble un nouveau départ.

Un grand ensemble privé impulsé par la politique de financement du logement : les prêts « Logecos »

Les difficultés actuelles du grand ensemble de Clichy-Montfermeil sont-elles ancrées dans la façon dont cet ensemble immobilier a été produit ? Pour répondre à cette question, j'ai voulu comprendre les facteurs à l'origine de l'urbanisation de Clichy-Montfermeil après la Seconde Guerre mondiale et je me suis intéressée à la manière dont les politiques d'aménagement, les politiques du logement et les fluctuations des marchés immobiliers avaient contribué au façonnement de ces deux villes et à leurs éventuels défauts d'aménagement.

---

[1] Archives des ministères chargés de la construction et de l'urbanisme (1945-1975) consultées aux Archives nationales de Fontainebleau ; Archives municipales de Clichy-sous-Bois et relevé réalisé par Luc Arasse (1993) ; Archives départementales de Seine-Saint-Denis ; archives du Pact-Arim 93 et de la Société d'économie mixte de Clichy-Montfermeil.

Au lendemain de la Seconde Guerre mondiale, Clichy-sous-Bois et Montfermeil sont deux petits bourgs ruraux réputés pour leurs propriétés nobiliaires de villégiature, leurs guinguettes, leurs carrières de gypse et leurs vastes étendues boisées. Situées sur un plateau de cent quinze mètres d'altitude, aux abords du bois de Bondy, les deux communes n'ont pas suivi l'essor démographique et urbain qu'ont connu les communes limitrophes dans les années 1920-1930.

Dans les récits des acteurs locaux d'aujourd'hui, la perspective de la construction d'une rocade autoroutière régionale est généralement présentée comme le facteur déclencheur de l'urbanisation de Clichy-Montfermeil au sortir de la guerre. Or, les sources historiques montrent que ce n'est pas ce projet d'infrastructure routière qui a stimulé la multiplication de programmes immobiliers sur ce plateau boisé, mais les politiques du logement et plus précisément la mise en place en 1953 des prêts Logecos.

En 1953, le Plan courant place le logement au cœur de la politique de reconstruction et de modernisation de la France. Aux côtés des prêts bonifiés pour les « habitations à loyer modéré » (HLM), le système des primes et prêts du Crédit foncier, destiné à inciter les ménages à investir leurs capitaux dans la pierre, est l'outil phare de ce programme. Ces prêts bonifiés, garantis par l'État, constituent un dispositif méconnu, et pourtant ce système a davantage alimenté la production massive de logements de 1953 à 1965 que les aides attribuées aux organismes HLM. De 1950 à 1967, il a contribué à produire 1,8 million de logements, soit 40% de l'ensemble des logements construits durant cette période (Effosse, 2003).

En 1953, les primes et prêts du Crédit foncier sont divisés en deux catégories : les « logements ordinaires » et les « logements économiques ou familiaux », dits Logecos. Davantage aidés, ces prêts Logecos visent à construire des logements à bas prix et à étendre l'accès à la propriété aux familles modestes. Ils ne sont pas soumis à un examen des revenus des bénéficiaires. La seule contrepartie pour en bénéficier est de respecter des limites de prix de revient et des plans-types standardisés qui visent à faciliter la construction en série, au moindre coût, tout en garantissant des prestations dignes du confort moderne. Les normes de confort sont inférieures à celles des logements HLM. Cette normalisation technique est censée, à elle seule, garantir que les logements Logecos remplissent une fonction sociale (*ibid.*).

Avec un taux très avantageux (inférieur à 2%), les prêts Logecos rencontrent très vite un vif succès et, partout en France, nombre de promoteurs amateurs se lancent dans l'aventure immobilière. La construction en série et la recherche d'un prix de revient minimal nécessitent de trouver de très grandes parcelles, peu chères et d'un seul tenant de préférence. Comme pour les ensembles HLM, « *compte tenu de la façon dont le tissu urbain s'est développé jusqu'alors, les localisations sont donc souvent éloignées des axes plus anciens du peuplement et des zones de forte division de la propriété foncière. Restent les opportunités foncières, là où la grande culture serre d'assez prêt la ville (...), où le relief offre des sols rebelles à l'agriculture, où la propriété bourgeoise constitue encore de grands blocs* ». (Brun, 1985, p. 349).

L'extension spectaculaire de Clichy-Montfermeil répond à ces caractéristiques. Les terrains sur lesquels sont programmées les copropriétés Logecos appartiennent à un propriétaire unique, Louis Grampa, un industriel italien, ancien Résistant, qui a acquis auprès de l'État une parcelle de 165 ha constituée de domaines aristocratiques et de bois réquisitionnés pendant la guerre (Melamed, 1994). Cette grande emprise foncière représente une opportunité idéale pour y bâtir en série des ensembles immobiliers Logecos. Dès 1954, les premières copropriétés standardisées commencent à se multiplier de façon un peu anarchique à Clichy-sous-Bois.

Á partir de 1958, cette dynamique prend de l'ampleur. Louis Grampa et un autre promoteur issu de la Résistance – Claude Bouchinet-Serreulles[2] – entreprennent de construire un grand ensemble de dix mille logements privés Logecos à cheval sur les deux communes. Le ministère de la Construction confie les études de composition de grand ensemble à l'architecte, « Grand Prix de Rome », Bernard Zehrfuss, qui en élabore le plan-masse avec l'architecte Fernand Ottin. Ce changement d'échelle correspond à une nouvelle impulsion donnée par le ministère de la Construction aux prêts spéciaux du Crédit foncier et en particulier aux Logecos. Ce système de financement se voit en effet conforté au début de la Ve République avec l'arrivée au ministère de la Construction en juin 1958 de Pierre Sudreau (Effosse, 2003).

Ce projet du « grand ensemble intercommunal » de Clichy-Montfermeil entre en complète contradiction avec les documents de planification régionale. Le « plan d'aménagement de la région parisienne » (PARP) ne prévoit qu'une extension limitée de ce secteur en raison du relief constitué de trois plateaux aux flancs très escarpés qui limitent la possibilité de création de réseaux de transport et d'activités industrielles. Le « service d'aménagement de la région parisienne » (SARP), responsable de la formulation de ces orientations, ne souhaite pas

---

[2] Claude Bouchinet-Serreulles est administrateur de société, Compagnon de la Libération, figure engagée des Forces Françaises Libres, proche collaborateur du général de Gaulle pendant la guerre.

aggraver la disproportion entre les emplois et le logement, déjà patente[3]. Il préconise que la forêt de Bondy joue « *le rôle de poumon dans l'est de Paris*[4] ». Sur les plans, les terrains boisés doivent rester une « *coulée de verdure*[5] » traversée par un grand échangeur routier destiné à accueillir une rocade circulaire de contournement de l'agglomération parisienne : l'autoroute interurbaine de Seine-et-Oise » (ARISO). Le grand ensemble de Clichy-Montfermeil est fortement critiqué par la Direction à l'aménagement du territoire (DAT) du ministère de la Construction, qui considère cette opération comme « *aberrante* » et qui combat ce « *monstrueux projet* » de création d'une « *ville dortoir* » éloignée des transports et des lieux de travail et coupée en son sein par un échangeur routier aux multiples nuisances[6].

Les deux maires sont impliqués dans la programmation du grand ensemble mais leur rôle est restreint. Très endettées, les deux villes ne peuvent assumer aucun investissement. Les promoteurs s'engagent à prendre à leur charge – sous contrôle des services de l'État – les dépenses qui leur reviendraient normalement et l'attribution d'un contingent de logements[7].

Les effets pervers des financements Logecos

L'incohérence de la construction du grand ensemble de Clichy-Montfermeil avec la planification de l'aménagement du territoire régional n'est pas le seul facteur qui va hypothéquer l'avenir de cet ensemble immobilier. D'autres effets pervers propres aux financements Logecos vont jouer un rôle plus déterminant.

La multiplication des promoteurs inexpérimentés et des programmes spéculatifs

Le premier des effets pervers des primes et prêts Logecos est d'avoir favorisé la prolifération de promoteurs privés indépendants qui étaient

---

[3] Service d'aménagement de la région parisienne, *Plan d'aménagement de la région parisienne, Rapport d'enquête analytique*, Étude n°7, ministère de la Construction, 8 septembre 1958 (archives du ministère de la Construction).

[4] *Ibid.*

[5] *Ibid.*

[6] Direction de l'aménagement du territoire du ministère de la Construction, *Note pour Monsieur le Directeur de la Construction, à l'attention de Monsieur Aubert, chef du service des Études et des Programmes. Clichy-sous-Bois-Montfermeil - Grand ensemble de fait - Bilan Programme*, 11 mars 1961, (archives ministère de la Construction).

[7] Lettre du commissaire à la construction et à l'urbanisme pour la région parisienne au ministère de la Construction, Dossier FDES, 14 décembre 1960, (archives ministère de la Construction).

« *pour l'essentiel des outsiders par rapport au secteur immobilier* » (Topalov, 1985, p. 252). N'exigeant pratiquement pas de contrepartie, si ce n'était de respecter des plafonds de coût de construction et des plans-types homologués, les prêts Logecos étaient en effet extrêmement avantageux et permettaient à n'importe qui de s'improviser promoteur immobilier sans disposer de capitaux propres et sans témoigner d'expérience, de garanties ou de compétences particulières[8]. C'est donc dans la plus grande improvisation que sont livrés nombre de programmes Logecos partout en France. Á Clichy-sous-Bois, les acquéreurs des premières copropriétés construites en 1954 se retrouvent même à devoir prendre à leur charge la construction de la voirie et de tous les réseaux extérieurs, frais qui n'étaient pas prévus initialement lors de leur achat sur plan[9].

Á partir de la revalorisation des prêts Logecos en 1958, cette dynamique s'accélère et ce système d'aide entraine, entre 1962 et 1965, une croissance de la construction tout à fait exceptionnelle, que C. Topalov qualifie de « *boom extrêmement violent, qui n'a pas d'équivalent dans le second après-guerre* » (Topalov, 1985, p. 239). En région parisienne, le nombre de logements non HLM construits pour la vente augmente de 130% entre 1961 et 1965 (*ibid.*). S'ouvre alors une période de véritable « *Far West* » de l'immobilier (*ibid.* ; Roncayolo, 1985), marquée par de fréquents scandales et de nombreux programmes spéculatifs.

La copropriété des Bosquets correspond à ce dernier cas de figure. Les premiers acheteurs de la copropriété des Bosquets étaient essentiellement des investisseurs, des grands groupes financiers, pour beaucoup domiciliés à l'étranger, qui ont spéculé sur ces appartements pensant bénéficier des avantages des prêts Logecos et faire une plus-value très rapide en revendant immédiatement leur stock de logements aux conditions normales du marché. Il y avait seulement 1% de propriétaires occupants à la livraison.

---

[8] Le prêt recouvrait 80% du coût total de la construction, frais d'acquisition du terrain compris, et le dépôt d'une demande permettait de recevoir des avances sur chantier. Le prêt Logecos pouvait aussi être complété par des allégements fiscaux, des primes accordées par les communes et les départements et, sous certaines conditions, par l'allocation logement (Effosse, 2003). En outre, les ventes s'effectuaient sur plan, dans des conditions peu réglementées. Les futurs acquéreurs versaient le montant de l'achat avant le début de la construction, ce qui permettait au promoteur de ne pas avancer de fonds.

[9] Lettre du service de l'urbanisme de la Direction de l'aménagement du territoire en réponse aux réclamations de l'administrateur de la société immobilière « La Lorette », le 30 septembre 1969, (archives ministère de la Construction).

L'éclatement d'une bulle spéculative

Mais les calculs des premiers acquéreurs des Bosquets ne vont pas tarder à être contrariés par un deuxième effet pervers des prêts Logecos. Au début des années 1960, ces derniers entraînent une véritable surchauffe de la construction immobilière qui aboutit, en 1965 au moment où est livrée la copropriété des Bosquets, à une grave crise de surproduction. Les spéculateurs des Bosquets ne parviennent donc pas à revendre, comme prévu, leurs stocks d'appartements. La copropriété des Bosquets est ainsi le résultat d'un « coup » immobilier..., qui a échoué.

Ces problèmes de commercialisation initiale vont avoir des effets à très long terme, puisqu'ils vont représenter l'un des facteurs centraux des difficultés de la copropriété jusqu'à aujourd'hui. En effet, les investisseurs restés propriétaires malgré eux vont mettre en location les appartements qu'ils n'ont pas réussi à vendre..., sans pour autant honorer le paiement de leurs charges de copropriété. Dès les premiers mois de son existence, la copropriété doit donc fonctionner avec un budget annuel grevé de près d'un tiers de ses recettes alors qu'elle doit gérer des parties communes très importantes (espaces verts, voiries, parkings...) et de nombreux équipements collectifs (ascenseurs, chaufferie collective...). Pour compenser ces entrées d'argent manquantes, le montant des appels de charges est augmenté et il est demandé aux bons payeurs de compenser. En outre, les logements mis en location trouvent difficilement une clientèle en raison de la surabondance de l'offre et du montant dissuasif des charges. Les investisseurs louent donc les appartements invendus à des familles immigrées – essentiellement algériennes et portugaises – qui dès 1965 marquent le peuplement de la copropriété.

Á cela, s'ajoute ce que j'ai choisi d'appeler des « malfaçons juridiques » dues notamment à l'incurie des promoteurs immobiliers. Moins connues et moins facilement repérables que les malfaçons du bâti, elles ont eu des répercussions tout aussi néfastes sur le devenir de l'ensemble immobilier. Elles ont contribué à gonfler artificiellement les charges, à empêcher le contrôle du syndic par les copropriétaires et à entraver le recouvrement des impayés de charges. Ainsi, dès l'origine des Bosquets, les charges communes sont disproportionnées au regard du service rendu. La copropriété entre alors immédiatement dans un processus cumulatif au cours duquel les impayés, les carences d'entretien et le volume des charges s'entretiennent mutuellement, au point que, très rapidement, les prestations les plus élémentaires ne sont plus assurées : l'eau et le chauffage collectif ont plusieurs fois été coupés pour non-paiement dès les années 1970 et certains ascenseurs restent en panne pendant plus de dix ans dans des bâtiments de dix étages.

La fin de la politique des prêts Logecos en 1963 et l'éclatement en 1965 de la bulle spéculative qui s'en était nourrie mettent également un coup d'arrêt au projet du grand ensemble intercommunal de dix mille logements tel qu'il avait été dessiné par B. Zehrfuss. Les deux promoteurs quittent la partie ne laissant derrière eux que deux copropriétés de mille cinq cents logements – les Bosquets et le Chêne Pointu – sans les équipements qui devaient les accompagner ni le plan d'ensemble qui devait donner une cohérence à la juxtaposition de ces opérations immobilières censées constituer une véritable ville.

Dès lors, la suite de l'urbanisation du grand ensemble de Clichy-Montfermeil ne sera qu'une succession de programmes de rattrapage qui suivront eux aussi les fluctuations des politiques de financement du logement, du marché de l'immobilier et des mouvements spéculatifs. Á l'instar de la copropriété des Bosquets, la plupart de ces programmes – qu'ils soient HLM ou privés – sont livrés dans des périodes de retournement de la conjoncture immobilière. De nombreuses opérations sont interrompues et sont mises en location ou commercialisées dans des conditions défavorables[10]. En raison de ces aléas, du changement des régimes de subvention et de l'absence de participation des différentes administrations concernées[11], la plupart des équipements prévus dans les plans initiaux ne sont pas réalisés. Il faut attendre 1995 pour que le lycée programmé en 1961 ouvre ses portes. Et même les services communs les plus élémentaires, tels que les réseaux, connaissent de nombreux dysfonctionnements.

Quant à l'échangeur autoroutier qui devait irriguer ce grand ensemble, il ne verra jamais le jour. Cette rocade de contournement de l'agglomération parisienne – baptisée d'abord ARISO, puis A 87 – est bientôt abandonnée pour le tracé plus lointain et moins coûteux de l'actuelle Francilienne.

[10] C'est d'abord la SA HLM Orly Parc qui prend le relais de la construction du grand ensemble (1967-1971), tandis que la débudgétisation des prêts HLM amorcée en 1966 et accentuée en 1970 met en difficulté les organismes HLM (Topalov, 1985). En 1972, un nouveau mouvement de spéculation immobilière fait naître de nouvelles copropriétés de standing sur les terrains vacants. La plus importante – La Forestière (500 logements) – est livrée en plein choc pétrolier, 20% des logements restent invendus. Le *boom* de la construction de bureaux du début des années 1970 (*ibid.*) laisse aussi ses marques au sein du grand ensemble : une tour de bureaux de treize étages restera désespérément « à louer » jusqu'à aujourd'hui.

[11] À partir de 1968, on assiste à un désinvestissement des services de l'État dans la programmation du grand ensemble. En 1972, lors d'une réunion de bilan du grand ensemble, le directeur départemental de l'Équipement annonce que l'opération ne fait pas partie des sites prioritaires pour l'État, « compte tenu de ses défauts » (Arasse, 1993).

Le grand ensemble de Clichy-Montfermeil aujourd'hui

Aujourd'hui, le grand ensemble de Clichy-Montfermeil porte toujours les stigmates de la politique des prêts Logecos et de l'éclatement de la bulle spéculative qu'elle a contribué à alimenter.

Un grand ensemble de « copropriétés en difficulté »

La copropriété des Bosquets est sans doute le programme immobilier de ce grand ensemble qui a été le plus marqué par ces conditions particulières d'urbanisation. Malgré l'intervention publique qui s'est déployée sur cette copropriété depuis 1981 et les opérations de démolition qui en 1994 et en 2001 ont fait disparaître deux barres parmi les dix-huit qu'elle comptait à l'origine, le processus de dégradation de cette copropriété n'a cessé de s'accentuer et les impayés et le montant des charges n'ont cessé d'augmenter. En 2007, elles s'élevaient mensuellement à plus de trois cents euros alors que la dette accumulée par la copropriété auprès de ses principaux fournisseurs et prestataires représentait plus de sept millions d'euros.

D'autres copropriétés du grand ensemble ont été touchées par ce type de processus, bien que l'itinéraire de chacune d'entre elles soit particulier. En 2010, « La Forestière », dont les cinq cents logements furent construits entre 1975 et 1982, affichait une dette de plus de dix millions d'euros. Quant aux habitants des mille six cents logements de la copropriété du Chêne Pointu, ils sont aujourd'hui totalement privés de chauffage et d'ascenseurs[12], alors qu'ils versent quatre cents euros de charges par mois.

Le devenir des programmes de logements sociaux, construits au sein du grand ensemble pour « rattraper » les objectifs de construction initiaux après l'abandon des deux promoteurs privés, n'a guère été plus rose. Le principal bailleur HLM a fait faillite, laissant son patrimoine sans entretien.

La population actuellement logée dans le grand ensemble de Clichy-Montfermeil se distingue nettement de celle qu'accueillent, en moyenne, les « zones urbaines sensibles » (ZUS). Il s'agit d'une population particulièrement modeste, composée de grands ménages, d'une forte proportion de moins de vingt ans et d'une part très importante de populations immigrées. Les échecs immobiliers du plateau de Clichy-Montfermeil se présentent à l'échelle régionale comme une niche pour

[12] Les portes des ascenseurs ont été scellées dans l'attente de travaux de réparation et la mairie a dû mettre en place un service de « porteurs » dans les bâtiments de dix étages pour aider les habitants à monter leurs courses.

une population qui apparaît particulièrement discriminée dans l'accès au logement. Les deux villes jouent plus spécifiquement le rôle de pôle d'accueil pour des populations immigrées primo-arrivantes dont certaines s'installent à Clichy-Montfermeil dès leur arrivée en France. Et parmi les différents programmes immobiliers du grand ensemble, ce sont les copropriétés les plus dégradées, celles où les charges sont les plus élevées, qui concentrent les populations les plus précaires.

Le Projet de rénovation urbaine : un nouveau départ ?

Depuis 2003, six cent cinquante millions d'euros ont été investis dans le « projet de rénovation urbaine » (PRU) de Clichy- Montfermeil, qui représente le projet le plus coûteux de l'ensemble du Programme national de rénovation urbaine. Mais, alors qu'ailleurs ce dernier vise à diversifier des quartiers HLM en construisant des logements privés en accession ou en location à la place des logements sociaux démolis, à Clichy-Montfermeil, à l'inverse, ce sont essentiellement des logements privés en copropriété qui sont détruits pour être remplacés par des logements HLM. La moitié des mille cinq cents logements restant aux Bosquets est en train d'être rasée, tandis que La Forestière doit disparaître totalement d'ici 2014.

De nouveaux programmes de logements sociaux neufs sont ainsi venus modifier le paysage du grand ensemble sur des terrains restés jusque-là vacants. La moitié de ces logements a été utilisée pour reloger une partie des habitants des immeubles détruits tandis que l'autre moitié est destinée à accueillir une population extérieure au site dans une perspective de mixité sociale.

Cependant, ces importantes opérations de démolition-reconstruction laissent pour l'instant un certain nombre de questions sans réponses.

Celle de l'amélioration de la desserte du site par une infrastructure de transports en commun reste, par exemple, toujours posée. Cette question est restée secondaire au sein du Projet de rénovation urbaine qui, selon les directives nationales (Epstein, 2007), a privilégié le renouvellement de l'offre immobilière. Aujourd'hui, les deux villes attendent encore l'arrivée d'un tramway dont la réalisation reste incertaine, et la perspective d'accueillir l'une des gares du futur « Grand Paris Express » devient de plus en plus hypothétique.

Par ailleurs, les opérations coûteuses de remplacement des logements n'ont concerné qu'un périmètre restreint qui a absorbé tous les investissements et toutes les énergies, laissant de côté tout un pan du grand ensemble qui a poursuivi sa dynamique de dégradation et de paupérisation. La copropriété du Chêne Pointu, notamment, a été exclue du secteur d'intervention du Projet de rénovation urbaine, et aujourd'hui les problèmes qui s'y manifestent sont au même niveau que ceux que rencontraient les Bosquets ou La Forestière en 2003. Mais le contexte est désormais aux restrictions budgétaires et le financement d'un second périmètre de rénovation urbaine reste incertain.

Reste également à savoir quel sera le devenir, à long terme, des nouvelles constructions produites dans le cadre du Projet de rénovation urbaine. Leur forme architecturale et urbaine rompant avec l'image du grand ensemble standardisé des Trente Glorieuses sera-t-elle suffisante pour offrir à ce site un nouveau départ ? Rien n'est moins sûr. Dès leur livraison, certains de ces nouveaux programmes HLM construits rapidement ont été confrontés à des malfaçons de construction et à de graves problèmes de gestion, qui ne sont pas sans rappeler les débuts du grand ensemble. Certaines opérations ont connu des problèmes de facturation pour la fourniture d'eau et font déjà apparaître des montants de charges disproportionnés et des impayés inquiétants…

Conclusion

Le retour sur l'histoire de Clichy-sous-Bois et Montfermeil met ainsi en évidence que les politiques de financement du logement et les retournements conjoncturels des marchés de l'immobilier peuvent marquer durablement la physionomie d'un territoire et modeler un paysage. Les difficultés que rencontrent aujourd'hui ces deux villes sont moins dues à la forme architecturale et urbaine des immeubles construits sur leur territoire pendant les Trente Glorieuses qu'aux conditions spécifiques dans lesquelles ces ensembles immobiliers ont été construits. Les problèmes d'aménagement, de délabrement et de paupérisation auxquels sont actuellement confrontées ces deux villes prennent leur origine au sein de la politique des prêts Logecos, qui a impulsé la réalisation de ce grand ensemble en contradiction avec la politique d'aménagement du territoire régional. Alors que la crise des *subprimes* a récemment mis en lumière le rôle que pouvaient jouer les mécanismes de financement du logement dans la dévalorisation brutale de certains quartiers d'habitation, le cas de Clichy-Montfermeil montre que les conséquences sur un territoire de certains produits financiers immobiliers et de l'éclatement d'une bulle spéculative peuvent s'inscrire sur le très long terme.

Bibliographie

ASSOCIATION DES RESPONSABLES DE COPROPRIÉTÉ, *Traiter les copropriétés fragiles ou en difficulté*, Vuibert, 2012.

ARASSE L., *Étude d'évaluation territoriale de la politique de la Ville : Clichy-sous-Bois/Montfermeil* (93), Oblet Thierry Consultant, 1993.

BALLAIN R., JACQUIER C., *L'Habitat collectif privé des Trente Glorieuses : la gestion des patrimoines urbains*, Grenoble, 1989.

BECK M., *Les Copropriétés en difficulté, histoire d'une reconnaissance publique. Aux origines de la loi du 21 juillet 1994 relative à l'habitat*, Plan Urbanisme Construction et Architecture, 2005.

BRAYE D., *Prévenir et guérir les difficultés des copropriétés. Une priorité des politiques de l'habitat,* rapport de l'ANAH pour le ministre du Logement, 2012.

BRUN J., « Nouvelles approches », in RONCAYOLO M. (coord.), *Histoire de la France urbaine. La ville aujourd'hui* (1985), Paris, « Point Seuil », 2001, pp. 345-411.

EFFOSSE S., *L'Invention du logement aidé en France. L'immobilier au temps des Trente Glorieuses*, Paris, Comité pour l'histoire économique et financière de la France, 2003.

EPSTEIN R., *Les Opérations de rénovation urbaine : système d'action et logiques d'acteurs*, rapport pour le Plan Urbanisme Construction Architecture, ministère de l'Emploi, de la Cohésion sociale et du Logement, 2007.

LEFEUVRE M.-P., *La Copropriété en difficulté. Faillite d'une structure de confiance*, Les Éditions de l'Aube, 1999.

LEFEUVRE M.-P., *Action publique locale et propriétaires. Champs et instruments d'intervention publique sur l'habitat privé,* mémoire pour l'habilitation à diriger des recherches, Institut d'urbanisme de Paris, 2007.

LE GARREC S., *La Démolition d'un grand ensemble en copropriété : une réponse urbaine à un problème de gestion ? La copropriété des Bosquets à Montfermeil (93),* thèse de doctorat en Aménagement de l'espace et urbanisme, soutenue à l'Institut d'urbanisme de Paris, Université Paris Est Créteil, 2010.

MELAMED A., « Clichy-sous-Bois entre PCF et populisme », intervention au colloque *Immigration, vie politique et populisme en banlieue parisienne (fin XIXe-XXe siècles),* Université Paris VIII, 7-8 octobre 1994.

RONCAYOLO M., *Histoire de la France urbaine. La ville aujourd'hui* (1985), Point Seuil, 2001.

TOPALOV C., *Le Logement en France : histoire d'une marchandise impossible*, Presse de la FNSP, 1985.

Les logements sociaux du « nouveau triomphe » à Shanghai : facteurs de fragmentation sociale et spatiale ?

Carine HENRIOT

Depuis la réforme du système d'attribution du logement et la réouverture progressive du marché de l'immobilier, le logement est devenu un bien marchand, objet d'investissement et de spéculation. Face à la hausse des prix de l'immobilier résidentiel, l'accès des ménages chinois au logement est de plus en plus inégal. Pour pallier la précarisation des populations les plus vulnérables et agir face à un mécontentement social croissant, le gouvernement central a lancé en 2011 le programme national de « logements garantis » (*baozhang xing zhufang*), lequel planifie la construction de trente-six millions de logements sociaux locatifs et en accession à la propriété, en périphérie des principales mégapoles chinoises, dans le cadre du XIIe Programme quinquennal. Dès 2011, dix millions de logements sociaux garantis doivent être construits, ce qui est bien supérieur aux objectifs atteints par le XIe Programme quinquennal, durant lequel 16,3 millions de logements sociaux ont été construits.

À Shanghai, où la concurrence du foncier stigmatise la question du logement, dès 2009 la municipalité planifie la construction de « grandes communautés résidentielles » (*daxing juzhu shequ*). Ces grands ensembles articulent logements garantis et logements pour déplacés du centre-ville. Les premiers logements sociaux à prix abordable et à propriété mixte sont livrés début 2012 aux populations shanghaiennes.

Cet article se propose d'étudier les politiques publiques du logement social, leurs modalités et leurs effets sur le redéploiement métropolitain et la fragmentation socio-spatiale des nouvelles périphéries urbaines à Shanghai, en prenant pour cas d'étude la grande communauté résidentielle du « nouveau triomphe » (*xinkai*) à Sijing, dans l'arrondissement de Songjiang.

Pour cela, une série d'entretiens semi-directifs a été menée en mars 2012 auprès des acteurs de l'opération immobilière : le responsable des logements sociaux du Bureau de planification urbaine et du foncier, le bailleur de fonds-aménageur-opérateur, les responsables des comités de résidents, qui représentent l'autorité publique à l'échelle microlocale, ainsi que les premiers habitants du « nouveau triomphe ».

La politique publique des logements sociaux

Quelle place le logement social occupe-t-il en tant qu'outil de planification dans le cadre d'un redéploiement résidentiel polycentrique au sein de la municipalité de Shanghai ?

Une macroségrégation du redéploiement résidentiel : villes nouvelles et logements sociaux

Le développement métropolitain de Shanghai (Sanjuan, 2009) est marqué par le passage du système d'attribution du logement au marché de l'immobilier résidentiel au milieu des années 1990. Dans le cadre d'opérations de renouvellement urbain, les quartiers centraux d'habitat populaire sont détruits et leurs populations déplacées vers les périphéries urbaines, où ont été construits de vastes quartiers résidentiels contigus à la ville-centre (Laurans, 2008). Ces premières opérations de promotion immobilière accueillent tant les « logements pour déplacés » (*dongqian anzhi fang*) que les premiers « logements destinés au marché » (*shangpin fang*) dans des résidences distinctes mais adjacentes (Sun, 2011).

À cette première phase de desserrement succède, au début des années 2000, un redéploiement résidentiel polycentrique via le développement de villes nouvelles orientées vers les segments solvables de la population : la classe moyenne émergente. Cinq programmes de villes nouvelles se suivent entre 1999 et 2012 et opèrent un redéploiement du parc résidentiel vers les villes nouvelles, notamment Songjiang, située à trente-cinq kilomètres au sud-ouest du centre de Shanghai, qui est confirmée comme pôle majeur du redéploiement métropolitain par chacun de ces programmes (Henriot, 2012a). En 2009, Shanghai planifie la construction de grandes communautés résidentielles, vastes secteurs résidentiels de logements sociaux.

Ces programmes de redéploiement polycentrique introduisent une macroségrégation résidentielle des nouveaux quartiers urbanisés en périphérie de Shanghai (Henriot, 2012b). Les populations solvables choisissent de devenir propriétaires de leur logement dans les villes nouvelles, ou d'y acquérir un logement ayant fonction de placement, tandis que les Shanghaiens de la classe populaire sont déplacés de la ville-centre vers les grands ensembles de logements sociaux ou grandes communautés résidentielles, lors des opérations de renouvellement urbain. Les grands ensembles de logements sociaux ne sont pas planifiés dans le périmètre d'intervention des villes nouvelles.

CARTE 1
LA SÉGRÉGATION RÉSIDENTIELLE DES NOUVELLES PÉRIPHÉRIES URBAINES

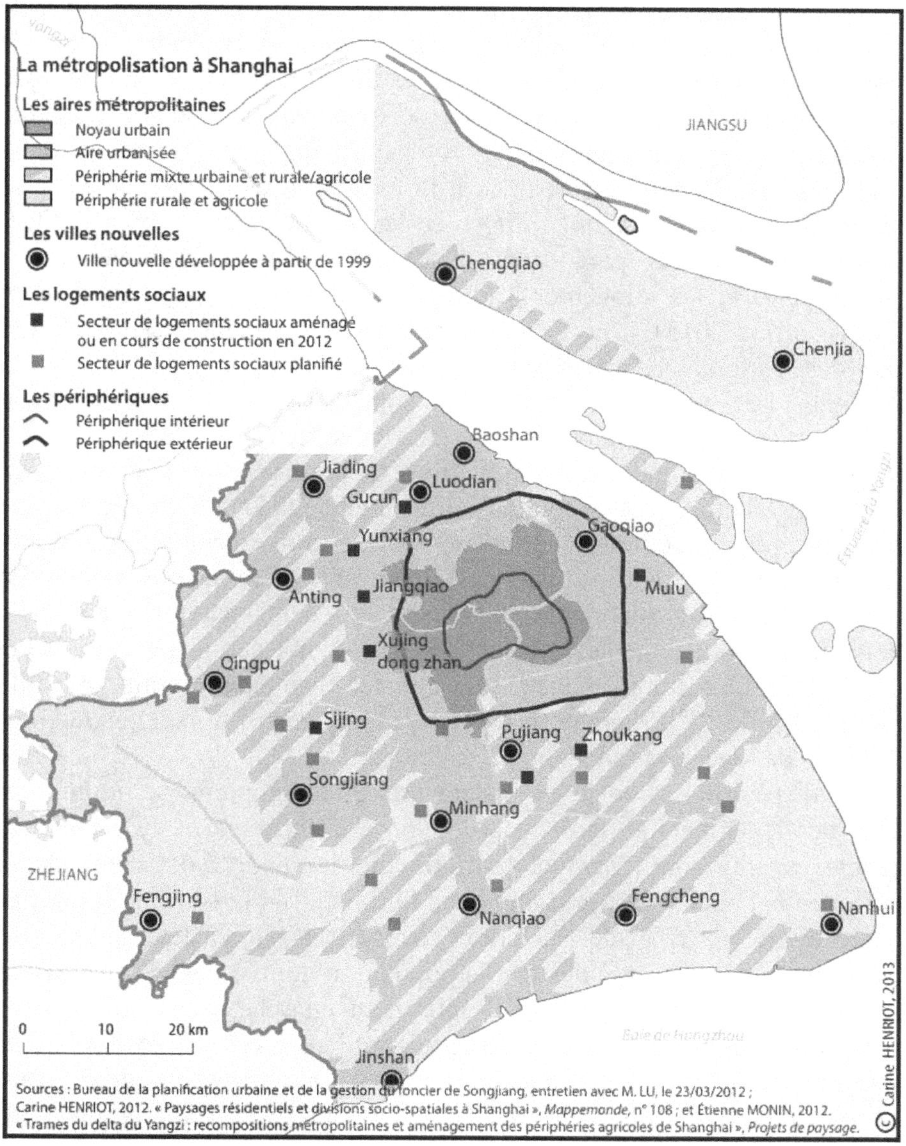

À la fin des années 2000, de véritables mesures sont prises pour encadrer le développement immobilier et permettre aux populations en situation de précarité de bénéficier d'un logement social garanti.

Le logement social garanti

Alors que le système d'attribution du logement a été abandonné en 1998 au profit du « marché de l'immobilier » (*fangdichan shi*), le « logement garanti » (*baozhang xing zhufang*) permet, selon le gouvernement central, de lutter contre les disparités sociales. En 2011, le dispositif planifie un système d'aide au logement décliné sur plusieurs niveaux, et qui comprend quatre types de logements sociaux, deux d'accession à la propriété et deux à la location : les « logements à prix abordable » (*jingji shiyong fang*[1]) et les « logements à prix limité » (*xianjiafang*) d'une part, « les logements locatifs à faible coût » (*lianzufang*) et les « logements locatifs publics » (*gongzufang*), d'autre part (Henriot, 2013). L'accès à chaque type de logement social est limité par des plafonds bancaires portant sur les revenus du foyer et son épargne. Les populations solvables sont encouragées à acheter un logement à prix abordable ou, si elles n'en ont pas les moyens, un logement à prix limité. Les populations non solvables bénéficient d'un logement locatif à faible coût, ou d'un logement locatif public lorsque leur entreprise a contracté un accord avec le gouvernement local sur le logement social garanti – et participé financièrement à sa construction. La nouvelle politique nationale de logement social garanti planifie la construction de trente-six millions de logements sur la période 2011-2015, dont dix millions dès 2011, ce qui est bien supérieur aux objectifs atteints par le XIe Programme d'action quinquennal, durant lequel 16,3 millions de logements sociaux ont été construits.

Le dispositif rencontre cependant un certain nombre de limites. Le coût des logements sociaux en accession à la propriété reste élevé. Les critères retenus sont tellement restrictifs que la majorité des demandeurs de logement social sont non éligibles, ou lorsqu'ils le sont, ils n'ont pas les moyens *in fine* de se porter acquéreur ou locataire. « Classe sandwich » (*jiaxin ceng*) désigne la population qui n'a pas les moyens de se loger dans le parc résidentiel soumis au marché, mais qui ne peut prétendre à un logement social garanti. Par ailleurs, ces critères favorisent l'accès des logements sociaux garantis aux résidents détenteurs d'un *hukou* local, au détriment des résidents temporaires et des migrants. Seul

[1] Par synecdoque, le « logement à prix abordable » (*jingji shiyong fang*), qui correspond au premier programme de logements sociaux lancé sur le marché immobilier en 1998, est souvent cité pour désigner le nouveau programme de logements sociaux, le « logement garanti » (*baozhang xing zhufang*) lancé en 2011. Dans le nouveau programme de logements sociaux garantis, le logement à prix abordable n'est qu'une partie du dispositif. À noter, en raison d'importants détournements de fonds, dont le logement à prix abordable a souvent été l'objet, le terme est aujourd'hui connoté négativement, d'où la nécessité de renommer le dispositif de logement social : logement garanti.

le logement locatif public est orienté vers les populations allochtones. Il est attribué aux familles d'actifs qui participent au développement du tissu économique local et à l'innovation technologique. Cette politique nationale vise à attirer les « talents » (*rencai*) dans un contexte de compétition territoriale accrue. Les logements sociaux garantis ne sont donc pas orientés vers les populations les plus défavorisées, mais vers les résidents locaux, ainsi que les cadres et techniciens allochtones aux profils recherchés.

Les grandes communautés résidentielles

À Shanghai, la municipalité lance, en 2009, la construction de « grandes communautés résidentielles » (*daxing juzhu shequ*[2]) en banlieue. Deux types d'habitation y ciblent les populations à faibles revenus : les habitations destinées au relogement des populations déplacées de la ville-centre et les « logements à prix abordable» (*jingshi fang*) mis en vente à cinq mille yuans/m² (Sun, 2011).

Par ailleurs, une nouvelle formule adaptée du logement à prix abordable expérimente une propriété mixte. Dans ce montage, l'État, représenté par le gouvernement d'arrondissement ou le gouvernement municipal de Shanghai, détient avec un particulier un pourcentage de l'acte de propriété. Suivant le pourcentage d'actions détenues par l'État, une décote d'environ 30% est appliquée, ce qui permet aux populations qui n'auraient pas eu les moyens d'investir de se porter acquéreur pour un « logement social à prix abordable et à propriété mixte » (g*ongyou chanquan baozhang xing zhufang – jingji shiyong fang*). Ces logements ne peuvent être loués ou sous-loués. Leurs propriétaires doivent attendre un délai de carence de cinq ans avant de les mettre en vente. Lors de cette vente, les particuliers seront tenus de reverser au gouvernement local un pourcentage, tel qu'indiqué dans le contrat de propriété mixte. Les logements à prix abordable et à propriété mixte participent ainsi d'un mécanisme de lutte contre la spéculation et assurent, à moyen terme, une entrée d'argent pour les collectivités territoriales.

Une coalition de croissance au service du logement social

Quels acteurs, publics et privés, sont mobilisés lors de la production du parc de logements sociaux ?

---

[2] Shanghaishi zhufang baozhang he fangwu guanli ju [Bureau du logement de la municipalité de Shanghai], 2009. « Shanghaishi renmin zhengfu guanyu yinfa "shanghaishi jingji shiyong zhufang guanli shixing banfa" de tongzhi » [Publication par le gouvernement municipal de Shanghai du « Programme pilote des logements abordables de la municipalité de Shanghai »], http://www.shfg.gov.cn/fgdoc/fgylz/200910/t20091023_323986.htm, consulté le 14/04/2012.

La chaîne de production résidentielle

L'urbanisation récente et accélérée des périphéries de Shanghai est à mettre en relation avec la mise en place, au milieu des années 1990, de la politique de « développement urbain » (*chengzhen fazhan*), qui s'appuie sur une coalition de croissance entre gouvernements locaux et promoteurs immobiliers. Le début des années 2000 correspond alors à l'âge d'or du développement urbain basé sur la vente de terrains aux promoteurs et le dégagement d'une rente foncière, laquelle représente la principale ressource financière pour les gouvernements d'arrondissements.

Les deux principales difficultés visant la mise en place du programme de construction de logements sociaux résident donc dans le financement et la disponibilité foncière. L'investissement ne repose pas sur le gouvernement central, mais presque exclusivement sur les gouvernements locaux, notamment les gouvernements d'arrondissements, lesquels financent le développement urbain et la construction de logements sociaux par le transfert des droits d'usage du foncier, et secondairement par des fonds d'investissement et des prêts bancaires. Pour participer à cet effort financier, les grands groupes immobiliers sont mobilisés. La construction des logements sociaux chinois repose donc sur un partenariat public-privé et une coalition de croissance entre pouvoirs publics et grandes « sociétés d'investissement » (*kaifashang*) et « sociétés de construction immobilières » (*jianshefang*). Néanmoins, la cession à moindre coût des parcelles foncières destinées à accueillir les logements sociaux représente une perte de revenu net pour le gouvernement local, et provoque un recul de ses recettes fiscales. Ainsi, les gouvernements locaux se montrent peu enclins à construire des logements sociaux garantis, et comprennent dans les décomptes des logements sociaux les logements destinés à accueillir les populations déplacées dans le cadre d'opérations de renouvellement et de développement urbains. La cession du foncier sans compensation financière est d'autant plus problématique que la concurrence du foncier est particulièrement forte, compte tenu de la faible disponibilité des terrains constructibles.

Les grandes communautés résidentielles construites à Shanghai, alliant logements pour déplacés et logements sociaux à prix abordable et à propriété mixte, peuvent ainsi être interprétées comme une forme de résistance élaborée par les gouvernements locaux pour capter le fruit des reventes et ainsi garantir des fonds d'investissement dans le logement social.

Les grandes communautés résidentielles

À Shanghai, les grandes communautés résidentielles correspondent à des projets portés par la municipalité de Shanghai et non par les arrondissements eux-mêmes, ce qui explique leur localisation en dehors du périmètre des villes nouvelles, lesquelles sont considérées comme des opérations de promotion immobilière rentables, portées par les gouvernements d'arrondissements. Ces grands ensembles de logements sociaux sont confiés, par la municipalité et les arrondissements concernés, à cinq grands groupes immobiliers municipaux : les groupes Jiangong, Chengjian, Dichan, Lüdi et Chengtou. En effet, en raison de la faible marge dégagée et du lent retour sur investissement, ces opérations immobilières ne sont pas considérées comme rentables par la majorité des promoteurs immobiliers[3].

La fragmentation spatiale se retrouve ainsi à l'échelle de l'arrondissement, où les logements sociaux municipaux ne sont pas planifiés dans le périmètre de la ville nouvelle de Songjiang défini par le schéma directeur de 2002 ou celui de 2010.

Cinq grandes communautés résidentielles sont planifiées par la municipalité dans l'arrondissement de Songjiang, qui ne peut que négocier les modalités de cession des droits d'usage du foncier aux promoteurs et la répartition des types de logements sociaux planifiés[4] : dans le bourg de Sijing, au sud du bourg de Sijing, au nord du bourg de Sheshan, près de la gare du Sud de Songjiang et dans le bourg de Yexie.

---

[3] Anonyme, directeur adjoint de la Société de développement et d'investissement immobilier de Xinkai, filiale du groupe immobilier de Chengtou, entretien réalisé le 28/03/2012.

[4] Monsieur LU, responsable de la planification urbaine, en charge des logements sociaux, Bureau de la planification et du foncier de l'arrondissement de Songjiang, entretien réalisé le 23/03/2012.

CARTE 2
LES NOUVEAUX QUARTIERS DE SONGJIANG :
VILLES NOUVELLES ET LOGEMENTS SOCIAUX

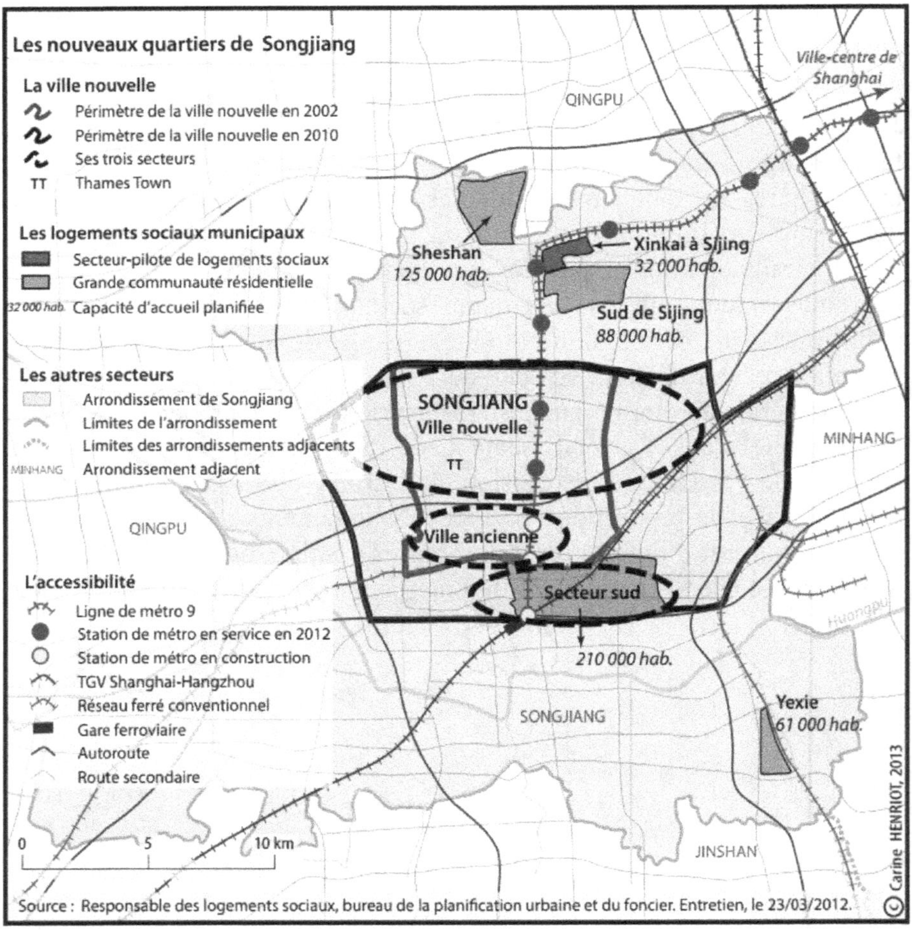

TABLEAU 1
LES PROJETS DE GRANDES COMMUNAUTÉS RÉSIDENTIELLES DANS L'ARRONDISSEMENT DE SONGJIANG

Localisation	Sijing	Sud de Sijing	Nord de Sheshan	Gare du Sud de Songjiang	Yexie
Planifié	Mars 2009	Mars 2010	Mars 2010	Mai 2011	Mai 2011
Approuvé	Juin 2009	Juin 2010	Sept. 2010	Janv. 2012	Janv. 2012
Réalisation	Livré 50% des logements vendus en mars 2012	En cours de Construction	En cours de construction	En cours de conception	En cours de conception
Surface foncière concernée par l'opération immobilière	1,35 km²	4,70 km²	7,03 km²	13,62 km²	2,49 km²
Capacité d'accueil	32 000 hab.	88 000 hab.	125 000 hab.	210 000 hab.	61 000 hab.
Superficie totale des constructions	-	-	-	10,44 millions de m²	2,31 millions de m²
Superficie résidentielle totale	959 800 m²	2,6 millions de m²	3,35 millions de m²	6,71 millions de m²	1,82 million de m²

Superficie de logements à prix abordable	899 800 m²	-	850 400 m²	-	-
Superficie de logements pour les paysans déplacés	60 000 m²	260 000 m²	432 000 m²	549 000 m²	-
Superficie de logements pour les déplacés de la ville-centre de Shanghai	-	-	1,19 million de m²	-	155 600 m²
Superficie de logements sociaux garantis	-	1,56 million de m²	-	4,27 millions de m²	1,20 million de m²
Superficie de logements accessibles par le biais du marché	-	780 000 m²	879 000 m²	-	-

Source : Monsieur Lu, responsable de la planification urbaine, en charge des logements sociaux. Bureau de la planification urbaine et du foncier de l'arrondissement de Songjiang, entretien réalisé le 23/03/2012.

La grande communauté résidentielle du « nouveau triomphe »

La grande communauté résidentielle pilote du « nouveau triomphe » (*xinkai*) accueille, dans le bourg de Sijing, au nord-est de la ville nouvelle de Songjiang et à proximité de la station de métro de Sheshan, le premier secteur de logements à prix abordable et à propriété mixte construits à partir de fin 2009 et livrés entre décembre 2011 et mars 2012 pour accueillir trente-deux mille habitants[5].

CARTE 3
LES LOGEMENTS SOCIAUX DU « NOUVEAU TRIOMPHE »

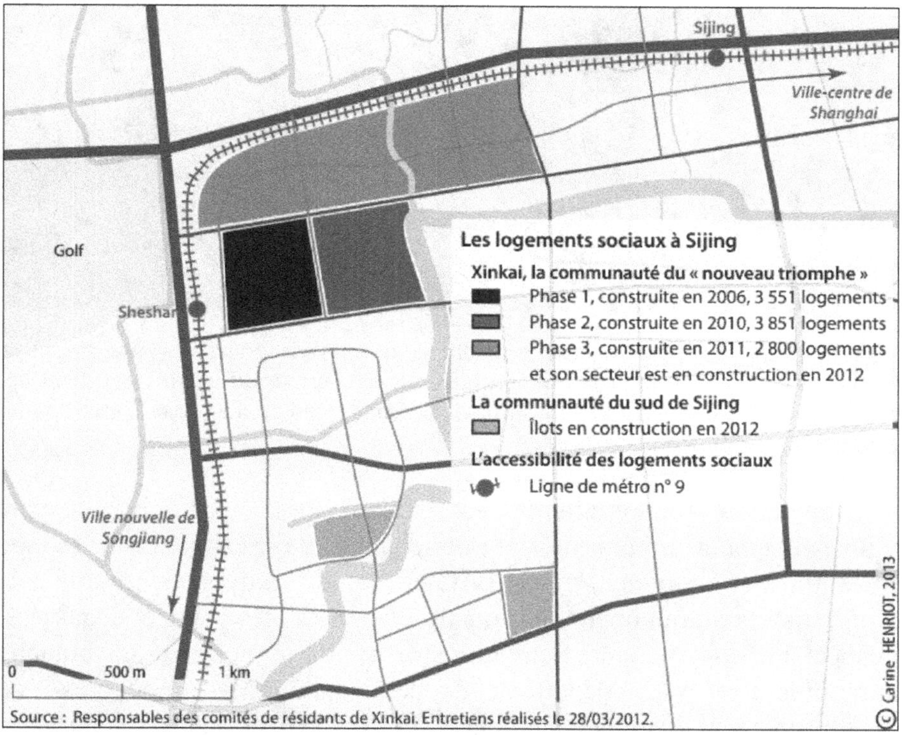

Le secteur de Xinkai s'inscrit au sein d'un projet municipal plus vaste de logements sociaux, développé à partir de 2006 dans le cadre du XIe Programme quinquennal et destiné à accueillir jusqu'à cent mille personnes. Les deux premières phases accueillent des Shanghaiens déplacés de la ville-centre de Shanghai. L'opération immobilière de la phase 3 est mixte : elle accueille des déplacés de la ville-centre ainsi

---

[5] Monsieur Lu, responsable de la planification urbaine, en charge des logements sociaux, Bureau de la planification urbaine et du foncier de l'arrondissement de Songjiang, entretien réalisé le 23/03/2012.

qu'un secteur relevant de la politique de logements abordables[6]. L'ensemble des logements sociaux est livré sans les finitions ni les équipements et est destiné à la vente et non à la location.

PHOTOGRAPHIE 1
LES LOGEMENTS SOCIAUX DU « NOUVEAU TRIOMPHE »

Source : C. Henriot, mars 2012.

* La résidence du « nouveau triomphe » se compose d'une première phase de logements sociaux destinés aux déplacés (au premier plan), tandis que les logements des phases 2 et 3 (au deuxième plan) présentent le même standing. La phase 3 accueille les premiers logements à prix abordable.

L'opération immobilière est développée par la Société d'investissement urbain de la municipalité de Shanghai, le groupe Chengtou (*Chengtou jituan*[7]). C'est une entreprise municipale d'investissement qui opère dans quatre domaines : les ponts et chaussées, l'eau et l'assainissement, l'environnement, et l'immobilier. La branche immobilier et le département des techniques modernes de l'environnement sont cotés en bourse. Pour se lancer dans une opération immobilière de logements sociaux, il convient de disposer des ressources financières suffisantes pour acheter le droit d'usage du sol au gouvernement d'arrondissement, certes à un coût réduit puisqu'il s'agit de logements sociaux, pour construire l'ensemble du projet, puis le commercialiser auprès des arrondissements urbains de la ville-centre de Shanghai. En effet, chaque Bureau du logement des arrondissements de la ville-centre achète le nombre de bâtiments nécessaires pour loger ses

---

[6] Responsables des comités de résidents des phases 1 et 2 de l'opération immobilière et des employés des sociétés de gestion et d'entretien de la phase 3, réalisés le 28/03/2012.

[7] Site officiel du groupe Chengtou, http://web.chengtou.com/default.aspx, consulté le 30/05/2012.

déplacés et les bénéficiaires d'un logement social à prix abordable éligibles sur son territoire. Puis, c'est au Bureau du logement de chaque arrondissement concerné d'organiser la distribution, c'est-à-dire la vente des logements qu'il aura achetés dans les différentes grandes communautés résidentielles construites en périphérie de Shanghai. À Xinkai, Chengtou a ainsi construit treize logements sociaux, mis en vente pour six à sept mille yuans/m^2, alors qu'en centre-ville le prix de vente des logements est souvent supérieur à trente mille yuans/m^2, sans les finitions. Aussi, en ajoutant les frais annexes d'achat du terrain à bas prix au gouvernement d'arrondissement, de viabilisation et de maîtrise d'ouvrage, de construction des infrastructures et des équipements (crèches, écoles et comités de résidents), l'entreprise Chengtou ne dégage qu'une marge financière très faible. Cette opération immobilière de grande ampleur, sur laquelle Chengtou sans perdre d'argent ne fait quasiment pas de bénéfices, est possible parce que la municipalité de Shanghai lui octroie d'autres marchés publics, d'autres projets immobiliers, sur lesquels l'entreprise a la possibilité de faire de substantiels bénéfices[8].

D'après Monsieur Lu, responsable des logements sociaux au Bureau de la planification urbaine et du foncier de l'arrondissement de Songjiang, ces grandes opérations de logements sociaux sont plutôt une contrainte pour l'arrondissement, qui se doit de vendre à coût réduit des parcelles souvent très bien situées, à proximité d'une station de métro, alors qu'elles sont d'un grand bénéfice pour la municipalité, qui ainsi « achète l'harmonie sociale[9] ». Néanmoins, la dichotomie entre ville nouvelle, portée par l'arrondissement, et grande communauté résidentielle, portée par les municipalités, relève de schémas d'acteurs et de financements différents et connaît actuellement des recompositions. En décembre 2004, la Société de développement de la ville nouvelle de Songjiang, en rachetant la Société de développement de la ville universitaire, est devenue le principal aménageur de la ville de Songjiang. En décembre 2010, elle dispose de fonds suffisants pour remporter un appel d'offre visant à développer le secteur sud de logements sociaux de Sijing, destinés à loger Shanghaiens déplacés et mal-logés de la ville-centre de Shanghai. Sur ce marché, la Société de développement de la ville nouvelle concurrence désormais les filiales immobilières des grands groupes municipaux comme Chengtou.

---

[8] Anonyme, chef de projet de la Société de développement et d'investissement immobilier de Xinkai, filiale du groupe immobilier de Chengtou, réalisé le 28/03/2012.

[9] Monsieur Lu, responsable de la planification urbaine, en charge des logements sociaux, Bureau de la planification urbaine et du foncier de l'arrondissement de Songjiang, réalisé le 23/03/2012.

Le « nouveau triomphe » : entre fragmentation spatiale et intégration sociale

L'accession sociale à la propriété des Shanghaiens favorise-t-elle une division socio-spatiale des nouvelles périphéries urbaines ?

Les déplacés du centre-ville

Les populations déplacées dans le cadre d'une opération de renouvellement urbain n'ayant pas les moyens de se reloger sur place mais disposant du *hukou* de Shanghai et faisant valoir leur droit au relogement constituent le segment le plus représenté des habitants de la grande communauté de Xinkai.

Âgée de quatre-vingt-six ans[10] et originaire de Changning dans la ville-centre, une vieille dame a été déplacée de la rue Huaihai en raison de la construction d'une station de métro. Elle déplore l'isolement dans lequel elle se retrouve depuis qu'elle a emménagé en 2011 à Xinkai, dans la phase 2 du projet de relogement (*dongqian anzhi fang*). En effet, il n'y a aucun hôpital à proximité, les pharmacies sont privées, aussi elle ne peut acheter ses médicaments avec sa carte de sécurité sociale. De plus, ses six fils, ses deux filles et l'ensemble de ses petits-enfants transitent quotidiennement pour aller travailler dans la ville-centre. Tous souhaitent y retrouver un logement. Elle craint de voir s'éloigner ses enfants et de se retrouver seule dans son appartement en banlieue.

Son compagnon de promenade est originaire de Zhabei. Envoyé durant la Révolution culturelle dans les montagnes Huangshan, il a été grièvement blessé dans des travaux de terrassement et touche depuis une pension d'invalidité. N'ayant jamais pu se marier, il vit seul à Xinkai depuis 2011, accepte sa situation, mais regrette de voir les jeunes générations quitter les appartements attribués en relogement : « *Il ne reste que les personnes âgées qui attendent de mourir entre elles. C'est comme cela.* »

« Qui perd gagne[11] »

Les Shanghaiens propriétaires ou locataires de logements anciens peuvent accéder à la propriété alors qu'ils ne constituent pas des populations économiquement solvables.

---

[10] Entretien semi-directif réalisé à Xinkai le 26/03/2012.

[11] L'accession à la propriété dans les nouveaux quartiers périphériques favorise une redistribution des cartes pour les populations shanghaiennes déplacées des zones de renouvellement urbain, qui sont alors en mesure d'entrer sur le marché de l'immobilier, d'améliorer leurs conditions de logement ainsi que leur prestige social. Valérie Laurans illustre ce phénomène par l'expression « qui perd gagne » (Laurans, 2008).

Un Shanghaien[12] d'une cinquantaine d'années vient de se porter acquéreur pour un logement dans le parc résidentiel destiné aux délogés de la ville-centre. Exproprié de Luwan en 2009, il loue un appartement en attendant que la décoration de son propre appartement soit achevée. Si les conditions de dédommagement fluctuent suivant les phases de délogement, le gouvernement a accordé huit mille yuans/mois à cet homme pour qu'il puisse se loger à Shanghai avant de venir emménager dans l'un des appartements rachetés. En effet, dans son ancien logement, un appartement situé dans un *lilong* de Luwan, sept *hukou,* sur quatre générations, étaient enregistrés, ce qui lui garantit la possibilité d'acheter quatre appartements. Il a ainsi choisi d'acheter deux appartements dans la grande résidence de Xinkai pour six à sept mille yuans/m², ainsi que deux appartements dans la ville-centre à Xinkezhan pour quinze mille yuans/m², ce qui correspond à environ moitié moins cher que les prix du marché. L'homme n'exprime pas de regret particulier quant à son déménagement et a choisi de venir vivre à Xinkai avec son épouse dans cet appartement de soixante-dix mètres carrés, où il vit confortablement.

Dans le secteur de logements sociaux à prix abordable et à propriété mixte, une femme d'un certain âge, ayant emménagé un mois auparavant[13], nous invite chez elle pour nous raconter son parcours. Originaire d'une famille aisée de l'arrondissement de Zhabei, elle est lycéenne lorsque la Révolution culturelle éclate. Elle part alors pour le Heilongjiang où elle enseigne le chinois, les mathématiques et l'anglais. Elle ne revient s'installer à Shanghai qu'en 2002, au moment de la retraite. Elle n'a pas pu revenir plus tôt parce qu'en 1978-1979, elle est mariée ; elle aurait alors dû quitter son mari originaire du Heilongjiang et leur fille pour rentrer seule à Shanghai. Elle choisit de rester auprès de la famille qu'elle avait fondée au Heilongjiang. Mais lorsque cela devient possible, à la fin des années 1980, elle envoie sa fille vivre chez ses parents à Shanghai pour y recevoir une meilleure éducation. Elle-même et son mari prennent leur retraite et s'installent à Shanghai en 2002. Bien qu'originaire de Zhabei, elle enregistre alors son *hukou* non agricole de Shanghai à Xuhui dans la maison de sa sœur, et loue un appartement dans l'arrondissement de Minhang, en raison du coût trop important des loyers en ville-centre. Elle dépense la moitié des économies de toute une vie de travail pour se loger dix années à Minhang. Puis, en mars 2011, elle dépose une demande de logement social à prix abordable et à propriété mixte à la communauté de Xuhui (*xuhui sheju*), puisque son *hukou* y est enregistré dans l'appartement de sa sœur. Elle obtient, en octobre 2011,

[12] Entretien semi-directif réalisé à Xinkai le 26/03/2012.
[13] Entretien réalisé à son domicile à Xinkai le 26/03/2012.

une réponse positive et peut émettre un vœu de localisation parmi les grandes communautés résidentielles de Sijing, de Pujiang et de Hongqiao. Suite à un tirage au sort, cette Shanghaienne n'a pas obtenu la grande communauté résidentielle où elle souhaitait passer sa retraite, mais elle a tout de même pu acheter, grâce à l'aide financière de sa fille, un logement de deux pièces de soixante-cinq mètres carrés à Sijing, en décembre 2011, pour 380 000 yuans, soit 5 846 yuans/m². Cette femme est enchantée d'être enfin propriétaire d'un appartement à Shanghai, la ville où elle est née. Certes, il n'est pas très grand, mais elle estime qu'elle dispose de tout ce dont elle a besoin pour passer sa retraite avec son mari. Elle apprécie également l'environnement de la résidence du « nouveau triomphe » et la proximité d'une station de métro lui permet de regagner la ville-centre de Shanghai rapidement pour voir sa famille. Cette femme estime, sans amertume et avec détachement, que l'accès de ce logement social à Shanghai pour sa retraite est un juste retour des choses après avoir quitté sa ville en 1966 et avoir passé près de trente-cinq années à « l'extérieur » (*waidi*).

Vers une diversité sociale

Dans la phase 3 de la grande communauté résidentielle, nous rencontrons une jeune femme originaire du Henan et son petit garçon arrivés deux mois plus tôt à Shanghai. Cela fait quelques années déjà que son mari y travaille dans la construction. Il a récemment fait venir sa famille car il a trouvé à Xinkai du travail pour quelques mois : il réalise les travaux de second œuvre et de décoration pour les Shanghaiens déplacés et bénéficiaires d'un logement à prix abordable. Son salaire lui permet de louer, avec d'autres ouvriers « migrants » (*mingong*), un appartement de deux pièces pour neuf cents yuans/mois. Cet appartement était initialement prévu pour accueillir des délogés du centre-ville, mais il n'a finalement pas trouvé preneur. Aussi, les appartements laissés vacants peuvent être vendus sur le marché ou loués. Dans certains cas, les propriétaires shanghaiens n'y vivent pas et ils sont loués à des migrants. Cette sous-location, ou « colocation surpeuplée » (*qunzufang*), de migrants ne disposant pas du *hukou* de Shanghai et ne pouvant prétendre à son parc social correspond à une forme atypique et informelle d'habitat recréant une certaine diversité sociale par l'accueil de populations allochtones paupérisées.

Les logements sociaux sont-ils facteurs de fragmentation spatiale et de segmentation sociale ?

Pour lutter contre la forte hausse des prix de l'immobilier, l'État a progressivement mis en place une politique de logement social garanti à l'accession à la propriété, dont la grande communauté résidentielle du « nouveau triomphe » est représentative. Néanmoins, le dispositif se heurte à l'inadéquation entre l'offre sociale résidentielle et les besoins des populations migrantes, qui en sont exclues, à la question du financement de ces opérations, au dégagement de revenus « gris » via la captation d'une rente foncière par les gouvernements d'arrondissements, ainsi qu'à la faible disponibilité de réserves foncières dans les zones littorales comme le delta du Yangzi.

En outre, les nouveaux quartiers introduisent une macroségrégation résidentielle planifiée par les autorités municipales (villes nouvelles *versus* logements sociaux). La grande communauté résidentielle de Xinkai, sorte de satellite résidentiel en proche périphérie de Shanghai, est dépourvue de commerces et de services de proximité ; elle accueille les Shanghaiens déplacés ou bénéficiaires d'un logement social, qui peuvent néanmoins améliorer leurs conditions de logement mais surtout entrer sur le marché de l'immobilier résidentiel en acquérant un à plusieurs logements. Dans certains cas, les logements non distribués ou non occupés par leurs propriétaires permettent aux migrants, populations les plus défavorisées, de se loger, ce qui recrée des microségrégations sociales.

L'accession sociale à la propriété dans les grandes communautés résidentielles représente ainsi un moyen de soutenir le marché de la construction et d'acheter une certaine paix sociale.

Bibliographie

BERGER M., *et al.,* « Les Évolutions récentes de la division sociale de l'espace dans deux villes globales du Sud, Shanghai et Le Cap », Colloque Périsud, *Dynamiques territoriales à la périphérie des métropoles des Suds*, Paris, 27-29 février 2012.

HENRIOT C.,. « Développement immobilier et redéploiement résidentiel », Colloque Périsud, *Dynamiques territoriales à la périphérie des métropoles des Suds*, organisé par l'UMR 8586 Prodig et l'UMR Ladyss, Paris, 27-29 février 2012.

HENRIOT C., « Paysages résidentiels et divisions socio-spatiales à Shanghai », *Mappemonde*, rubrique « Vu au festival de Saint-Dié », n°108, 4/2012. Présentation du 2e prix du concours de posters scientifiques, XXIIIe Festival international de géographie de Saint-Dié-des-Vosges.

HENRIOT C., « Logement social : les gagnants et les perdants d'un système de plus en plus diversifié ? », *China Analysis*, n°42., 2013, http://www.centreasia.eu/publication/china-analysis-n42-urbanisation-chine.

LAURANS V., « Chroniques du confort à Shanghai. Nouvelle donne et jeu social du bien-être dans l'habitat de 1996 à 2005 », thèse de doctorat en géographie, Université Aix-Marseille III, 2008.

SANJUAN T., *Atlas de Shanghai*. Paris, Autrement, 2009.

SHANGHAI STATISTICAL YEARBOOK 2011, tableau 17-2, http://www.stats-sh.gov.cn/tjnj/nje11.htm?d1=2011tjnje/E1702.htm, consulté le 2/10/2011.

SHANGHAI SHI ZHUFANG BAOZHANG HE FANGWU GUANLI JU [Bureau du logement de la municipalité de Shanghai], 2009, « Shanghai shi renmin zhengfu guanyu yinfa "shanghai shi jingji shiyong zhufang guanli shixing banfa" de tongzhi », [Publication par le gouvernement municipal de Shanghai du « Programme pilote des logements abordables de la municipalité de Shanghai »], http://www.shfg.gov.cn/fgdoc/fgylz/200910/t20091023_323986.htm, consulté le 14/04/2012.

SUN Z., « Marché du logement et construction d'une société de propriétaires à Shanghai », notes présentées à l'ENS Cachan, 2011.

YU S. et LUO Z., « Shanghai jiaoqu xincheng de guihua yu sikao », [Planification et réflexions sur les villes nouvelles de la banlieue de Shanghai], *Chengshi guihua xuekan* [Journal d'urbanisme], vol. 3, n°181, 2009, pp. 13-19

DEUXIÈME PARTIE

NOUVELLES POLITIQUES, NOUVEAUX ACTEURS ?

Introduction

par Loïc BONNEVAL

Plusieurs contributions sont consacrées aux acteurs de la mise en œuvre des politiques du logement. Soumise à une injonction constante d'innover, la politique du logement n'a de cesse d'intégrer, au moins dans son affichage, des concepts et des objectifs qui émanent parfois d'autres secteurs et qui, autour des questions liées à la participation des habitants et au développement durable, concourent à donner l'impression d'un profond renouvellement des manières de concevoir et de produire l'habitat. Une telle évolution prend place dans un contexte où les modalités de l'action publique s'orientent vers l'incitation, la délégation ou encore le partenariat. Ce double constat invite à élargir l'analyse aux acteurs qui, *in fine,* orchestrent les opérations de construction de logements. Le spectre des acteurs impliqués à un titre ou à un autre dans les politiques du logement et de l'habitat est vaste, comprenant aussi bien les professions de marché traditionnelles, telles que les promoteurs, que le monde associatif. Leur rôle dans la production de nouvelles formes d'habitat peut varier et s'inscrire dans des rapports complexes aux pouvoirs publics. De ce fait ils apparaissent, même lorsqu'ils occupent une place apparemment périphérique, comme de bonnes portes d'entrée pour analyser les dynamiques qui traversent les politiques du logement. C'est ce que note Camille Devaux à propos de l'habitat participatif : *« Présenté par la presse grand public mais aussi professionnelle comme une « révolution », l'habitat participatif agit avant tout comme un révélateur de l'existant. »* Dans cette perspective, parler d'acteurs conduit à interroger les infléchissements apportés aux catégories de l'action publique par les logiques d'action de ceux chargés de les mettre en œuvre.

Les textes figurant dans cette deuxième partie soulèvent deux types de questions. Le premier concerne les manières d'appréhender les catégories de l'action publique. Les contributions questionnent les usages de la notion de développement durable, en particulier au travers des écoquartiers abordés par Paul Citron et par François Valegeas, ainsi que celle d'habitat participatif (Camille Devaux). Le caractère novateur de ces notions est ainsi remis en cause. Le second type de questionnements porte sur les logiques d'action dont l'examen justifie, s'il en était besoin, le fait d'adopter une démarche centrée sur les acteurs. Le texte de Romain Maurice s'intéresse à la façon dont les promoteurs immobiliers composent avec la dimension financière, qui n'est pas seulement posée comme une contrainte mais aussi comme un facteur par rapport auquel se positionner et construire des stratégies. François Valegeas met l'accent sur les dynamiques locales et l'engagement des habitants comme éléments clés de la réussite d'un projet d'écoquartier. Camille Devaux s'intéresse en définitive moins aux acteurs de l'habitat participatif en tant que tels qu'aux acteurs publics, notamment dans les collectivités territoriales, et aux enjeux que revêt pour eux la « mise en politique » de l'habitat participatif.

Les contributions de Paul Citron et de François Valegeas peuvent être rapprochées. Elles traitent de deux facettes d'un même objet, l'écoquartier. Les deux textes ont en commun de revenir sur la catégorie de développement durable en y intégrant une dimension supplémentaire, le volet opérationnel du projet dans un cas et le rapport au quartier dans l'autre. Le premier mène une analyse quantitative des réponses à « l'appel à projets ÉcoQuartier » du ministère de l'Écologie en 2011. Il dresse ainsi une typologie qui fait apparaître la prédominance de projets de grande envergure, dans les grands centres urbains, caractérisés par une certaine mixité des statuts d'occupation, dont se distinguent ceux desservis par les transports en commun en site propre. Mais il en ressort également, de façon moins attendue, l'importance de projets à plus petite échelle situés en zone rurale et dans le périurbain, qui constituent selon l'auteur *« un impensé à la fois politique et scientifique »*. L'attention portée à la dimension opérationnelle conduit à mettre en avant la diversité des projets derrière le vocable unificateur d'écoquartier. François Valegeas s'intéresse également aux appels à projets dont il analyse le vocabulaire, montrant que le terme « durable » ne renvoie pas qu'à des préoccupations écologiques mais qu'il s'inscrit également dans ces références canoniques des politiques urbaines que sont le quartier, le vivre ensemble et la participation des habitants. Complétant cette analyse de discours par un travail de terrain dans le quartier de Beauregard à Rennes, il montre comment l'attachement des habitants au cadre de vie s'est progressivement doublé d'un engagement dans la vie de quartier. De ce point de vue, il s'agit moins de pointer la pluralité des écoquartiers que de voir comment, dans la construction de la notion de durabilité, ils posent la question classique des formes d'appropriation, et en particulier d'appropriation collective, de la part des habitants.

La contribution de Camille Devaux prolonge ces remarques dans le sens où les projets d'habitat participatif, vus du côté des collectivités locales et des bailleurs sociaux, y sont décrits non seulement comme une modalité de l'implication des habitants mais aussi comme une source d'inspiration pour renouveler des méthodes de production de l'habitat considérées comme insatisfaisantes. Comme dans les textes précédents, il faut faire un pas de côté, ajouter une dimension, en l'occurrence celle de l'innovation, pour comprendre la signification que revêt la catégorie pour les acteurs. L'engouement des pouvoirs publics pour ces projets d'habitat s'explique aussi par les configurations dans lesquelles ils s'insèrent et qui engagent une concurrence entre collectivités locales ainsi qu'un certain mimétisme qui se traduit dans les documents d'urbanisme. Ainsi les PLH intègrent-ils la question de l'habitat participatif pratiquement dans les mêmes termes d'une agglomération à l'autre. Il est nécessaire de saisir les logiques d'action pour voir dans quelles conditions l'action publique peut contribuer au développement des nouvelles formes d'habitat. La remarque vaut également pour d'autres producteurs de logements plus classiques, au premier rang desquels les promoteurs immobiliers étudiés par Romain Maurice qui établit une typologie des promoteurs en fonction de leur gestion financière, qui distingue « prudents », « contraints » et « financiers ». Ils peuvent paraître au premier abord éloignés des autres acteurs présents dans cette partie. Leurs pratiques montrent cependant aussi la pertinence de l'approche par les acteurs par rapport à des approches englobantes ou déterministes. En effet, prenant à revers la thèse d'une financiarisation de la production de logements, le texte montre que les promoteurs ont des stratégies diversifiées pour faire face à la contrainte financière inhérente à ce métier, en cherchant notamment à préserver une indépendance qui permet de se maintenir dans le cœur de métier de la promotion. Loin d'idéaliser ou, au contraire, de se situer dans une perspective purement critique des nouvelles formes qui éclosent dans le secteur de l'habitat, ces quatre textes invitent à interroger les catégories sur lesquelles elles s'appuient, en les resituant dans les configurations locales et les jeux d'acteurs au travers desquels elles se concrétisent.

Les écoquartiers : une exception française de plus ?
Analyse quantitative de 186 projets issus de « l'appel à projets ÉcoQuartier 2011 » du ministère de l'Écologie

Paul CITRON

L'écoquartier, un objet urbain mal identifié

De nombreuses injonctions au changement et au renouvellement des manières de produire la ville, et de mener des projets d'aménagement en particulier, ont émergé au cours de ces dernières décennies. Témoin de la volonté des porteurs de projet de marquer une rupture avec des pratiques désormais présentées comme dépassées, un nouveau vocable est apparu en France pour désigner certains projets urbains menés par les collectivités locales : l'écoquartier. Fondé sur des exemples de réalisations anglo-saxonnes ou scandinaves, le mot désigne un projet appliquant à l'aménagement urbain les principes du développement durable. Le terme écoquartier ne correspond pourtant à aucune définition stabilisée, et le seul point commun de ces multiples projets est qu'ils comportent tous un programme de logements. Nous sortirons donc les écoquartiers de leur carcan « écologico-durable » (ou « commercialo-marketing », c'est selon), afin d'en étudier les caractéristiques en tant que projets immobiliers. Nous souhaitons ainsi montrer quel(s) type(s) de projet(s) d'aménagement se donne(nt) aujourd'hui à voir comme écoquartiers.

Proposition d'une analyse quantitative des projets écoquartiers

État de l'art : une approche qualitative de la ville durable

Bien qu'ils constituent un aspect très minoritaire de la production urbaine, les écoquartiers ont fait l'objet de nombreux travaux au cours de ces dernières années. Les travaux précurseurs ont consisté à établir une première définition à travers des exemples critiques de bonnes pratiques en termes de projets d'aménagement urbain (Emelianoff, 2007 ; Souami, 2009). D'autres approches consistent en un discours normatif fondé sur des préceptes théoriques, ou du moins un discours dématérialisé, (Da Cunha, Guinand, Bonnard, 2007), et tendent à replacer l'écoquartier dans l'histoire des modèles urbanistiques (Emelianoff, 2004). Enfin, certains adoptent une approche critique de l'objet ainsi édifié, en soulignant les effets pervers du marketing urbain et les limites de ces projets présentés comme solution technique unique et incontournable, réponse universelle à tous les maux de la ville (Bonard, Matthey, 2010). Cette approche critique est partagée par ceux qui s'interrogent sur la sémantique et critiquent l'utilisation d'un même mot pour désigner tant de situations différentes (Boutaud, 2009).

Le thème de la ville durable se caractérise donc par une certaine imprécision épistémologique (Pinson, Béal, Gauthier, 2011), dont on peut se demander l'incidence qu'elle a sur les pratiques et les représentations urbanistiques. Il ne s'agit pas ici de prendre part au débat concernant la définition de ces termes. Les références que nous ferons aux expressions « écoquartier » ou « ville durable » ne sont que la reproduction d'un vocable pour le moins polysémique qui imprègne et conforte nombre de discours et de politiques publiques. Ainsi, l'utilisation presque incantatoire du seul mot « écoquartier » paraît parfois justifier en soi l'opportunité de tout projet d'aménagement. Par conséquent, la question de sa réalité opérationnelle est donc d'autant plus importante et mérite d'être étudiée à l'aide de données comparables entre elles, d'où le choix d'une approche quantitative, afin d'en faire ressortir une réalité objectivable.

Étudier la réalité opérationnelle des écoquartiers

En l'absence de toute certification des écoquartiers, le pouvoir des mots confère un caractère normatif aux projets se présentant comme tels. Si le mot écoquartier n'a pas de définition précise, une des manières de l'établir consiste à énoncer les attributs des projets d'aménagement qui portent aujourd'hui ce nom. Il y a donc une légitimité à s'intéresser à tous ces écoquartiers autoproclamés et à passer outre l'argument relatif aux éventuelles « impostures », car il paraît incontestable que ces « impostures » font, elles aussi, œuvre de définition. Nous proposons de recenser et de décrire la masse de ces projets, en vue d'identifier à quelle(s) réalité(s) de l'aménagement ils se réfèrent. Nous analyserons ainsi les projets désignés comme des écoquartiers en vue d'en ressortir un portrait-robot des réalisations concrètes liées à ce vocable à la mode.

Un marché immobilier de plus de 130 000 logements programmé

Cette réalité opérationnelle est la suivante : les trois cent quatre-vingt-treize projets d'écoquartiers candidats à l'appel à projets lancé en 2011 par le ministère de l'Écologie[1] représentent plus de 200 000 logements

[1] Son nom officiel était alors le ministère du Développement durable, des Transports et du Logement (MEDDTL).

programmés, dont presque 66 000 logements sociaux (31%). En réduisant cet échantillon aux cent quatre-vingt-six projets les plus avancés, et donc les plus fiables en termes de tenue des objectifs, ce chiffre est de 133 000 logements programmés, dont presque 45 000 logements sociaux (35%). C'est cet échantillon de cent quatre-vingt-six projets « consolidés » d'écoquartiers que nous nous proposons d'analyser, dans la mesure où leur programme de logements, bien qu'étalé sur plusieurs années, représente désormais une part non négligeable de la production française totale (309 800 logements mis en chantier en 2010).

Présentation des données : les dossiers d'inscription à l'appel à projets ÉcoQuartier du ministère de l'Écologie

En janvier 2011, l'appel à projets *ÉcoQuartier* lancé par le ministère de l'Écologie a reçu trois cent quatre-vingt-treize candidatures. La procédure s'est déroulée entièrement via Internet, et comprenait une phase d'inscription et une phase de candidature. La phase d'inscription imposait aux collectivités candidates de répondre à une importante série de questions générales sur le projet et son contexte. Le caractère précis et standardisé des questions rend les réponses comparables entre elles[2] et permet un travail d'analyse quantitative. Les données mobilisées dans cet article correspondent aux réponses des collectivités à cette phase d'inscription à l'appel à projets. Ces données sont déclaratives, fournies par les porteurs de projet sous la responsabilité des élus locaux[3].

À l'issue de l'inscription, les dossiers ont été soumis à une triple expertise, regroupant à chaque fois un expert issu de l'administration ministérielle, un expert externe, et un expert local. Cette triple expertise avait pour cadre d'évaluation la « grille écoquartier » fournie aux candidats. Les soixante-dix-huit dossiers présélectionnés à l'issue de cette phase ont ensuite été soumis à un jury composé d'urbanistes, de chercheurs et de représentants des partenaires du Ministère, qui a déterminé vingt-quatre projets lauréats.

---

[2] Un travail de nettoyage des points aberrants, d'harmonisation des appellations, de conversion des surfaces déclarées en une même unité de mesure a cependant été nécessaire.

[3] Leur fiabilité est en outre assurée par le fait qu'aucune aide, subvention ou investissement public particulier n'est à espérer pour les collectivités participantes, si ce n'est la possibilité d'accéder à des formations, des conférences sur le thème des écoquartiers. La perspective de figurer au palmarès leur apporte tout au plus un succès d'estime et un peu de publicité, quelques médias généralistes s'étant fait écho de la démarche.

Étude d'un échantillon de 186 projets d'écoquartiers

Trois cent quatre-vingt-treize porteurs de projet ont validé leur inscription et déposé par la suite une candidature. Ayant pour seul point commun de présenter un programme immobilier résidentiel – ce point n'étant pas toujours l'unique perspective de l'opération –, les projets candidats présentent une grande hétérogénéité. Elle relève autant du contexte spatial que de l'échelle du projet, mais aussi de son degré d'avancement et de faisabilité. Ces disparités posent un problème de comparaison et d'agrégation de données trop dissemblables. En effet, le temps long de l'aménagement conduit les projets à évoluer au cours de leur conception, selon les capacités du porteur de projet à atteindre et financer ses objectifs et son programme. Ainsi, on ne retrouve pas toujours à la phase de livraison les ambitions affichées lors de la phase de réflexion en amont. Nous avons choisi de travailler sur un échantillon de projets relativement stabilisés. Ce dernier a donc été lissé en sélectionnant pour cette étude les projets présentant un certain degré d'avancement, degré à partir duquel un projet non encore réalisé peut cependant être considéré comme stabilisé. Nous ne prenons en compte que les projets possédant déjà un plan-masse défini et déclarés en phase pré-opérationnelle, opérationnelle, ou en phase de livraison. Ces cent quatre-vingt-six projets sont répartis sur cent quatre-vingts communes.

Analyse générale des 186 projets d'écoquartiers étudiés

Répartition territoriale des projets

La localisation sur SIG des communes portant ces projets montre tout d'abord qu'elles sont réparties de manière relativement homogène sur le territoire national. En revanche, l'emplacement de la commune au sein de l'aire urbaine constitue un facteur discriminant. Le croisement des codes INSEE des communes avec les données de l'INSEE concernant les aires urbaines d'appartenance donne lieu à cette répartition, simplifiée par nos soins. Cent vingt-huit projets (soit plus des deux tiers des candidats) sont situés dans un pôle urbain, alors que les couronnes périurbaines en accueillent trente-trois (18%). Les différents espaces à dominante rurale concernent seulement vingt-cinq projets (13%).

FIGURE 1
LOCALISATION DES PROJETS D'ÉCOQUARTIERS SELON LE ZONAGE EN AIRES URBAINES 2010 DE L'INSEE

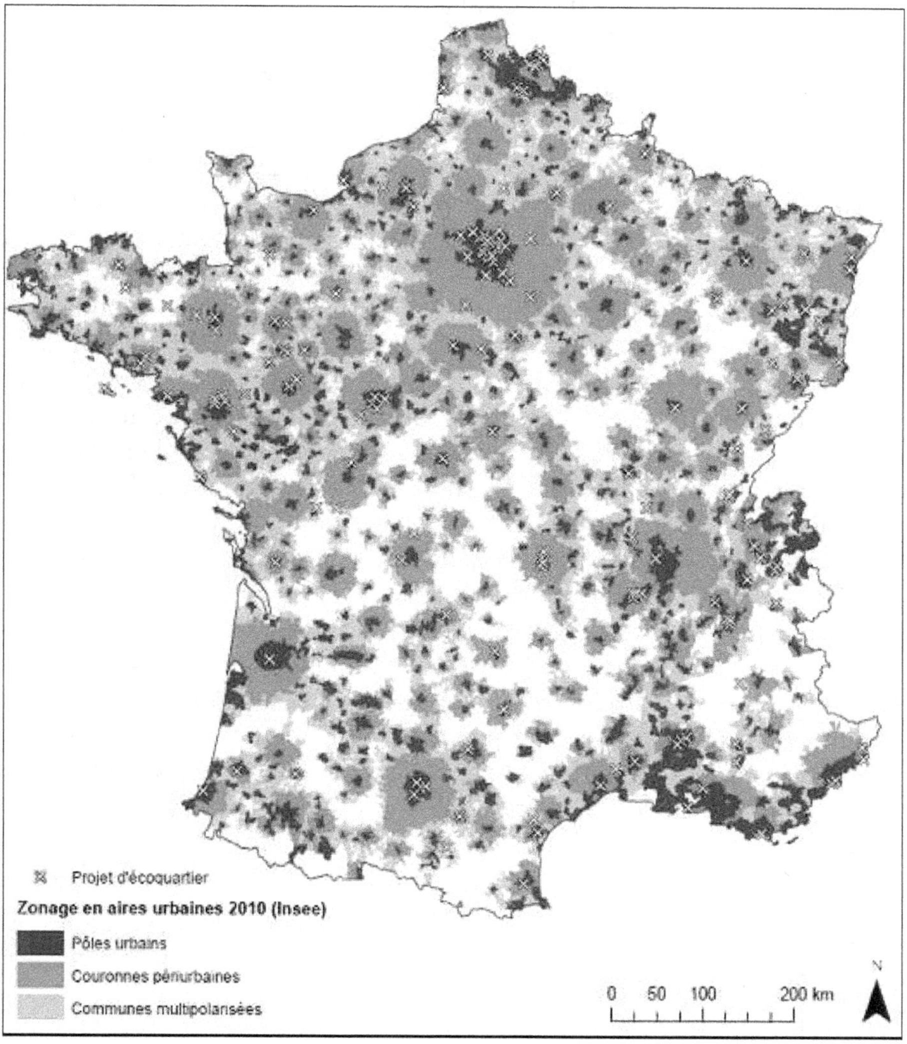

Réalisation : N. Persyn et P. Citron, avec ArcGis et Inkscpae, 2013.
Source : MEDDTL, INSEE.

Un autre facteur à prendre en compte est la taille des communes, celle-là ne présageant pas nécessairement de son emplacement dans l'aire urbaine. Nous obtenons ici un résultat plutôt inattendu par rapport aux représentations classiques[4] d'un écoquartier, puisque 20% des projets sont situés dans des communes de moins de deux mille cinq cents habitants (et 12% < 1000 hab.). L'idée selon laquelle un projet

[4] Représentations médiatiques ou scientifiques.

d'écoquartier serait majoritairement le fait de collectivités importantes semble donc s'atténuer : 60% des projets sont le fait de communes possédant moins de vingt mille habitants.

Profil socioéconomique des communes candidates

Le numéro INSEE des communes candidates demandé lors de l'inscription permet d'en brosser un rapide portrait socioéconomique.

En classant les revenus médians par Unité de Consommation (UC) de chaque commune ayant participé à l'appel à projets, nous obtenons une médiane supérieure à celle de la même série pour les communes françaises (17 970€ contre 17 303€). Le revenu par UC médian de la série des communes candidates correspond ici à la fin du sixième décile de la série considérant le reste des communes françaises. En séparant l'Île-de-France du reste de la France métropolitaine, comme il est d'usage de le faire pour ce type de données, on obtient un résultat similaire pour les communes de province (17 867€ contre 17 267€), mais inversé pour l'Île-de-France (18 297€ contre 25 383€), région dans laquelle trente communes ont présenté un écoquartier. Ces chiffres tendent donc à montrer que les communes projetant de construire des écoquartiers ont une population relativement aisée, excepté en Île-de-France.

Une dernière donnée communale importante concerne le taux de logement social affiché par les communes candidates. Alors que 75% des communes candidates ont une population supérieure à trois mille cinq cents habitants et sont donc soumises à la loi Solidarité et renouvellement urbain (SRU), seules 43% d'entre elles ont un taux de logement social supérieur ou égal aux 20% alors fixés par la loi. Au total, soixante-trois des communes candidates, soit un tiers du total, possèdent un taux de logement social inférieur à 20% alors qu'elles sont soumises à la loi SRU. Enfin, 19% des communes candidates possèdent plus de 30% de logements sociaux et 5% en ont plus de 50%.

De grands projets immobiliers, à la programmation sociale ambitieuse

Les projets d'écoquartiers français représentent 133 100 logements programmés. Davantage que la superficie du projet, le nombre de logements programmés constitue souvent un bon indicateur de *l'importance* d'un projet urbain. Si 10% des projets sont des opérations de moins de trente logements, plus des trois quarts dépassent les cent unités. La médiane se situe à trois cent quatre-vingt-cinq logements programmés. Trente pour cent des projets comptent plus de huit cents logements programmés, et 6% plus de deux mille logements. Ces chiffres élevés peuvent s'expliquer par les économies d'échelle nécessaires pour mener des opérations qualitativement plus exigeantes. Les opérateurs publics ou privés à même de porter des projets novateurs ne travaillent pas en-deçà de plusieurs centaines d'unités.

Le tableau 1 montre la répartition du nombre de logements en fonction de la situation dans la zone urbaine de la commune de référence.

TABLEAU 1
RÉPARTITION PAR ZONE INSEE DU NOMBRE DE LOGEMENTS PROGRAMMÉS DANS LES PROJETS D'ÉCOQUARTIERS

	Zone urbaine	Zone périurbaine	Zone rurale
Nombre total de logements programmés	120 693	9 549	2 858
Nombre médian de logements par projets	600	86	55
Nombre moyen de logements par projets	943	289	114
Nombre maximum de logements par projets	6 000	3 500	580
Nombre minimum de logements par projets	6	17	9

(Réalisation : P. Citron, 2012. Source : MEDDTL)

De manière peu surprenante, c'est en zone urbaine que se concentre l'essentiel de la construction de logements dans les écoquartiers, les projets situés dans des collectivités importantes accueillant en général plus de logements. Ces données rendent encore plus remarquable le fait qu'un grand nombre de projets d'écoquartiers sont issus de collectivités de faible envergure.

Cent soixante-quinze projets comportent des données sur la programmation en matière de logement social. L'absence de données de contexte sur l'opportunité de construire telle ou telle part de logements sociaux à l'échelle de chaque site gêne l'interprétation des données. Impossible, par exemple, de se prononcer sur les 14% des projets programmant moins de 20% de logements sociaux, si ce n'est pour préciser que seuls deux d'entre eux appartiennent au tiers des communes candidates ne respectant pas la loi SRU. Il ressort surtout que plus de la moitié des projets d'écoquartiers ont un programme de logement qui compte au moins 30% de logements sociaux, et un quart plus de 40%. Les projets situés en zone urbaine ont statistiquement un taux de logements sociaux programmés supérieur, avec une médiane à 30%, contre 24% et 25% en zone périurbaine et rurale. Ces chiffres prouvent que les projets d'écoquartiers français ne sont pas nécessairement les leviers de gentrification décrits par Vincent Béal pour les projets à l'étranger (Béal, 2011). Cependant, cette importance conférée à la production de logements sociaux est à mettre en perspective avec la crise économique actuelle. Or, face à des conjonctures incertaines, les logements sociaux sont souvent un moyen pour les promoteurs de garantir leurs opérations. Les ratios seraient-ils identiques dans une phase immobilière plus propice ?

Programmation non résidentielle : des quartiers multifonctionnels articulés aux transports en commun

La mixité fonctionnelle constitue un thème récurrent des débats concernant la ville durable. Si l'approche adoptée pour cette étude ne permet pas de traiter correctement de la question, il est toutefois possible de livrer certains chiffres concernant les programmes autres que résidentiels adossés aux projets.

La question concernant les emplois générés localement par le projet a appelé une réponse pour cent vingt-sept candidats (68%). Plus encore que pour le programme de logements, les chiffres livrés sont déclaratifs et à considérer avec circonspection. Comme pour le logement, les 112 600 emplois que doivent générer les écoquartiers candidats selon les porteurs de projet sont très inégalement répartis : parmi les 53% des porteurs de projet (98 projets) qui déclarent que leur programme entraînera la création d'au moins un emploi, les vingt-quatre projets les plus ambitieux sur cet aspect regroupent ainsi 91% des emplois programmés (102 000 unités). Cinquante-trois candidats (28% du total) estiment qu'au moins cent emplois seront créés à l'occasion de leur projet.

Parmi les cent soixante-deux candidats ayant traité la question, vingt-quatre (12% du total) déclarent que leur écoquartier ne comprendra pas d'autre surface bâtie que du logement. Les trois quarts des projets d'écoquartiers comprennent donc un autre volet immobilier que celui consacré à la construction de logements. Si l'on considère l'ensemble des candidats, 15% prévoient entre 21 m^2 et 1 000 m^2 de surface bâtie non résidentielle, un quart entre 100 m^2 et 10 000 m^2, un autre quart entre 10 000 m^2 et 100 000 m^2. Huit pour cent des projets ont un programme d'équipement ou de surface économique et commerciale supérieur à 100 000 m^2 de SHON.

À la question du site, s'ajoute celle de la liaison des nouveaux quartiers avec le reste de la ville. Pour cela, les réflexions actuelles visant à faire baisser l'impact de l'urbanisation sur l'émission de gaz à effet de serre préconisent de réduire la part des déplacements en automobile individuelle en favorisant l'accès aux transports en commun. Si une étude plus fine concernant l'accessibilité aux transports en commun dans les futurs écoquartiers reste à mener, les déclarations des porteurs de projet sont toutefois éclairantes. Seuls 12% des projets sont menés sur des sites ne disposant pour l'instant d'aucun moyen d'accès en transport en commun. Il est possible de se rendre sur 18% des sites par le biais d'un transport en commun à la demande, alors qu'un service classique dessert 82% des sites. Enfin, 16% des sites sont desservis par un transport en commun fonctionnant en site propre.

Typologie des écoquartiers et mise en perspective européenne

Loin d'établir un archétype de l'écoquartier, les considérations générales ci-dessus mettent en exergue une grande diversité de projets. Une typologie peut permettre de mieux cerner les différents profils d'écoquartiers français, que nous replacerons ensuite dans un contexte européen.

Méthode statistique employée

Les critères utilisés pour cette typologie dépendent évidemment des données fournies par les collectivités, éventuellement recoupées avec celles de l'INSEE. Leur caractère très factuel limite en partie l'aspect « durabilité » du travail de classification. Cependant, il était nécessaire de comparer les projets selon des critères objectifs et généralisables quel que soit le contexte, ce que permettent en effet les données à notre disposition. Les données sélectionnées pour constituer les facteurs de différenciation des écoquartiers mélangent plusieurs types d'informations. D'une part, des données qualitatives (type de site, accès aux transports en commun, localisation de la commune dans l'aire urbaine) côtoient des données quantitatives (nombre de logements programmés, superficie, taux de logements sociaux programmés, taille de l'agglomération). D'autre part, les variables concernant le contexte de l'opération (localisation de la commune dans l'aire urbaine, taille de l'agglomération) se mêlent à celles décrivant le projet lui-même. Enfin, les données concernant le type d'espace se mélangent avec celles concernant l'échelle du projet. Au final, la combinaison des sept variables choisies permet, selon nous, de dresser un portrait objectif, indépendamment du contexte local, nécessairement singulier. Il ne permet donc en aucun cas d'établir une typologie normative, mais bien de distinguer différents types d'opérations.

Les facteurs de différenciation des écoquartiers

Afin de pouvoir analyser ensemble ces variables hétérogènes, nous avons constitué un tableau disjonctif complet. À partir de ce dernier, une analyse des correspondances multiples (ACM) a permis de faire émerger les facteurs de différenciation. À partir de là, une classification ascendante hiérarchique (CAH) a mis en exergue quatre classes homogènes.

Ce graphique présente deux axes d'importance inégale, puisque l'axe horizontal résume 70% de l'information alors que l'axe vertical représente 10% de l'inertie. L'axe principal est fortement déterminé par les variables liées à l'échelle réduite du projet et à un contexte rural, qui s'opposent aux variables liées à un contexte très urbain. Sur le deuxième axe, les variables liées à des caractéristiques de projets de moyenne envergure différencient les individus par le bas, alors que sont très fortement attirés vers le haut les projets possédant un accès en transport en commun en site propre (TCSP).

La figure 2 fait apparaître à priori trois groupes relativement homogènes, mais le choix de constituer finalement quatre classes différentes, qui se traduit par la séparation entre les classes 1 et 2, a permis de faire apparaître un facteur de différenciation déterminant.

FIGURE 2
CARACTÉRISTIQUES DIFFÉRENCIANT LES QUATRE CLASSES D'ÉCOQUARTIERS

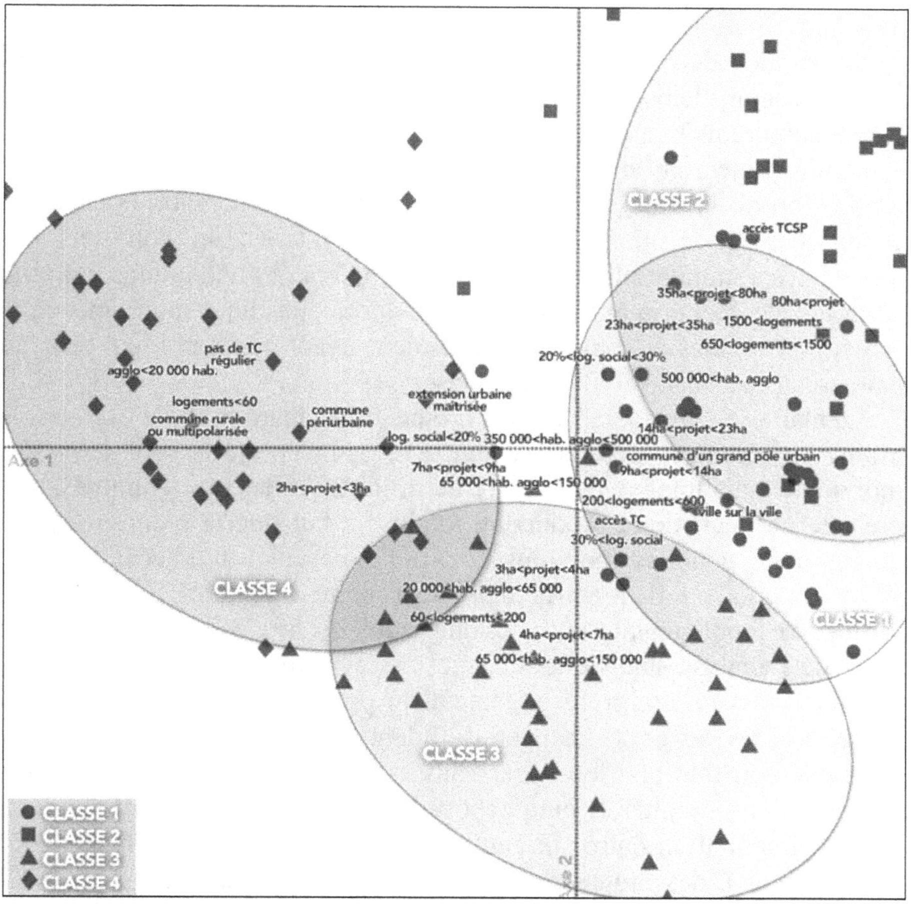

Réalisation : P. Citron avec SPAD 7.0 et Photoshop CS6, 2012. Source : MEDDTL.

Description des profils de classes

La description des profils de chaque classe permet de faire émerger différents types de projets, en ajoutant aux variables utilisées pour l'ACM des données supplémentaires qui permettent d'affiner l'analyse.

La classe 1 présente des projets urbains relativement classiques. Avec soixante-sept projets (36% du total), pesant presque quatre-vingt-huit mille logements (66% du total), elle est, à tous points de vue, la classe la plus représentée dans l'échantillon. Les facteurs les plus discriminants pour appartenir à cette classe sont l'accès au transport en commun classique (98% des membres, ce qui exclut donc l'accès au TCSP), l'appartenance à un grand pôle urbain (89%), et une échelle de projet comprise entre six cents et mille cinq cents logements et entre 34 et 80 hectares. Quatre-vingt-dix-neuf pour cent des projets de cette classe programment plus de deux cents logements, et 71% plus de six cents. Plus de 90% des individus de la classe 1 appartiennent à une agglomération de plus de cent cinquante mille habitants, 52% dépassant les cinq cent mille habitants. Un peu plus de la moitié des projets de cette classe comprennent au moins une partie en extension urbaine. Même s'il s'agit de projets en zone très urbaine et de grande ampleur, la stricte production de la ville sur la ville n'est donc pas automatique dans ces écoquartiers. Concernant les variables illustratives, un bon tiers des projets programment plus de deux cents emplois[5], et une grande majorité envisage de recourir à la ZAC comme forme juridique pour mener le projet. Cette classe compte neuf projets ayant remporté un prix au palmarès *ÉcoQuartier* (13% de la classe).

La classe 2 est celle des grands projets d'écoquartiers. Elle est aussi la moins représentée, avec seulement vingt-huit projets, soit 15% des individus, mais totalise plus de trente mille logements programmés, soit presque un quart de la production totale. Le fait que le premier facteur discriminant pour les individus qui la composent soit l'accès au TCSP (93% du total) retient particulièrement notre attention. C'est là une différence fondamentale avec les individus de la classe 1. Ici, la boîte noire de l'analyse statistique, qui met par définition toutes les variables au même niveau, confirme largement un présupposé urbanistique selon lequel l'accès au TCSP changerait l'identité d'un quartier. Les autres facteurs constitutifs de cette classe sont l'appartenance à une agglomération de plus de cinq cent mille habitants (93% des individus), une programmation entre six cents et mille cinq cents logements (50% des individus), des projets de ville sur la ville (68%), et de plus de 80 hectares (25%). Un seul d'entre eux programme moins de 20% de logements sociaux. La médiane des emplois programmés[6] est de 1 200, et plus de la moitié des porteurs de projet maitriseront, à terme, plus de 90% de leur foncier. Notons encore que les individus de cette classe sont les mieux armés en termes d'outils de planification et de développement durable. Neuf projets de cette classe, soit un tiers de celle-ci, ont remporté un prix au palmarès ÉcoQuartier.

La classe 3 se démarque d'abord par des échelles de projets relativement modérées, doublées de caractéristiques en lien avec la ville durable à priori positives. Ses quarante-six projets représentent un quart du total, mais seulement 6% des logements programmés. Elle a pour facteurs discriminants des valeurs autour de la médiane, sans être faibles

[5] Les données sur les emplois portent sur 69% des individus de la classe 1.
[6] Les données sur les emplois portent sur 68% des individus de la classe 2.

pour autant. Les projets concernés programment en effet entre soixante et deux cents logements, pour 70% d'entre eux, et entre deux cents et cinq cents logements pour 26% (la médiane est à 130 logements). Ils sont majoritairement situés dans de petites et moyennes agglomérations, regroupant entre vingt mille et cent cinquante mille habitants. Le troisième critère discriminant de cette classe est la superficie relativement réduite des projets : un tiers d'entre eux font entre 3 et 7 hectares, et 70% entre 3 et 9 hectares. Enfin, 89% des projets disposent d'un accès en transport en commun. Seuls 43% des projets comportent des parties en extension urbaine, ce qui en fait la deuxième classe la moins représentée sur ce thème. Parmi les critères illustratifs, notons que 54% de projets de cette classe programment plus de 30% de logements sociaux, contre 15% qui en prévoient moins de 20%. Au sein de cette classe 3 apparaissent les projets situés dans le périurbain, qui représentent un quart du total. En raison de l'ampleur moyenne des projets, un quart des porteurs déclare qu'aucun emploi ne sera créé suite à l'opération, un tiers programmant entre un et cinquante-cinq emplois, seuls 13% (6 projets) se situant au delà de ce chiffre[7]. Enfin, 67% des projets seront menés sur la base d'une maîtrise foncière d'au moins 90%. La taille relativement modérée des projets ne semble donc pas entraver la possibilité de présenter des projets mixtes socialement, en reconversion de friche ou en renouvellement urbain, et accessibles en transports en commun. La bonne maîtrise du foncier par les porteurs de projets est peut-être un des vecteurs de ces signaux. Cependant, seuls deux projets sur quarante-six (4%) figurent au palmarès, l'un ayant d'ailleurs significativement remporté la mention : « territoire stratégique – ville moyenne ».

Enfin, la classe 4 est celle des petits projets en zone rurale et périurbaine. Elle représente également un quart des projets étudiés (45 projets), mais 4% des logements programmés. Ses facteurs les plus discriminants sont l'appartenance au premier quintile en termes de production de logements (64% d'opérations de moins de 60 logements), et le fait d'appartenir à une commune rurale ou multi-polarisée (53% des individus, 38% des projets de la classe étant situés en zone périurbaine). Viennent ensuite l'absence d'accès régulier en transport en commun (56%), le fait d'appartenir à une agglomération de moins de vingt mille habitants (47%), de mesurer moins de 2 hectares (33%) et de se situer en extension urbaine (87%). Il s'agit de la classe possédant les valeurs les plus élevées en ce qui concerne ses variables caractéristiques, ce qui signifie qu'elle est particulièrement bien différenciée. Sans surprise, 38% des projets déclarent ne pas créer d'emplois, et 20% en créer entre un et

[7] Les données sur les emplois portent sur 67% des individus de la classe 3.

quinze[8]. La maîtrise foncière est un point discriminant des projets de cette classe : les trois quarts bénéficieront d'une maîtrise à 90% au moins, contre 18% qui se feront sans que les porteurs ne maitrisent aucun terrain. Ces chiffres ne conduisent pas en revanche à des programmes très ambitieux en termes de logements sociaux, puisqu'un gros tiers des projets se situe en dessous des 20%[9], un tiers entre 20 et 30%, et moins d'un tiers au dessus de 30%. Autres caractéristiques notoires des projets de cette classe : un manque très important en termes de documents de planification par rapport à l'ensemble du corpus étudié, que l'on peut sans doute imputer à un déficit en termes d'ingénierie. Ce déficit se traduit également dans les formes juridiques des projets, majoritairement des lotissements ou de simples permis de construire. Les projets de cette classe, incontestablement représentatifs par leur nombre des velléités en termes d'aménagement durable en œuvre dans les communes françaises, sont donc cependant assez éloignés de la représentation commune de cet objet urbain, ce dont témoigne le fait qu'un seul des projets de cette classe a eu droit de cité au palmarès, avec la mention « territoire stratégique – milieu rural ».

Mise en perspective du palmarès avec douze projets européens

Notre échantillon d'étude est à mettre en parallèle avec celui d'un « parangonnage », ou « *benchmark* », des écoquartiers européens réalisé par un cabinet de conseil pour le compte du ministère de l'Écologie[10]. Cet échantillon européen diffère beaucoup de l'échantillon français dans la mesure où il a été constitué à partir d'une recherche par mots clés sur Internet, parfois orientée par quelques spécialistes des pays concernés[11]. Les informations recueillies l'ont ensuite été à partir des seules données accessibles sur les sites internet des projets. Ce mode de sélection produit un échantillon de douze projets de très grande ampleur, au sein de neuf pays différents (dont la France), produisant un nombre médian de 2 750 logements, sur une superficie de 45 hectares. Situés très majoritairement en zone urbaine au sein d'une grande agglomération, ils correspondent

[8] Pourcentages établis par rapport au total de la classe, 69% des projets concernés ayant fourni des données à ce sujet.

[9] Notons cependant que leurs porteurs ne sont pas nécessairement soumis à la loi SRU.

[10] En 2012, le MEDDTL a commandé à un cabinet de conseil une étude sur les écoquartiers européens. L'auteur a profité de l'occasion pour demander que chaque projet étudié contienne certaines informations objectives concernant les programmes mis en place afin de pouvoir les intégrer dans la matrice de l'ACM.

[11] Certains projets ont été suggérés par les correspondants européens des fonctionnaires du MEDDTL, d'autres ont été proposés par les consultants.

aux canons médiatico-urbanistiques de la ville durable, ce qui en fait de bons points de comparaison avec notre échantillon de référence.

La figure 3 présente ces projets d'écoquartiers européens vis-à-vis de notre classification. À cet échantillon international, s'ajoute le nom des projets du premier échantillon cités au palmarès ÉcoQuartier 2011.Cette figure montre que les standards européens en matière d'écoquartier correspondent aux deux premières classes de notre typologie, d'où sont également issus la majorité des individus figurant au palmarès. Cependant, le fait qu'un projet aussi emblématique et médiatisé que le projet BedZed, à Suton, se situe à l'extérieur de ces critères montre que « la valeur n'attend pas le nombre de foyers ». Si les projecteurs médiatiques se tournent vers ces grands projets, pourvoyeurs importants de logements et d'emplois, la multitude de petits projets concentrés en classe 3 et 4, au sein des zones périurbaines et rurales, retient cependant notre attention par sa sous-exposition médiatique, mais aussi scientifique, à l'heure où se pose pourtant la question de la planification urbaine en zone détendue comme vecteur de maîtrise de l'étalement urbain.

FIGURE 3
COMPARAISON DES PROJETS CITÉS AU PALMARÈS ÉCOQUARTIER 2011
AVEC UN ÉCHANTILLON DE PROJETS EUROPÉENS

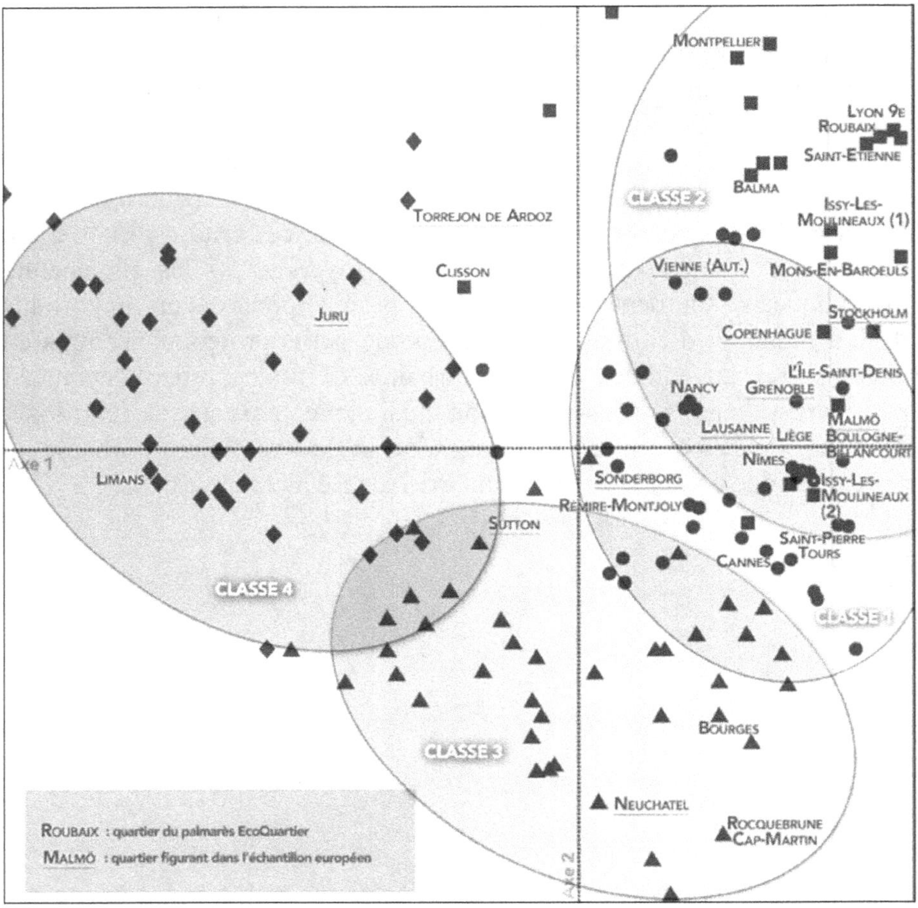

Réalisation : P. Citron avec SPAD 7.0 et Photoshop CS6, 2012. Source : MEDDTL.

Conclusion

Ce travail a permis de caractériser la pluralité des projets d'aménagement se revendiquant comme des écoquartiers. Ce faisant, certaines conceptions théoriques de l'écoquartier ont été déconstruites, pour laisser place à une réalité multiforme, ce qui tendrait à prouver que le concept existe davantage au pluriel qu'au singulier. Les écoquartiers se montrent en effet dans cette étude sous un profil des plus hétérogènes, sans toutefois correspondre en soi à un quelconque éventail normatif de la durabilité. Le portrait-robot présenté en première partie se veut un aperçu global des pratiques actuelles en termes d'urbanisme opérationnel, mais masque cependant une grande diversité. La typologie qui s'ensuit permet donc d'affiner ce portrait, en s'éloignant fortement d'une conception archétypale de ce nouveau produit urbain, conception en partie héritée des références européennes à ce sujet. Elle montre que les principaux critères attendus de la ville durable, tels que le logement social, la production de la ville sur la ville, ou encore l'accès au transport en commun, sont possibles dans tous les types de contextes. La constitution objective d'une classe déterminée grâce à l'analyse statistique, presque uniquement par l'accès des projets à un TCSP, mérite particulièrement d'être soulignée, tant ce critère de discrimination confirme pleinement un présupposé urbanistique notoire. Enfin et surtout, cette typologie met en exergue l'existence de nombreux projets aux caractéristiques très éloignées des représentations classiques des écoquartiers, absents des palmarès comme des études sur le sujet. Ces nombreux petits projets constituent un impensé à la fois politique et scientifique. Ils constituent pourtant une source potentielle d'objets d'études empiriques, à l'heure où l'urgence de la planification et du projet d'urbanisme opérationnel en zone détendue se fait de plus en plus forte. En effet, si cette typologie possède un caractère strictement descriptif qui interdit de ce fait toute conclusion normative, elle encourage à mener des études qualitatives fondées sur des bases comparatives acceptables, respectueuses des types et des contextes propres à chaque projet.

Bibliographie

BÉAL V., CHARVOLIN F., JOURNEL C., *et al.*, « La Ville durable au risque des écoquartiers. Réflexions autour du projet New Islington à Manchester », *Espaces et sociétés*, n°147, 2011, p.77-97.

BONARD Y., MATTHEY L., « Les Éco-quartiers : laboratoires de la ville durable », *Cybergeo,* 2010, http://cybergeo.revues.org/23202.

BOUSQUET L., FAUCHEUX F., « Quartiers durables, vous avez dit quartiers durables ? », PUCA, 2007.

BOUTAUD B., « Quartier durable ou éco-quartier ? », *Cybergeo,* 2009, http://cybergeo.revues.org/22583.

DA CUNHA A., GUINAND S., BONNARD Y., « Vers un urbanisme durable », *Vues sur la ville,* 2007, pp.3-7.

EMELIANOFF C., « Les Villes européennes face au développement durable : une floraison d'initiatives sur fond de désengagement politique », *Les cahiers du Proses*, n°8, 2004.

EMELIANOFF C., « Les Quartiers durables en Europe, un tournant urbanistique ? », *Urbia,* n°4, 2007, pp.11-30.

MÜLLER P., SUREL Y., *L'Analyse des politiques publiques,* Paris, Montchrestien, 1998.

MULLER P., « Esquisse d'une théorie du changement dans l'action publique », *Revue française de science politique*, vol. 55, 2005, pp. 155-187.

PINSON G., BÉAL V., GAUTHIER M., *Le Développement durable changera-t-il la ville ?*, Saint-Etienne, Éditions de l'Université de Saint-Étienne, 2011.

SOUAMI T., *Écoquartiers, secrets de fabrication*, Paris, Les Carnets de l'info, 2009

« Faire quartier » : du projet urbain aux engagements habitants dans un quartier durable en construction

François VALEGEAS

Dans les vingt dernières années, un urbanisme durable a émergé en Europe, faisant de l'espace urbain le terrain privilégié de mise en œuvre d'un développement durable. La ville concentrerait les effets des crises économiques, sociales, urbaines ou environnementales[1] tout en offrant des potentialités pour un renouvellement des cadres de pensée et d'action[2].

C'est dans cet esprit que sont apparus depuis une vingtaine d'années en Europe des projets de quartiers « durables[3] », afin de matérialiser ce changement en cours en le rendant visible et attractif. Après des exemples pionniers en Europe du Nord, en Angleterre et en Allemagne, des démarches similaires ont vu le jour en France depuis une quinzaine d'années. Ils se développent aujourd'hui de manière importante, souvent dans le cadre d'appels à projets ou de labels qui tentent de structurer ces initiatives et de faire émerger des référentiels communs.

Ces initiatives s'appuient sur des valeurs constitutives de ce que serait un urbanisme durable. Ces projets soulignent leur prise en compte d'enjeux tels que les mixités (sociale et urbaine) ou l'implication des habitants dans les projets et dans la vie future des quartiers. La mise en œuvre de cet urbanisme durable passerait ainsi par l'espace du quartier, qui s'avèrerait « *pertinent pour mettre à l'épreuve les processus de développement local, où convergent les préoccupations de gestion publique des élus municipaux et la demande de qualité du cadre de vie quotidien, de la part des habitants*[4] ».

Ainsi, d'un côté, le quartier durable serait un espace favorisant l'expérimentation locale et la participation des habitants. Mais le quartier

---

[1] EMELIANOFF C. « Comment définir une ville durable », 2002, *www.ecologie.gouv.fr/IMG/agenda21/intro/emelia.htm*, consulté le 18 octobre 2012.

[2] THEYS J., « L'approche territoriale du "développement durable", condition d'une prise en compte de sa dimension sociale », *Développement durable et territoires*, mis en ligne le 23 septembre 2002.

[3] Nous qualifions de « quartiers durables » tous les projets de quartiers se réclamant de l'urbanisme durable.

[4] PUCA, « Programme quartiers durables », *Dossier Premier Plan*, n°12, 2006.

serait aussi un « *levier à un changement de modes de vie*[5] » incitant à des comportements plus durables par des dispositifs sociotechniques et encourageant à une pédagogie par la valorisation des « *bonnes pratiques*[6] ».

Ces constats faits ici à propos des quartiers durables sont à mettre en perspective avec ce qui a été dit sur le quartier dans d'autres contextes. Cette échelle du quartier est depuis longtemps l'un des territoires d'intervention privilégiés de l'action urbaine[7]. À la suite de nombreux auteurs, nous faisons l'hypothèse que le quartier reste une référence pertinente dans la compréhension des rapports des habitants à leur territoire[8]. Il est en effet un espace de pratiques individuelles et collectives qui compte encore aujourd'hui, et constitue une échelle significative dans l'établissement du lien social, d'une part par la constitution d'habitudes quotidiennes et la coprésence prolongée, mais aussi parce qu'il peut devenir l'objet d'attachement vécu par ses habitants[9]. De là, les quartiers durables sont-ils des espaces qui pourraient renouveler les représentations et les pratiques collectives ?

En nous appuyant à la fois sur une analyse des discours produits dans le cadre des appels à projets et d'un exemple de quartier français, nous pointerons les enjeux émergents de ces liens entre quartier et développement durable.

Tout d'abord, nous nous demanderons comment les enjeux autour du quartier sont pris en compte dans les appels à projets qui constituent ce référentiel en émergence. Nous interrogerons leur définition ainsi que les présupposés qui sont attribués à cette échelle dans les projets de quartiers durables.

Ensuite, en nous appuyant sur l'exemple de Beauregard à Rennes[10], nous analyserons les processus de construction identitaire de ce quartier,

---

[5] EMELIANOFF C., « L'éco-quartier peut servir de levier à un changement de mode de vie », *Territoires*, n°487, 2008, pp. 28-30.

[6] BONARD Y., MATTHEY L., « Les éco-quartiers : laboratoires de la ville durable. Changement de paradigme ou éternel retour du même ? » *Cybergeo*, 2009.

[7] GENESTIER P., « Le sortilège du quartier : quand le lieu est censé faire lien. Cadre cognitif et catégorie d'action politique », *Annales de la recherche urbaine*, n°82, 1999, pp. 142-153.

[8] Entre autres LEFEBVRE H., « Quartier et vie de quartier », *Cahiers de l'IAURP*, n°7, 1967 ; MORIN R., ROCHEFORT M., « Quartier et lien social : des pratiques individuelles à l'action collective », *Lien social et Politiques*, n°39, 1998, pp.103-114 ; AUTHIER J.-Y., BACQUÉ M.-H., GUÉRIN-PACE F. (coord.), *Le quartier. Enjeux scientifiques, actions politiques et pratiques sociales,* Paris, La Découverte, 2006.

[9] COING H., *Rénovation urbaine et changement social*, Paris, Les Éditions ouvrières, 1966.

[10] Qui est l'un des projets pionniers en France pour sa prise en compte du développement durable. Dans le cadre d'une thèse en cours, nous y avons mené, entre 2010 et 2013, une vingtaine d'entretiens auprès d'acteurs divers, une trentaine d'entretiens auprès d'habitants et co-animé une démarche participative (réunions publiques, ateliers participatifs, parcours commentés…).

et l'émergence d'engagements individuels et collectifs qui s'y sont ancrés.

Les « quartiers durables », un renouvellement de la réflexion sur le quartier ?

Suivant l'exemple des projets pionniers en Europe, mais soucieux à la fois de combler le retard français et de promouvoir une approche singulière, le ministère chargé du développement durable a souhaité encourager l'émergence de projets de quartiers durables par l'intermédiaire d'appels à projets « ÉcoQuartier » (en 2008, puis 2011). L'objectif était d'impulser une dynamique nationale, en encourageant les collectivités locales à se lancer dans de tels projets, avec pour horizon « *au moins un ÉcoQuartier avant 2012 [...] dans toutes les communes qui ont des programmes de développement de l'habitat significatif*[11] ».

Les acteurs ont privilégié la mise en œuvre de l'urbanisme durable par la construction ou la réhabilitation de quartiers. Si les termes employés, que l'on parle de « quartiers durables » ou d'« écoquartiers », se réfèrent systématiquement à cette échelle, les acteurs promouvant ces démarches questionnent peu ce terme.

Nous partirons du principal appel à projets français pour montrer que ce quartier est davantage considéré comme une échelle d'action pour les porteurs de projets, plutôt que pensé en termes d'appropriations et de constructions de pratiques alternatives par les habitants.

De quel quartier parle-t-on ?

Les appels à projets « ÉcoQuartier » s'appuient sur ce terme de « quartier », sans pour autant définir cette notion. Les catégories de classement des projets renseignent sur la variété des projets concernés :

– Que cela soit selon la taille du projet concerné : « *Projet d'aménagement de moins de 500 habitants ; [...] projet d'aménagement de 500 à 2 000 habitants ; [...] projet d'aménagement de plus de 2 000 habitants*[12]. »

– Ou selon le contexte de création : *« Ville moyenne », « Milieu rural »* ou *« Renouvellement urbain*[13]. *»*

Cette absence de définition claire des types d'opérations concernées s'explique notamment par la nature même de ces projets, très diversifiée : les projets primés peuvent être des « dents creuses », des friches en

[11] Engagement Grenelle, table ronde finale du Grenelle Environnement, octobre 2007.

[12] MINISTÈRE DE L'ÉCOLOGIE, DU DÉVELOPPEMENT DURABLE, DES TRANSPORTS ET DU LOGEMENT (MEDDTL), *Appel à projets « ÉcoQuartier » 2009*, p.4.

[13] MEDDTL, *Appel à projets « ÉcoQuartier » 2011*, p.8.

reconversion, des périmètres d'extension, ou encore des quartiers en rénovation urbaine. La diversité des candidatures visées par ces appels à projets, qui répond à une volonté de généraliser ces pratiques dans des contextes très variables, impose au Ministère de proposer un cadre souple, « *inconsistant* » selon certains[14], et de valoriser des démarches plus que des résultats.

Le quartier durable : un laboratoire et une vitrine

Le quartier est considéré, dans cet appel à projets, à la fois comme un « *périmètre d'action*[15] » permettant les expérimentations, une vitrine pour montrer les avancées des projets, et un outil pédagogique vis-à-vis des autres collectivités. Comme l'exprime l'appel à projets de 2011 : « *Il s'agit de dépasser le niveau réglementaire, de généraliser les bonnes pratiques et de promouvoir l'innovation des acteurs*[16]. » La vocation expérimentale est largement mise en avant, puisqu'il s'agit à la fois « *d'inciter les collectivités à formaliser des réponses* », « *de montrer les bons exemples, les réponses innovantes et intéressantes pour tous* » et « *de donner de bons outils […], en exposant les questions à se poser, en donnant des exemples de réalisation*[17] ».

L'enjeu pédagogique est aussi un élément majeur de ces projets : un « ÉcoQuartier » primé « *peut servir de support à la formation de la société, aux enjeux du développement durable, fédérant ainsi différentes cibles*[18] ». À un niveau plus local, il s'agit d'« *envisager l'ÉcoQuartier, au-delà de son périmètre et des délais de l'opération, comme un levier vers la ville durable*[19] ». Le projet doit ainsi être la vitrine expérimentale de l'urbanisme durable, et un outil pédagogique pour un changement des pratiques dans la ville toute entière.

Le quartier durable, lieu du « vivre-ensemble » et de la participation des habitants

Tout en s'inspirant d'exemples européens, les appels à projets du Ministère revendiquent une « approche française » dans la production des quartiers durables.

---

[14] Entretien avec un membre du comité d'experts ÉcoQuartier, le 22 février 2012.
[15] MEDDTL, *op. cit., 2009*, p. 8.
[16] MEDDTL, *op. cit., 2011*, p. 5.
[17] Entretien avec le chef de projets ÉcoQuartiers au ministère chargé du développement durable, le 8 avril 2011.
[18] MEDDTL, *op. cit.,* 2011, p. 21.
[19] *Ibid.*, p. 8.

Cherchant à se distinguer de projets pionniers critiqués pour être devenus des « *ghettos de bobos*[20] », les appels à projets incitent les collectivités à « *traduire dans le projet la mixité et la diversité sociales, urbaines et fonctionnelles dans le quartier*[21] ». Le Ministère souligne que l'approche française met l'accent sur la dimension sociale des quartiers durables : « *Nous ne voulons pas répéter les erreurs de Bo01 ou BedZed. L'objectif pour nous est de valoriser ce côté social des projets*[22]. »

Les quartiers, dits durables, ont ainsi l'ambition de favoriser le « vivre-ensemble », voire de le renouveler : il s'agirait de faire émerger « *un nouvel art de vivre ensemble dont l'ÉcoQuartier est en passe de devenir le symbole*[23] », « *porter haut et fort le "bien-vivre" ensemble*[24] ».

Mais lorsqu'il s'agit de dépasser ces valeurs (vivre-ensemble, solidarité) et de préciser des principes d'action, les appels à projets se font plus modestes : ils se limitent à la mise en œuvre de la mixité sociale (souvent restreinte à une diversité de l'habitat), et à favoriser les dispositifs de participation des habitants.

Les appels à projets s'appuient sur ces deux principes, et parient sur les vertus intégratrices du quartier, sur sa capacité à créer du lien social par la proximité quotidienne : « *Avec cette prise en compte des enjeux sociaux, la mixité, la participation des habitants, on va favoriser le vivre-ensemble. [...] La vie de quartier se crée par les rencontres, par la diversité. On ne va pas les imposer, cela viendra tout seul. C'est aux habitants de faire vivre ces quartiers*[25]. »

Tout en valorisant une image du quartier comme lieu de vie où les relations sociales seraient plus aisées et où des solidarités se concrétiseraient, rejoignant une vision idéalisée du « quartier-village[26] », l'analyse des appels à projets révèle leurs difficultés à passer d'une approche centrée sur le projet en lui-même à une réflexion sur la construction d'un quartier en tant qu'objet socio-spatial.

Pour Benoît Boutaud, « *une confusion est apparue entre d'une part l'instrument de la ville durable, son expression matérielle, l'écoquartier,*

---

20 EMELIANOFF C., « Contribution du comité scientifique » in MEDDTL, *Rapport d'activité 2010 du Club national ÉcoQuartier*, 2011, p.33.

21 MEDDTL, *op. cit.*, 2009, p.5.

22 Entretien avec le chef de projets ÉcoQuartiers au ministère chargé du développement durable, le 8 avril 2011. Bo01 et BedZed sont deux écoquartiers pionniers en Europe, reconnus pour leurs performances techniques, mais critiqués pour la faiblesse de leurs résultats en termes de diversité de peuplement ou de participation des habitants.

23 Dossier de presse de la 1re Conférence nationale ville durable, 4 novembre 2009, Paris.

24 MEDDTL, *op. cit.*, 2011, p.23.

25 Entretien avec le chef de projets ÉcoQuartiers au ministère chargé du développement durable, le 8 avril 2011.

26 FIJALKOW Y., « Constructions et usages de la notion de quartier-village », in AUTHIER J.-Y., BACQUÉ M.-H., GUÉRIN-PACE F. (coord...), *op. cit.*, 2006.

et d'autre part son objectif, l'épanouissement dans la durée de la ville et de son constituant, le quartier[27] ». Les concepteurs se limiteraient à la construction de projets essentiellement techniques, basés sur un « *nouvel évangile technocratique*[28] », apportant peu de réflexions sur les « *projets politiques et collectifs*[29] » qui pourraient les soutenir, ni questionnements sur leur rôle dans un renouvellement plus large des modes de penser et faire la ville, ce que certains considèrent comme un « *droit à la ville durable*[30] ».

Beauregard : du périmètre de projet au quartier

Le projet de Beauregard, à Rennes, est considéré comme l'un des précurseurs des quartiers durables en France. Il présente la caractéristique d'être l'un des premiers de ces projets expérimentaux à avoir été habité, mais aussi d'être toujours en chantier. D'un simple périmètre d'extension de la ville, Beauregard est devenu un véritable quartier où peuvent s'observer des dynamiques de construction d'un projet collectif.

Une opportunité d'extension du grand ensemble de Villejean

Beauregard est l'un des derniers projets urbains menés au cœur de Rennes. Dès 1958, le Plan de développement de la ville de Rennes prévoyait l'acquisition des terres agricoles, constituant ainsi des réserves foncières pour un projet d'extension du quartier de Villejean, grand ensemble caractéristique des années 1960.

En 1990, le Plan urbain de Rennes marque le lancement du projet. Les premières constructions voient le jour dès 1997. Aujourd'hui, le quartier compte environ trois mille logements, soit six mille cinq cents habitants, sur un total de six mille logements prévus en 2020.

Le projet de Beauregard a d'abord été considéré par la Ville de Rennes comme l'un des outils de sa stratégie urbaine, et cela à différentes échelles. Dès le schéma directeur de 1974, Beauregard est considéré comme un territoire stratégique, un levier pour la planification métropolitaine, afin de rééquilibrer la ville de Rennes vers l'ouest en renforçant un pôle Villejean-Beauregard. Le projet cherche aussi à proposer une offre de logements innovante pour de jeunes ménages cherchant à accéder à la propriété et souvent poussés vers le périurbain par les prix de l'immobilier.

---

[27] BOUTAUD B., *op. cit.*, 2009, p. 8.

[28] EMELIANOFF C., THEYS J., « Les contradictions de la ville durable », in THEYS J. (coord.), *Développement durable, ville et territoire*, Paris, 2000, pp. 53-63.

[29] EMELIANOFF C., *op. cit.*, 2002.

[30] BONARD Y., MATTHEY L., *op. cit.*, 2010.

Plus localement, il s'agit de réaliser une extension du grand ensemble de Villejean[31] afin d'apporter des réponses à l'enjeu du logement dans cette partie de la ville. L'objectif est alors d'améliorer l'image du grand ensemble en créant une extension inscrite dans les courants urbanistiques des années 1990, en proposant un parcours résidentiel aux habitants et en diversifiant son peuplement. De même, le programme de construction intègre de façon significative une offre de logements pour les étudiants, afin de répondre à la demande croissante des universités voisines. Dans cet esprit, peu d'équipements sont prévus, et la gestion administrative est centralisée au sein de la Direction de quartier nord-ouest et du conseil de quartier Villejean-Beauregard.

L'affirmation d'un quartier spécifique : les principes du projet urbain

Dès le lancement du projet en 1993, sous l'impulsion notamment de l'urbaniste du projet, l'idée émerge que ce quartier est spécifique, et doit être considéré de manière autonome par rapport à Villejean. Un premier élément souligné par l'urbaniste est que le quartier est isolé du reste de la ville par des coupures fortes, constituées par le périphérique, des boulevards et des zones administratives et commerciales.

[31] « *Une greffe* », « *un sous-quartier* » selon le directeur de la Direction de quartier nord-ouest, lors d'un entretien le 16 juin 2011.

FIG. 1
UN QUARTIER PHYSIQUEMENT SÉPARÉ DES QUARTIERS ALENTOURS

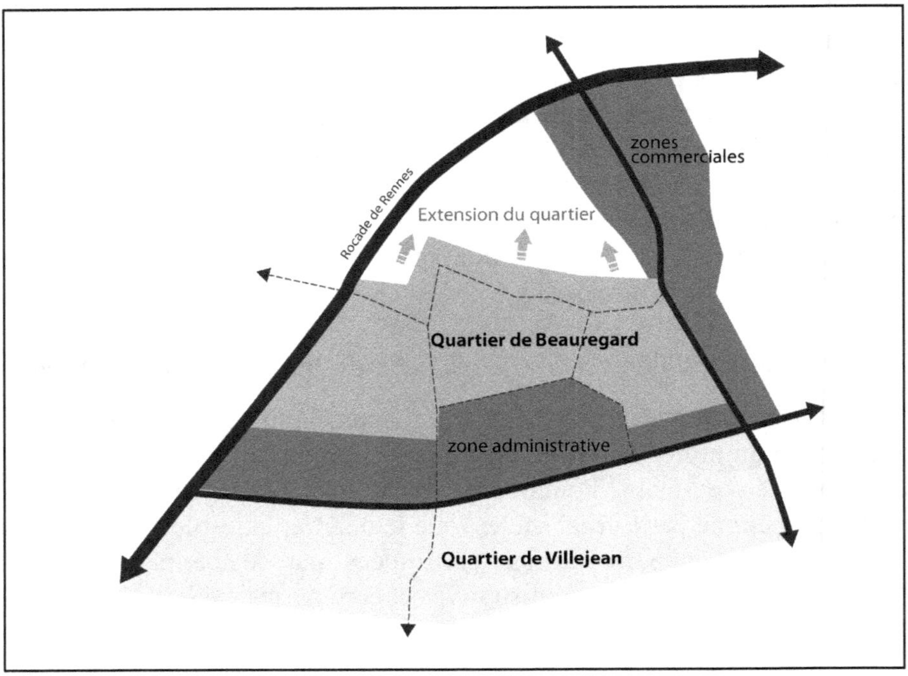

F. VALEGEAS, 2012.

Le projet urbain accentue cette différenciation, en multipliant les références à des principes de construction mis fortement en avant : l'objectif est de créer une « *cité-jardin du 21ème siècle*[32] ».

À la fin des années 1990, de façon concomitante avec l'émergence des préoccupations liées à la qualité de vie et à l'environnement, les discours des décideurs soulignent les principes sur lesquels le projet est appuyé. Comme le met en avant l'élu de quartier, « *le quartier Beauregard est le symbole des idéaux socialistes en matière d'aménagement urbain : accueil de tout type de population dans le respect d'un développement durable*[33] ».

Il ne s'agit plus de « réactualiser » le grand ensemble, mais d'inscrire le projet en complète rupture avec ses principes de conception : l'urbaniste réalise ici un travail sur la densité et les formes urbaines, en limitant notamment la hauteur des constructions, et en revenant à une organisation du quartier en ilots résidentiels. Sur le modèle de projets urbains alors émergents, les relations entre espaces publics et privés sont

[32] VILLE DE RENNES, *Pour un aménagement durable à Rennes. Actes du séminaire des urbanistes du 5 juillet 2007*, Rennes, 2007.
[33] Blog de l'élu de quartier Villejean/Beauregard/Saint-Martin, le 9 janvier 2011.

repensés : ici, les bâtiments sont alignés sur la rue, des voies partagées restreignent la place de la voiture au profit du piéton et du vélo. Des espaces intermédiaires sont créés en cœur d'îlot, sous la forme de jardins paysagés ouverts.

L'urbaniste organise le quartier autour d'une trame constituée par les espaces verts et la préservation du bocage traditionnel : « *Nous souhaitions faire le bonheur des gens en leur donnant beaucoup de végétal et une qualité de vie résidentielle*[34]. »

FIG. 2
PLAN DES ESPACES VERTS DU QUARTIER BEAUREGARD

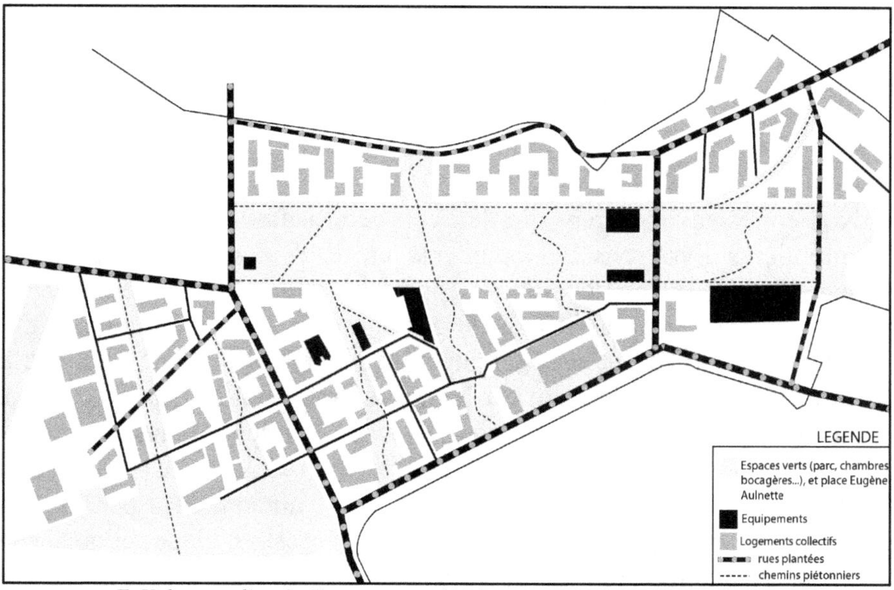

F. Valegeas, d'après Territoires et développement/Ville de Rennes, 2006.

D'autres innovations ont été expérimentées dans ce « *laboratoire du développement durable*[35] » : un diagnostic environnemental, des constructions haute qualité environnementale, des chartes règlementant les réalisations architecturales et paysagères, un immeuble expérimental selon les principes de l'architecture bioclimatique, ou encore un travail sur les réseaux d'évacuation des eaux ou le réseau de chaleur urbain…

Sous l'impulsion notamment de l'aménageur des ZAC, le projet est ainsi passé d'une vision stratégique à l'échelle de la ville, à une réflexion à l'échelle du quartier, en mettant en avant des principes d'aménagement

[34] VILLE DE RENNES, *op.cit.*, 2007.
[35] Le chef du projet au sein de la SEM Territoires et développement, aménageur du quartier, le 22 avril 2011.

particuliers. À partir de ce moment-là, les documents du projet commencent d'ailleurs à parler d'un « quartier Beauregard », soulignant la naissance d'une identité liée aux partis pris urbanistiques et environnementaux. À partir des années 2000, la presse locale commence à se faire l'écho de l'originalité du quartier, en le qualifiant de « *quartier d'un nouveau type* », de « *quartier paysager* », et plus récemment de « *quartier durable*[36] ».

La construction d'une vie de quartier : ce qui est en jeu à Beauregard

Cette identité naissante est ainsi empreinte des discours autour d'un urbanisme durable émergent, appliqué ici par des principes structurant le projet. Comment les habitants se sont-ils saisis de ces principes ? De quelle manière cela a-t-il influé sur leurs rapports au quartier ?

Une mixité sociale relative

Nos entretiens montrent que le vécu de situations communes depuis les premières livraisons de logements en 1997 a permis l'émergence d'identités collectives spécifiques, point de départ d'engagements des habitants. Ainsi, malgré l'affichage d'une mixité sociale, la composition sociale du quartier est assez homogène. Certes, il existe une réelle diversité de l'habitat prescrite par le programme local de l'habitat[37], mais l'on observe une surreprésentation des jeunes couples salariés avec un ou deux enfants, et des ménages à trajectoires résidentielles et sociales ascendantes[38]. Ce peuplement s'explique notamment par l'offre abondante dans le quartier de logements en accession, aidée ou non, vers lesquels les agences immobilières rennaises orientent bien souvent les potentiels acheteurs.

Cette mixité sociale, plus relative que prévue, fait l'objet d'un discours ambigu des élus locaux : « *Ce quartier est plutôt classes moyennes. Mais ce n'est pas grave, tant que ça vit bien. On ne peut pas obliger les gens à habiter là où ils ne veulent pas*[39]. » Cela rejoint un discours justifiant une forme de spécialisation sociale de ces quartiers

[36] Le journal régional Ouest France qualifie ainsi Beauregard, en octobre 2004, juin 2005 et septembre 2009.

[37] Qui impose la construction d'au moins 25% de logements sociaux et 25% de logements intermédiaires (PLS et accession sociale à la propriété) dans tous les projets urbains.

[38] À titre d'exemple, en 2006, 50,6% de la population a entre vingt et trente-neuf ans, contre 38,8% sur le reste de la commune ; de même les CSP+ représentent 35,8% de la population contre 28,3% sur l'ensemble de la commune (chiffres APRAS).

[39] Entretien avec un élu de Rennes Métropole, le 21 février 2012.

durables : « *Nous sommes tous dans des entre-soi familiaux, professionnels, amicaux. Au moins, dans ces quartiers, l'entre-soi met en route une expérimentation sociale très intéressante*[40]. »

Dans le cas de Beauregard, si cette diversité de l'habitat ne s'est pas concrétisée par une mixité sociale réelle, la composition sociale du quartier a néanmoins eu des effets sur la construction d'une identité collective, et donc sur la représentation du quartier comme espace vécu et partagé. Ce vécu commun a favorisé l'émergence d'un « nous » propre au quartier.

La construction d'une « communauté de destins »

Ce sentiment d'appartenance collective s'est construit de diverses manières, selon les parcours sociaux et résidentiels des habitants, et leurs périodes d'emménagement. La majorité des habitants interrogés sont venus à Beauregard à l'occasion de changements dans leurs vies, que cela soit d'ordre familial (l'arrivée d'un enfant) ou professionnel (de jeunes salariés primo-accédants par exemple), vivant souvent cet emménagement comme un projet individuel mais aussi collectif, avec l'envie de s'investir dans un quartier qui correspond à leurs aspirations.

Les habitants arrivés dans les premières constructions du quartier expriment souvent une ambiguïté quant aux premières années qu'ils ont vécues à Beauregard. Du fait de l'omniprésence des chantiers et des nuisances qui leur sont liées, et du manque d'équipements et commerces[41], l'emménagement a été suivi de moments difficiles. Mais comme l'explique cet habitant : « *On était un peu des pionniers, du coup on se connaissait presque tous [...] il fallait être solidaires pour vivre au milieu de la poussière, loin de tout.* » Les réunions de copropriété, les réunions publiques existantes ont été investies par ces habitants comme des lieux pour porter leurs demandes.

La nature des revendications qui ont rapidement émergé, d'abord sur la question des enfants et sur le cadre de vie, est révélatrice des caractéristiques sociodémographiques de ces habitants et de leurs attentes.

La présence, très importante, de jeunes enfants dans le quartier explique l'émergence de demandes liées à l'enfance qui se sont rapidement exprimées. L'un des évènements significatifs de cette préoccupation a été la mobilisation d'habitants pour la construction d'une crèche, inaugurée quelques années plus tard, en 2008. Ce sont ces mêmes habitants qui ont ensuite fondé l'association de quartier « Vivre à

[40] EMELIANOFF C., « Entretien », *La revue durable*, 2008, p. 28.
[41] La place commerçante n'a été inaugurée qu'en 2007.

Beauregard », dont l'enfance est l'un des piliers d'action, et y ont créé un espace jeux et des ateliers autour de la parentalité.

FIG. 3
L'ASSOCIATION D'HABITANTS « VIVRE À BEAUREGARD »
LORS DE LA FÊTE ANNUELLE DE QUARTIER

F. Valegeas, 2011.

De plus, la grande majorité des ménages enquêtés présentent le cadre de vie comme l'un des éléments majeurs expliquant leur installation dans le quartier. Comme l'explique un jeune couple habitant Beauregard depuis trois ans, « *on s'est décidés quand on est venus visiter ici. C'est le parc, la verdure qui nous ont donné envie. [...] On s'est dit que ce serait bien pour nos enfants [...]. Ça paraissait calme tout en étant encore en ville* ». Les habitants interviewés sont très attentifs aux questions environnementales locales et à l'aménagement du quartier qui se poursuit. Certains d'entre eux ont participé aux actions de préservation de l'environnement développées par l'association d'habitants : ramassage des déchets, journée de la nature ou promenades urbaines. Des initiatives sont nées, en lien avec d'autres associations rennaises, comme l'installation de composteurs collectifs, ou des jardins partagés.

Enfin, à une autre échelle, les emménagements simultanés des habitants dans les îlots ont favorisé l'émergence de relations de voisinage importantes. Les habitants ont pu y vivre des difficultés similaires, liées à l'emménagement dans des immeubles neufs, et, c'est une spécificité des quartiers durables, nécessitant d'adapter leurs pratiques à des écotechniques innovantes dans le bâti (notamment contraignant les pratiques d'aération, de chauffage des logements). Un habitant de l'immeuble expérimental Salvatierra[42] explique : « *On a eu des moments un peu compliqués, le chauffage solaire était pas au point, et du coup ça chauffait presque pas. Avec les autres voisins on savait pas si c'était normal. [...] on a demandé une réunion pour se faire expliquer ça.* » Dans cet immeuble, des moments de convivialité sont régulièrement organisés, offrant l'occasion de discuter de problèmes liés au bâtiment, de participer à l'entretien des parties communes, d'organiser des achats groupés d'électroménager, ou encore d'échanger des services[43].

Les groupes sociaux minoritaires : des préoccupations semblables

Les habitants venus des quartiers populaires de Rennes, et notamment de Villejean, ont des attentes fortes pour leur nouveau quartier. Un processus d'ascension sociale leur a souvent permis d'accéder à une forme de promotion résidentielle, qui leur permet de mettre leur quartier d'origine à distance, à la fois physiquement et symboliquement, tout en gardant des relations avec leurs connaissances restées à Villejean ou en y maintenant leurs habitudes. Ils sont très attentifs à la préservation du cadre de vie du quartier, qu'ils apprécient notamment pour être « *complètement différent de Villejean, là-bas c'était la zone, ici c'est calme, c'est vert* », comme l'exprime un habitant. Cependant cette attention se traduit moins par une implication dans la vie de quartier. Pour l'un des animateurs de rue du quartier, c'est une question d'échelle : « *Beauregard est maintenant un grand quartier, trop grand pour ceux qui ne l'ont pas vu grandir : il y a une certaine peur de s'investir dans un inconnu. Ils préfèrent éventuellement avoir des actions plus localisées, à l'échelle de l'îlot*[44]. » Et, nous l'avons constaté, la vie collective dans certains îlots de logements sociaux est parfois intense[45], ce qui tend à confirmer ces propos.

De même, les étudiants ont également des rapports à l'espace particuliers. S'ils sont peu visibles dans le quartier, ils représentent tout de même un quart des habitants en 2006. Souvent venus à Beauregard par opportunité, ils en apprécient la localisation et l'environnement, perçu comme un décor qu'ils n'investissent que de manière marginale. Leurs

---

[42] Réalisé dans le cadre d'un programme européen de construction d'habitats passifs expérimentaux (CEPHEUS), livré en 2002.

[43] Garde d'enfants ou séances d'apprentissage de jeux de société.

[44] Entretien du 10 juillet 2012.

[45] Notamment dans un îlot majoritairement composé de logements sociaux où un comité de locataires organise des moments de rencontre entre résidents (fête des voisins, fête de Noël) et des évènements plus importants (concerts en pied d'immeuble dans le cadre d'un festival).

habitudes de loisir sont surtout localisées dans le centre de Rennes, et ils sont peu présents dans les évènements du quartier.

Pour les acteurs locaux, favoriser l'implication de ces habitants à Beauregard nécessite de « *faire venir le quartier dans les immeubles*[46], » c'est-à-dire favoriser les liens entre les résidences et la vie du quartier, en créant des évènements de proximité, en implantant des jardins partagés au cœur des constructions, etc.

De la sensibilité au cadre de vie à l'engagement dans le quartier

À Beauregard, le cadre de vie est un élément important du choix résidentiel, notamment par la place des espaces verts, son calme et des facteurs plus symboliques, tels que sa distinction physique ou sociale par rapport à d'autres espaces de la ville. Cette importance que les habitants accordent à leur quartier les a poussés à porter leur attention sur les évolutions du projet urbain, notamment dans le cadre de l'association de quartier. « Vivre à Beauregard » a ainsi, dès son origine, relayé ces attentes en mettant en place avec l'aménageur et la ville une commission « aménagement et cadre de vie » où sont présentés les nouveaux projets et les difficultés rencontrées.

Mais la réflexion de l'association ne s'est pas limitée à une attention au cadre de vie. Poussée par une nouvelle génération de bénévoles davantage sensibilisés à l'écologie, elle a cherché à articuler ses autres activités (socioculturelles et sportives) avec sa commission interne « développement durable » créée en 2007. L'objectif est de redonner un nouveau souffle au projet associatif du quartier, de reconstruire un projet associant les habitants, qu'ils soient anciens ou nouveaux arrivants, et les acteurs locaux. C'est à l'occasion de la refondation de son projet associatif, en 2012, que « Vivre à Beauregard » a redéfini sa vocation : « A*ssociation d'habitants pour un quartier durable*[47]. » Le terme quartier durable est ainsi utilisé non pas en référence aux modèles européens, mais redéfini localement comme un projet de vie collective basé sur une définition locale du « durable ». La présidente explique : « *Pour nous, un quartier durable c'est un quartier où les habitants se prennent en main et montent des projets ensemble. C'est pas parler de trucs compliqués comme le* HOE *ou je ne sais pas quelles normes [...] Nous parlons de "bien vivre ensemble", c'est aller plus loin que de parler d'enfance, de sport ou d'aménagement, mais de penser ça comme un tout. On parle de projet de territoire [...], un projet de société à l'échelle du quartier*[48]. »

[46] Un représentant de l'association de quartier, le 14 mars 2013.
[47] Nouveau slogan de l'association formulé au printemps 2012.
[48] Entretien du 18 mars 2013.

Ce développement durable, principe fondateur du projet urbain, mais qui paraît souvent flou aux habitants, est ainsi mobilisé comme point d'appui à un renouvellement du projet collectif du quartier. Cette construction d'un projet collectif est aujourd'hui un catalyseur pour des expérimentations locales, qu'elles soient d'initiative habitante (création d'AMAP[49]), associatives (Land Art, prêts de livres, déambulations musicales), ou plus institutionnelles (création de jardins familiaux et jardins partagés, expérimentation d'un habitat intergénérationnel regroupant des espaces collectifs et des résidences d'artistes...). Des projets issus de partenariats voient aussi le jour : maison de quartier dont le programme est construit dans une démarche participative, réaménagement d'une zone humide à l'initiative de l'association de quartier...

L'objectif est de développer ce rapport sensible que les habitants entretiennent avec leur quartier, lié notamment à ses caractéristiques physiques et urbaines, pour le transformer en un engagement dans la vie collective locale. C'est, selon les animateurs de la commission développement durable, un moyen d'impliquer les habitants dans le changement des modes de vie qui est nécessaire, et « *de montrer que le développement durable c'est aussi des petites choses du quotidien, c'est une manière de vivre ensemble, moins consumériste. En fait, c'est "moins de biens, plus de liens !"* ».

Conclusion. Le quartier durable, des potentialités d'appropriation d'un développement durable

Le projet urbain de Beauregard et ses principes fondateurs ont marqué les choix résidentiels des habitants et leurs pratiques quotidiennes. L'importance accordée au « vert », dans toutes ses dimensions (espaces verts, nature, calme, proximité de la campagne), a été à l'origine de l'installation d'une grande partie des habitants, et reste l'un des éléments moteurs des revendications habitantes par l'intermédiaire de l'association de quartier. Mais ce qui nous semble intéressant ici, c'est le passage de cette sensibilité au cadre de vie à un engagement accru dans la vie du quartier. Cet engagement prend la forme d'appropriations à différents degrés : pour certains, cela a été l'enracinement de pratiques régulières des espaces du quartier, pour d'autres, cela s'est traduit par un engagement au sein des associations présentes et l'implication dans des projets divers (fête de quartier, ramassage des déchets, conseil de quartier...).

[49] Association pour le maintien d'une agriculture paysanne de Beauregard créée en mai 2013.

L'analyse de cet exemple met au jour les potentialités des quartiers durables. Pour nous, des ressources encore peu prises en compte se trouvent dans les formes d'engagement que peuvent avoir les habitants dans leurs quartiers. Ainsi, à Beauregard, les discours sur l'émergence d'un projet collectif lié au développement durable se sont appuyés sur des principes de création du projet urbain, autour d'une réflexion sur la manière de préserver un cadre de vie jugé privilégié. L'association d'habitants cherche aujourd'hui à se réapproprier le développement durable comme support d'un projet de « bien vivre ensemble », c'est-à-dire comme un projet local de vie collective qui permettrait le renforcement de cette communauté de destins. Ces réflexions en cours marquent le passage d'une mobilisation autour d'enjeux environnementaux liés à l'aménagement du quartier vers un « *projet collectif et politique*[50] », c'est-à-dire questionnant la place de l'intérêt collectif, du quartier dans la ville et plus largement des hommes dans leur environnement.

Cette analyse souligne la nécessité de réfléchir aux conditions de l'appropriation des quartiers durables et aux potentialités de l'engagement des habitants. Ce serait une condition nécessaire au passage d'un « *écoquartier dans l'espace* », comme projet technique, à un « *quartier durable dans le temps*[51] », intégrant une réflexion sur les modes d'habiter individuels et collectifs.

Bibliographie :

AUTHIER J.-Y., BACQUÉ M.-H., GUÉRIN-PACE F. (coord.), *Le Quartier. Enjeux scientifiques, actions politiques et pratiques sociales,* Paris, La Découverte, 2006.

BONARD Y., MATTHEY L., « Les Éco-quartiers : laboratoires de la ville durable. Changement de paradigme ou éternel retour du même ? » *Cybergeo*, 2009.

BOUTAUD B., « Quartier durable ou éco-quartier ? », *Cybergeo*, 2010.

CHARLOT-VALDIEU C., EMELIANOFF C., OUTREQUIN P., *Le Développement durable urbain et l'agenda 21 local : évolution des documents d'urbanisme et de l'approche quartier*, CSTB, Paris, 2001.

COING H., *Rénovation urbaine et changement social*, Paris, Les Éditions ouvrières, 1966.

EMELIANOFF C., « Comment définir une ville durable », 2002, *www.ecologie.gouv.fr/IMG/ agenda21/intro/emelia.htm*, consulté le 18 octobre 2012.

EMELIANOFF C., « Contribution du comité scientifique », in MEDDTL, *Rapport d'activité 2010 du Club national ÉcoQuartier*, 2011.

EMELIANOFF C., « Entretien », *La revue durable*, 2008, pp. 27-29.

EMELIANOFF C., « L'Éco-quartier peut servir de levier à un changement de mode de vie », *Territoires*, n°487, 2008, pp. 28-30.

---

[50] EMELIANOFF C., *op. cit.*, 2002.

[51] BOUTAUD B., *op.cit.*, 2009.

EMELIANOFF C., THEYS J., « Les Contradictions de la ville durable », in THEYS J. (coord.), *Développement durable, ville et territoire*, Paris, 2000, pp. 53-63.

FABUREL G., ROCHÉ C., « Les Écoquartiers, du projet technique et architectural… au projet social : vers une typologie de cas étrangers et français », *FORS – Recherche sociale,* n°200, 2011.

FIJALKOW Y., « Constructions et usages de la notion de quartier-village », in AUTHIER J.-Y., BACQUÉ M.-H., GUÉRIN-PACE F. (coord.), *Le Quartier. Enjeux scientifiques, actions politiques et pratiques sociales,* Paris, La Découverte, 2006.

GENESTIER PH., « Le Sortilège du quartier : quand le lieu est censé faire lien. Cadre cognitif et catégorie d'action politique », *Annales de la recherche urbaine*, n°82, 1999, pp. 142-153.

LEFEBVRE H., « Quartier et vie de quartier », *Cahiers de l'IAURP,* n°7, 1967.

MORIN R., ROCHEFORT M., « Quartier et lien social : des pratiques individuelles à l'action collective », *Lien social et Politiques*, n°39, 1998, pp. 103-114.

PUCA, « Programme Quartiers durables », *Dossier Premier Plan*, n°12, 2006.

RENAULD V., *Fabrication et usage des écoquartiers français*, thèse de doctorat, Institut national des sciences appliquées Lyon, 2012.

SOUAMI T., *Écoquartiers : secrets de fabrication. Analyse critique d'exemples européens*, Paris, Les Carnets de l'info, 2009.

THEYS J., « L'Approche territoriale du "développement durable", condition d'une prise en compte de sa dimension sociale », *Développement durable et territoires*, mis en ligne le 23 septembre 2002.

TISSOT S., *L'État et les quartiers. Genèse d'une catégorie de l'action publique*, Paris, Le Seuil, 2007.

VILLE DE RENNES, *Projet Urbain de Beauregard. Un nouveau quartier naît à Rennes*, Rennes, 1997.

VILLE DE RENNES, *Pour un aménagement durable à Rennes. Actes du séminaire des urbanistes du 5 juillet 2007*, Rennes, 2007.

L'entrée en politique de l'habitat participatif : révolution ou révélation des représentations et des pratiques

Camille DEVAUX

Introduction

Depuis le début des années 2000, des groupes d'habitants se constituent dans le but de concevoir un immeuble – collectif le plus souvent – au sein duquel ils disposent d'un logement privatif et partagent des espaces, tels que salle de réunion, buanderie, atelier, jardin... L'expression « habitat participatif », convoquée pour désigner ces démarches, permet aujourd'hui aux partenaires potentiels des groupes d'habitants (collectivités et organismes HLM principalement, dénommés ici « acteurs institutionnels ») de mieux les identifier et s'en saisir[1]. En effet, en étant labellisées, ces initiatives et les revendications qui les accompagnent deviennent recevables par la puissance publique[2].

Ce dispositif d'initiative habitante se distingue de l'ensemble des « *dispositifs de participation citoyenne*[3] » qui ont marqué la première décennie des années 2000 – assemblées, conseils de quartiers, jurys citoyens, panels... – et concourent au développement d'une offre participative inflationniste[4]. Ces derniers, en effet, se caractérisent par un pilotage de la puissance publique et, fréquemment, par leur institutionnalisation, à la différence de l'habitat participatif.

---

[1] L'émergence de ces initiatives a eu pour corollaire une grande diversité de termes – habitat coopératif, habitat groupé, habitat autogéré, coopérative d'habitants – qui concourait à leur opacité. Depuis fin 2010, et notamment l'organisation d'un rassemblement national des acteurs de l'habitat participatif à Strasbourg, l'expression « habitat participatif » s'est imposée. En faisant écho au thème de la participation des habitants, elle s'ouvre la voie d'une attention plus soutenue.

[2] MULLER P., *Les Politiques publiques*, PUF, coll. « Que sais-je », 2009 ; CEFAI D., « La construction des problèmes publics. Définition de situations dans des arènes publiques », *Réseaux*, vol. 14, n°75, 1996, pp. 43-66, 59.

[3] BACQUE M.-H., REY H., SINTOMER Y., « Introduction. La démocratie participative, un nouveau paradigme de l'action publique ? », in BACQUE M.-H., REY H., SINTOMER Y. (coord.), *Gestion de proximité et démocratie participative*, La Découverte, coll. « Recherches », 2005, pp. 9-46, 14.

[4] RUI S., VILLECHAISE-DUPONT A., « Les associations face à la participation institutionnalisée : les ressorts d'une adhésion distanciée », *Espaces et sociétés*, vol.1, n°123, 2006, pp. 21-36.

La multiplication des projets d'habitat participatif contraste avec le faible nombre de réalisations : un total d'environ trois cents[5] pour moins d'une vingtaine. Néanmoins, il n'est pas resté confiné au « milieu » habitant : il a atteint d'autres sphères et a été mis en politique du fait de son déploiement hors de son espace de formulation originel[6]. Dans ce processus de mise en politique, plusieurs éléments interviennent : les habitants au premier chef, mais aussi des *gate-keepers*[7], les médias, ainsi qu'un ensemble de facteurs indépendants des acteurs, aveugles ou non au territoire (équilibres sociaux et politiques, histoire, situation, configuration et enjeux propres aux organisations...). Nous opérons une distinction entre deux types de mises en politique : des mises en politique « feutrées », qui n'engagent pas l'ensemble de l'institution et n'impliquent pas d'investissement sur le temps long, et des mises en politique « bruyantes » qui, à l'inverse, engagent une institution dans son ensemble et l'inscrivent dans un processus sur le long terme[8]. Dans cet article, nous nous appuierons sans distinction sur ces deux types de mises en politique.

---

[5] L'Association de développement de l'économie sociale et solidaire (ADESS) du Pays de Brest réalise un recensement des projets d'habitat participatif. Si une telle entreprise est délicate et approximative compte tenu de la forte volatilité des groupes, ce recensement donne un ordre de grandeur.

[6] LASCOUMES P., LE GALÈS P., *Sociologie de l'action publique*, Armand Colin, 2010 ; BARTHE Y., *Le Pouvoir d'indécision. La mise en politique des déchets nucléaires*, Paris, Economica, coll. « Études politiques », 2006.

[7] La figure du *gatekeeper* désigne *« ceux qui peuvent ainsi se trouver à la charnière de plusieurs univers et qui possèdent de ce fait un stock important de ressources mobilisables.* Ils *sont amenés à jouer un rôle clé,* [...] *qui permet de fermer ou d'ouvrir les connexions nécessaires* », BOULLIER D., « Du bon usage d'une critique du modèle diffusionniste : discussion-prétexte des concepts d'Everett M. Rogers », *Réseaux*, vol.7, n°36, 1989, pp.31-51, 47.

[8] Les termes de « feutré » et « bruyant » sont repris de la typologie des répertoires d'action établie par BOUSSAGUET L., « Les "faiseuses" d'agenda. Les militantes féministes et l'émergence des abus sexuels sur mineurs en Europe », *Revue française de science politique*, vol. 59, n°2, pp. 221-246. Elle en distingue trois. Privé ou capté : (la prise de conscience du problème et sa gestion se font de manière autonome, sans qu'il soit publicisé) ; feutré : les autorités politiques sont sollicitées dans le cadre de pratiques de lobbying ; bruyant : multiplication des actions auprès des autorités politiques, avec une recherche nette de publicisation. Notre perspective est à l'inverse de celle de Boussaguet, puisqu'elle concerne les autorités politiques et leurs mises en politique. La distinction opérée constitue par ailleurs un cadre pour l'analyse, qui relève d'un idéaltype, d'un « tableau de pensée », épure de la réalité construite à partir de plusieurs de ses fragments (LAFAYE C., *Sociologie des organisations*, Armand Colin, 2010, p. 14).

TABLEAU 1
DEUX TYPES DE MISE EN POLITIQUE DE L'HABITAT PARTICIPATIF

	Mise en politique feutrée	Mise en politique bruyante
Acteur concerné	Acteur individuel (ex. : élu)	Acteur collectif (ex. : collectivité)
Formalisation	Discours, courriers, vœux, organisation d'évènements	Intégration dans un Programme Local de l'Habitat (PLH), dans une opération d'aménagement, appels à projets...
Temps	Court/Immédiat	Long/Processus

Notre travail de doctorat est fondé sur une analyse du processus qui conduit un dispositif d'initiative habitante à intégrer le champ de l'action publique et à faire l'objet d'une mise en politique. Nous nous intéresserons spécifiquement aux enseignements que l'on peut tirer de ce processus en matière d'action publique liée au logement, en formulant l'hypothèse suivante : le processus de déploiement et d'intégration de l'habitat participatif au sein de l'action publique révèle et exacerbe les logiques qui l'animent. Si l'habitat participatif et son corollaire, l'irruption de l'habitant, paraissent bousculer et mettre à l'épreuve l'action publique en matière de logement, ils en dévoilent en creux certaines représentations, ainsi que certaines logiques de conception et de conduite. En somme, plus qu'une révolution des représentations et des pratiques, l'entrée en politique de l'habitat participatif agit comme un révélateur de tendances structurelles.

Cet article se fonde sur un travail de doctorat dont la méthodologie combine une approche nationale de la nébuleuse de l'habitat participatif[9] avec quatre terrains d'étude que sont Paris, Toulouse, Strasbourg et Lille. Les analyses se fondent sur l'observation participante de réunions (25 réunions publiques, 57 réunions « habitants » et 27 réunions institutionnelles entre octobre 2009 et juillet 2013), la conduite d'entretiens (53) et l'exploitation d'un corpus documentaire (revue de presse, production des groupes d'habitants et des acteurs institutionnels, contenus issus de blogs et de sites internet).

[9] D'ORAZIO A., « La nébuleuse de l'habitat participatif. Radiographie d'une mobilisation », *Métropolitiques*, 2012, http://www.metropolitiques.eu/La-nebuleuse-de-l-habitat.html, consulté le 15 mars 2013.

L'habitat participatif : un révélateur des conceptions et contraintes de la production de l'habitat

À travers l'intérêt porté par les acteurs institutionnels à l'habitat participatif, nous pouvons lire leur conception des modalités de production de l'habitat, ainsi que certaines des contraintes auxquelles ils sont soumis et les enjeux afférents.

Des modalités de production de l'habitat « insatisfaisantes »

L'un des premiers éléments mis en avant de façon indirecte par les acteurs institutionnels (élus et techniciens spécifiquement) a trait aux modalités de production de l'habitat. Ces dernières concernent tout d'abord les acteurs de cette production : les organismes HLM et les promoteurs privés. Une critique est en effet portée à un mode de production qualifié de bicéphale, qui annihile la diversité des opérateurs et s'inscrit dans une production standardisée, ne correspondant ni aux attentes ni aux besoins des habitants. Est ainsi soulignée la nécessité de mieux les prendre en compte. Ensuite, leur insatisfaction touche à leurs propres pratiques et activités. Selon les territoires, les acteurs rencontrés témoignent de leur sentiment d'être dans une dynamique de « *course au volume de la production*[10] ». Dès lors, avec l'habitat participatif, la possibilité de prendre leur temps leur est offerte. Un besoin de « faire autrement », particulièrement vif chez les techniciens, est ainsi mis en lumière :

> « On a un service qui est le service PLH qui est sur la production de logements avec des objectifs qui sont des objectifs de production de six mille logements par an. Donc on est un peu... enfin..., toujours un peu la tête dans le guidon, essayer de trouver des solutions pour toujours produire plus et là c'est intéressant de se dire, produire autrement. [...] Ça ouvre l'esprit, plus que se dire il faut absolument qu'on produise, qu'on produise, qu'on produise, qu'on produise... » (Technicien, entretien 13/12/11)

Du côté des organismes HLM, l'intérêt porté aux démarches d'habitat participatif témoigne d'une diversité d'enjeux, dont une présentation exhaustive est incompatible avec le format de ce texte. Aussi, nous concentrerons-nous sur l'enjeu de la diversification. Une enquête[11] auprès

---

[10] Expression mobilisée par plusieurs des acteurs rencontrés.

[11] Cette enquête par questionnaire a été menée en septembre 2011 et communiquée à l'ensemble des organismes HLM de France. Elle avait pour objet de mesurer leur connaissance de l'habitat participatif, mais aussi leur intérêt pour les projets et leurs perspectives

des organismes HLM ainsi que les entretiens menés révèlent combien l'enjeu de diversifier et de renouveler ses pratiques est important. Interrogés de façon ouverte sur l'intérêt qu'aurait un organisme HLM à s'engager dans un programme d'habitat participatif, plusieurs se positionnent dans cette perspective et mentionnent : « *diversification des métiers* », « *diversifier ses modèles* » ; « *développement de nouvelles compétences* » ; « *remettre en cause nos pratiques* » ; « *renouveler notre positionnement de maître d'ouvrage et de gestionnaires* » ; « *renouveler ses méthodes* » ; « *participer à des processus de construction renouvelés*[12] ».

Cette insistance sur la diversification et le renouvellement des méthodes révèle en creux le fait que les organismes HLM répondants ne sont pas pleinement satisfaits des modalités selon lesquelles ils produisent de l'offre. L'intérêt porté à l'habitat participatif n'est pas tant un intérêt pour ce qu'il est, qu'un intérêt pour ce qu'il pourrait permettre de faire.

Ainsi, l'intérêt porté à l'habitat participatif met en lumière les remises en question des modalités de production de l'habitat par ceux qui en sont les artisans : un produit standardisé, une absence de réflexion structurelle, une prise en compte limitée des habitants, et des méthodes en partie à redéfinir.

Des acteurs aux prises avec des logiques concurrentielles

L'intérêt porté à l'habitat participatif par les acteurs institutionnels témoigne également du contexte concurrentiel dans lequel s'inscrit la production de l'habitat. Il devient alors un outil qui leur permet de se démarquer et d'exister. Ainsi, l'une des raisons de l'intérêt porté à l'habitat participatif a trait à des questions d'image, en particulier pour les organismes HLM, et ce à l'échelle nationale et locale. En effet, l'habitat participatif est mobilisé par certains organismes HLM pour optimiser leurs chances de remporter des appels d'offres :

> « On se rend compte aussi que ces démarches participatives ont un écho favorable auprès des collectivités, en particulier dans le cadre des éco-quartiers […] vous savez qu'on est souvent mis en concurrence entre bailleurs, […] et le fait donc d'avoir des démarches participatives […] c'est un plus, ça peut être un plus par rapport à d'autres bailleurs. » (Directeur du développement d'un organisme HLM, intervention publique 5/12/09)

---

d'engagement. Le très faible taux de répondants conduit à se concentrer sur des éléments qualitatifs.

[12] Ces expressions sont issues directement de l'enquête par questionnaire.

Ces logiques de concurrence se retrouvent également dans le jeu entre « gros » et « petits » organismes, particulièrement dans leurs relations avec les collectivités :

> « Je dis toujours, moi petit je suis obligé de m'agiter pour montrer que je suis là […] quand je dois aller ailleurs bah moi je passe à côté […] mais pour ce genre de projets-là, ils [les gros organismes] n'y vont pas, donc moi je suis obligé de m'agiter en disant coucou coucou on est là, vous voyez on y arrive donc aussi faites-nous confiance. [...] Ce projet-là si on est capable de relever le challenge, je pense qu'on sera regardé d'un autre œil. » (Directeur d'un organisme HLM, entretien, 8/11/11)

Pour les organismes HLM, des stratégies d'image entrent donc en ligne de compte dans leur engagement. Ils voient dans l'habitat participatif un moyen de se valoriser, pour certains de se démarquer et, plus largement, de montrer que le logement social est aussi synonyme de qualité et d'innovation. La communication qui entoure l'engagement dans ces projets (publication sur les sites internet, dans les médias professionnels, communiqués de presse) est symptomatique de cette logique de concurrence et de démarcation.

L'innovation : vers un paradigme de l'action publique ?

Introduit en filigrane dans les paragraphes précédents, un nouveau paradigme de l'action publique en matière de logements émerge avec l'habitat participatif : l'innovation. Lorsqu'on s'intéresse finement aux intérêts portés par les acteurs publics à l'habitat participatif, on constate qu'ils apparaissent extrêmement diversifiés, comme si l'habitat participatif était une boîte à outils en capacité de répondre à une diversité de problématiques. Mais par-delà cette diversité, l'un des intérêts communs portés à l'habitat participatif est lié aux représentations qu'il véhicule : un dispositif innovant avant tout, autour duquel s'articule la perspective d'être pionnier :

> « Les deux collectivités, Ville [de Villeurbanne] et Grand Lyon, il y a des objectifs différents selon les élus, mais les intérêts convergent parce que c'est nouveau. Tout le monde s'y retrouve [...]. Pour le maire, il y a l'idée d'être pionnier, c'est toujours valorisant de faire une opération innovante. » (Élu du Grand Lyon, entretien 20/06/09)

La communication réalisée par le sénateur-maire de Strasbourg sur son blog va dans le même sens : « *Habitat participatif, Strasbourg innove !* » (Titre d'un article, 2/06/12) ; « *Strasbourg est aussi pionnière pour l'Habitat participatif avec l'ambition de développer des projets innovants.* » (Extrait d'un article, 1/09/11). L'habitat participatif devient ainsi un instrument dans la compétition politique[13] d'une part et dans la compétition interurbaine d'autre part[14]. En somme, les politiques d'un bien « pas comme les autres », que sont les politiques du logement, sont pénétrées par des logiques de compétition, que ces volontés d'innovation traduisent.

La rhétorique mobilisée dans les PLH autour de l'habitat participatif est une bonne illustration de cette recherche – voire de cette intégration – de l'innovation. En effet, l'habitat participatif y apparait de façon quasi systématique dans une rubrique en lien avec l'innovation, les alternatives, l'expérimentation[15].

TABLEAU 2
LES PLH ET L'HABITAT PARTICIPATIF

Collectivité *(année d'adoption du PLH)*	Extraits des Programmes Locaux de l'Habitat
Communauté urbaine du Grand Nancy *(fin 2011)*	Fiche action 21 : « Promouvoir l'habitat innovant et la qualité architecturale des logements »
Communauté urbaine de Lille *(fin 2011)*	Action n°38 : Objectif « Expérimenter » : « développer l'habitat participatif »
Communauté urbaine de Toulouse *(début 2011)*	Action 8 : « Innover pour créer des logements à vivre »
Communauté urbaine du Grand Lyon *(2007, actualisation 2011)*	Fiche-action n°13 : « Innover pour développer du logement aidé »
Ville de Paris *(fin 2010)*	Objectif 8 : « Favoriser les initiatives alternatives aux formes traditionnelles de promotion et de production de logements »

[13] HASSENTEUFEL P., *op. cit.*, 2010.

[14] LE GALES P., *Politique urbaine et développement local. Une comparaison franco-britannique*, Paris, L'Harmattan, 1993.

[15] Ce choix de positionner l'habitat participatif dans ces rubriques peut également indiquer que les collectivités qui s'en saisissent ne savent pas précisément de quoi il retourne. Un tel positionnement de l'habitat participatif dans les catégories « innovation » est aussi un moyen de ne pas prendre de risques.

Communauté d'agglomération de Grenoble *(fin 2010)*	Action 5 : « Favoriser des formes alternatives de production de logements »
Communauté urbaine de Strasbourg *(fin 2009)*	Rubrique : « Contribuer à un aménagement innovant et à un habitat durable »

Doit-on, pour autant, en déduire que les collectivités qui manifestent leur volonté de développer l'habitat participatif s'inscrivent dans un processus d'innovation aux coûts importants[16] ? Le soutien apporté aux initiatives d'habitat participatif s'inscrit en réalité dans un consensus assez global, à relier au fait que l'habitat participatif, sur le plan théorique, ne bouscule pas les équilibres en présence et est en parfaite adéquation avec les valeurs culturelles dominantes de l'action publique[17].

Le caractère innovant de l'habitat participatif est en réalité à nuancer. Certes, il bouscule les équilibres en présence, mais son adéquation aux valeurs dominantes en réduit les impacts. L'usage du champ lexical de l'innovation n'en est que plus rhétorique. En somme, s'opposer aux principes et concepts de l'habitat participatif paraît difficile, tant il reprend l'ensemble des objectifs qui guident l'action publique depuis plusieurs années : la participation des habitants, le développement durable, la mixité (pour ne citer que ceux-là). Deux élus indiquent en ce sens :

> « L'habitat participatif, c'est comme les enfants, on ne peut pas être contre. Vous êtes contre les enfants ? » (Élu de la Ville de Paris, entretien 4/10/11)

> « L'habitat participatif, que vous en fassiez ou que vous en fassiez pas, tout le monde est d'accord c'est vachement bien, c'est hyper positif, donc il y a je crois dans la place des politiques publiques quelque chose qui appartient à votre sujet qui est remarquable c'est que on se fait jamais engueuler quand on en parle et pas encore quand on en fait. » (Élu du Grand Lyon, intervention 24/10/11)

En s'inscrivant parfaitement dans ces cadres – et en ne suscitant pas de controverses – tout en apparaissant « innovant », l'habitat participatif a tout pour être soutenu par les pouvoirs publics, qui, d'ailleurs, voient en lui un moyen de témoigner de leur intégration de ces cadres.

16 GAGLIO G., *Sociologie de l'innovation*, PUF, 2011, p. 47.

17 HASSENTEUFEL P., « Les processus de mise sur agenda : sélection et construction des problèmes publics », *Informations sociales*, vol. 1, n°157, 2010, pp. 50-58.

L'habitat participatif : d'un épiphénomène à un traceur des tendances de l'action publique

En dépit de son caractère marginal, l'apparentant à un épiphénomène, l'habitat participatif constitue selon nous un « traceur » des tendances de l'action publique. Ainsi, les instruments mobilisés – comme les PLH – ont une portée finalement moindre que ce qu'ils laissent présager et la conduite d'actions obéit à des logiques en partie mimétiques, contrebalancées par certaines adaptations locales.

Les Programmes Locaux de l'Habitat : des préalables à l'action

Les modalités d'élaboration des PLH sont porteuses d'enseignements quant aux logiques qui les animent. Une intégration de l'habitat participatif dans ces documents d'orientation programmatique – dont l'objet est de donner les grandes lignes de l'action publique en matière de logement sur un territoire donné – témoignerait à priori d'une connaissance du sujet et de la mobilisation d'acteurs.

L'analyse de l'intégration de fiches-action en faveur de l'habitat participatif dans les PLH conduit à bien d'autres conclusions. Interrogé sur le parcours de la fiche « habitat participatif », un élu du Conseil de Paris révèle :

> « La fiche habitat participatif, elle a à peine été relue. Elle a été faite ici sur le coin du bureau. Ils [les élus de la majorité socialiste] ont refait celle du diffus [une fiche relative à la production dispersée d'habitat] parce qu'on allait très loin [...] mais voilà c'est passé comme ça, donc il y a pas eu de négociation dans le PLH. » (Élu de la Ville de Paris, entretien, 4/10/11)

En réalité, l'intégration de cette fiche s'inscrit dans une négociation globale :

> « Pour le dire en toute honnêteté, ils en avaient rien à foutre, ils l'ont votée parce que c'était une négociation globale, nous on [les élus Europe Écologie Les Verts] avait mis trois conditions pour voter ce PLH [...] Voilà on était sur une négociation globale ce qui fait que la fiche habitat participatif, nous on l'a mise comme condition pour adopter le PLH. » (Élu, entretien, 22/02/11)

Un technicien de la communauté urbaine de Toulouse avoue combien la fiche du PLH a été rédigée rapidement :

> « J'avais lu trois pauvres trucs dessus, il a fallu rédiger une fiche en trois secondes, de toute façon "on le met on s'en fout", "il faut que ça y soit pour une légitimité à travailler dessus", [...] on a dit bon bah on va le mettre dans le PLH c'est l'occasion, donc on l'a fait très très vite, sans trop savoir ce qu'on faisait... [...] aujourd'hui l'état de la fiche PLH qui traite de la question me fait honte mais à un point inimaginable, j'ai vraiment du mal à l'assumer. » (Technicien, entretien, 25/10/11)

En somme, la présence de l'habitat participatif dans les PLH n'est pas synonyme de l'engagement des collectivités. Elle peut en effet relever d'un ajout, certes incontournable mais cosmétique. Le plus souvent, ces inscriptions constituent un passage obligé pour agir, le PLH étant un préalable à la réflexion et à l'engagement concret.

La prégnance de logiques mimétiques

En sus de logiques concurrentielles, des logiques mimétiques sont également à relever, et cela à toutes les échelles. Le processus de mise en politique de l'habitat participatif est très fréquemment à mettre en lien avec l'existence concrète d'opérations sur le territoire national, mais aussi à l'étranger. Nombreux sont les élus porteurs de l'habitat participatif à avoir été convaincus après un contact direct avec des réalisations, à l'occasion de visites. Dès lors, les expériences personnelles jouent un rôle important :

> « Strasbourg quand même je me suis dit dans le train, quand même il se passe un truc, ce truc est... ce truc est... parce que je le voyais... [...] c'est vraiment la force du projet qui sort, c'est "nous on est à tel endroit, on est en train de monter tel projet qui sort" ; le côté concret et la diversité des formules, c'était vraiment une force. » (Élu de la Ville de Paris, entretien, 22/02/11)

Ces opérations jouent donc un rôle d'incitateur et démontrent que la réalisation de tels projets est possible. En plus d'inspirer, elles sont aussi un moyen de rassurer les acteurs souhaitant s'engager. Ainsi, dans le cadre du vote de la fiche du PLH de Paris, l'existence de précédents a été un élément décisif :

> « Ils ont vérifié que c'était bien, que c'était faisable, que ça sortait pas du cadre, que c'était correct, que d'autres l'avaient déjà fait plus ou moins, que à Lyon ils l'ont mis. À Lyon ils l'ont mis... C'était ça le truc, à Lyon ils l'ont mis ! » (Élu de la Ville de Paris, entretien, 22/02/11)

La multiplication des mises en politique de l'habitat participatif, plus que la traduction d'une volonté aboutie de développer des projets, témoigne d'un effet de mode :

> « C'est très porteur quoi, de la même manière que la démocratie participative il y a quelques années [...] c'est d'autant plus fort pour une ville comme Paris où c'est la capitale. Paris c'est un peu une ville, quand même assez orgueilleuse en politiques publiques, quand une chose se déroule à Paris, c'est qu'elle s'est jamais déroulée ailleurs avant, même si en fait ça fait longtemps qu'elle a été faite ailleurs, et si c'est pas porté à Paris et que c'est porté ailleurs, il faut à tout prix faire quelque chose sur Paris. » (Technicien, entretien, 26/06/12)

Cet effet de mode se double d'une caution apportée par les nombreuses publications professionnelles et le sujet fait son entrée dans les réseaux d'échanges des collectivités, des élus comme des techniciens.

Le mimétisme dans les mises en politique ne se limite pas aux seules « idées ». Les contenus des documents produits font également l'objet d'appropriations, relevant du transfert direct sans transformation. Entre les PLH, les opérations de « copier-coller » sont indéniables.

TABLEAU 3
LES PLH DE GRENOBLE ET DE PARIS :
DEUX DOCUMENTS, UN MÊME CONTENU

PLH de Grenoble	PLH de Paris
5. Favoriser des formes alternatives de production de logements. Les *évolutions sociétales font naître, au sein de la société civile, des initiatives alternatives aux formes traditionnelles de promotion et production du logement.* *Les éléments fondateurs de ces démarches s'inscrivent dans des valeurs que chaque programme va développer en fonction du groupe de* ménages *à l'initiative de l'opération et de la réalité du projet* (dureté foncière, *contraintes réglementaires, capacités financières…*). *Les valeurs fondatrices sont :* *la non-spéculation, le projet intergénérationnel, la mixité sociale, la gestion durable, l'habitat économe*, les services partagés *(transports, production de chaleur et d'énergie, échange de services entre personnes…*)	Action 2.8.1. Développer l'habitat participatif à l'échelle de la métropole. Elles correspondent aux *évolutions sociétales qui font naître, au sein de la société, des initiatives alternatives aux formes traditionnelles de promotion et de production de logements* (privés ou publics). *Les éléments fondateurs de ces démarches s'inscrivent dans des valeurs que chaque programme va développer en fonction du groupe de* personnes *à l'initiative de l'opération et de la réalité du projet (contraintes foncières, réglementaires, capacités financières,* etc.*).* *Les valeurs fondatrices sont :* *la non-spéculation,* la solidarité, *le projet intergénérationnel, la mixité sociale, la gestion durable* et autonome, la mutualisation des espaces, *l'habitat économe,* le partage de services et de ressources *(transport, production de chaleur et d'énergie, échanges de services entre personnes, etc.).*

Ce constat est tout sauf anecdotique et s'applique à de nombreux autres documents programmatiques.

Des logiques mimétiques prennent également place sur un même territoire, pour les documents produits mais aussi pour les discours. Ainsi par exemple, à Strasbourg, l'édito de la plaquette de présentation de la démarche « 10 terrains pour 10 immeubles durables[18] », réalisé en 2010, est repris quasiment *in extenso* dans un article publié sur le blog du sénateur-maire de la ville, publié en juin 2012. De même, la troisième consultation organisée par la Société d'aménagement et d'équipement de la région strasbourgeoise (SERS) reprend, à peu de choses près, les éléments de contenus des deux précédentes consultations. Pour cet exemple, les conclusions que l'on peut tirer sont toutefois contradictoires. Soit ces opérations mimétiques témoignent du fait que l'investissement dans une politique en lien avec l'habitat participatif doit être le moins coûteux possible, soit, à l'inverse, elles révèlent une continuité dans les orientations et l'installation progressive d'une politique publique.

L'habitat participatif serait-il devenu une « *tarte à la crème* », (technicien, entretien, 10/04/12), déconnecté des territoires au sein desquels il est développé ?

L'habitat participatif : un témoin des marges d'autonomie des territoires ?

En dépit de ces logiques mimétiques, les appropriations et le sens donné à l'habitat participatif diffèrent selon les territoires.

La promotion de l'habitat participatif s'inscrit tout d'abord dans des logiques individuelles, tout sauf mimétiques. Elles font appel aux représentations des acteurs et sont ainsi susceptibles de modeler l'action qu'ils souhaitent développer. Ainsi, plusieurs des élus rencontrés indiquent comment l'habitat participatif est entré en résonance avec leurs préoccupations antérieures :

> « Je suis, par mes engagements politiques, très intéressé par la question coopérative, c'est un sujet que je suis depuis un moment [...] je crois qu'il y a cette nécessité de réfléchir à la place plus globalement du tiers secteur dans notre économie, dans notre société. » (Élu du Grand Toulouse, entretien, 3/11/11)

---

[18] En 2009, la CUS lance une opération intitulée « 10 terrains pour 10 immeubles durables ». Cet appel à projets permet à des groupes d'habitants de proposer leur candidature pour l'acquisition de terrains fléchés par la CUS, conformément à un cahier des charges préalablement établi. Un groupe lauréat est ainsi désigné à l'issue d'une procédure de sélection qui se déroule en plusieurs phases.

> « Alors je suis intéressé par le... depuis longtemps, par la manière dont on habite et on construit autre chose que du voisinage. Donc et ça depuis très longtemps, des expériences fouriéristes, Cabet… [...] c'est utopique mais quand-même on réfléchit comment on vit, comment on produit, comment on crée du vivre-ensemble, je regarde ça depuis très longtemps. » (Élu de la Ville de Toulouse, entretien, 25/10/11)

> « Ce qui m'a vraiment intéressé à Strasbourg c'est que ça a reconnecté une question que j'avais sur la propriété, qui était pas du tout liée à l'habitat coopératif que j'ai reliée à Strasbourg. En fait je travaillais d'un côté sur le squat, d'un côté sur la copropriété et d'un autre côté sur l'habitat groupé et les trois trucs se sont reliés. » (Élu de la Ville de Paris, entretien, 22/02/11)

En tant qu'acteurs nourris de représentations, ils développent leur propre appréhension du sujet, ce qui peut conduire à des mises en œuvre différentes sur leur territoire d'intervention.

Les mises en œuvre[19] de l'habitat participatif mettent également au jour les différents types d'appropriation dont il peut faire l'objet de façon concrète. Ainsi, si la modalité de l'appel à projets est reprise par plusieurs collectivités, ses justifications comme sa conduite diffèrent selon les territoires, qui cherchent à se construire leur propre connaissance, leur propre définition de l'habitat participatif, adaptée au contexte local. Concernant Strasbourg, les objectifs de la consultation sont énoncés comme suit : « *Promouvoir la construction d'un habitat innovant, à très basse consommation d'énergie.* » De plus, la démarche de l'appel est replacée dans le cadre plus global de l'action municipale de « construction de la ville durable » et notamment la démarche écoquartier, la politique de l'habitat et le plan-climat territorial (cahier des charges de la consultation, novembre 2011). La mise en contexte opérée traduit avec force l'attention portée aux questions environnementales, qui donne le ton de l'ensemble du cahier des charges. Sur le territoire lillois, du préambule de l'appel à projets se dégagent d'autres ambitions : ce sont d'abord la diversité, le mieux-vivre-ensemble et la mixité. L'enjeu n'est pas la « construction de la ville durable », mais la construction de « logements partout et pour tous ».

---

[19] L'expression de mise en œuvre est employée pour caractériser un « moment » de l'action publique qu'est l'application des décisions. Son étude implique de s'intéresser aux moyens et acteurs mobilisés, à l'interprétation des décisions et aux modes d'application ou de non-application des décisions (et les facteurs explicatifs qui s'y rattachent), d'après MÉGIE A., « Mise en œuvre », in BOUSSAGUET L., JACQUOT S., RAVINET P. (coord.), *Dictionnaire des politiques publiques*, Presses de Sciences Po, 2010, p. 344.

Ces deux exemples illustrent ainsi dans quelle mesure l'habitat participatif peut s'adapter – ou être adapté – aux problématiques du territoire sur lequel il est mis en œuvre, révélant ainsi les marges d'autonomie dont disposent les acteurs, elles-mêmes articulées aux enjeux locaux.

Conclusion

Présenté par la presse grand public, mais aussi professionnelle, comme une « révolution », l'habitat participatif agit avant tout comme un révélateur de l'existant.

Il apparaît ainsi que les acteurs institutionnels qui témoignent un intérêt pour ces initiatives critiquent vivement les modalités de production de l'habitat. L'habitat participatif comblerait ainsi certaines de leurs attentes, liées à la qualité de la production et de leurs pratiques. Ensuite, plus qu'un intérêt pour l'habitat participatif en tant que tel, les acteurs manifestent un intérêt pour ce qu'il représente et pour l'outil qu'il peut constituer : un moyen de se démarquer dans un champ de plus en plus concurrentiel et de démontrer son inscription dans un nouveau paradigme de l'action publique : l'innovation.

L'analyse des modalités de mises en politique « bruyantes » de l'habitat participatif a révélé combien des outils comme les PLH constituent des préalables à l'action, plus que des feuilles de route dont l'élaboration s'inscrit dans des logiques de négociations globales, déconnectées en partie des contenus. Le déploiement progressif et croissant des mises en politique de l'habitat participatif met également au jour des logiques mimétiques. L'analyse des mises en œuvre concrètes tend pourtant à nuancer ces constats, puisque les enjeux auxquels le développement de l'habitat participatif est rattaché diffèrent selon les territoires.

L'habitat participatif, objet pourtant marginal du point de vue quantitatif, offre ainsi des perspectives fructueuses d'analyse des tendances mais aussi des transformations en cours dans le domaine des politiques de l'habitat, qu'il s'agirait bien sûr d'observer selon une focale plus large et à partir d'autres objets.

Bibliographie

BACQUÉ M.-H., REY H., SINTOMER Y., « Introduction. La démocratie participative, un nouveau paradigme de l'action publique ? », in BACQUÉ M.-H., REY H., SINTOMER Y. (coord.), *Gestion de proximité et démocratie participative*, La Découverte, coll.« Recherches », 2005, pp. 9-46.

BARTHE Y., *Le Pouvoir d'indécision. La mise en politique des déchets nucléaires*, Paris, Economica, coll. « Études politiques », 2006.

BOULLIER D., « Du Bon usage d'une critique du modèle diffusionniste : discussion-prétexte des concepts d'Everett M. Rogers », *Réseaux*, vol. 7, n° 36, 1989, pp. 31-51.

BOUSSAGUET L., « Les "Faiseuses" d'agenda. Les militantes féministes et l'émergence des abus sexuels sur mineurs en Europe », *Revue française de science politique*, vol. 59, n°2, 2009, pp. 221-246.

CEFAÏ D., « La Construction des problèmes publics. Définition de situations dans des arènes publiques », *Réseaux,* vol. 14, n°75, pp. 43-66.

D'ORAZIO A., « La Nébuleuse de l'habitat participatif. Radiographie d'une mobilisation », *Métropolitiques*, 2012. http://www.metropolitiques.eu/La-nebuleuse-de-l-habitat.html, consulté le 15 mars 2013.

GAGLIO G., *Sociologie de l'innovation*, PUF, 2011.

HASSENTEUFEL P., « Les Processus de mise sur agenda : sélection et construction des problèmes publics », *Informations sociales*, vol. 1, n°157, 2010, pp. 50-58.

LASCOUMES P., LE GALÈS P., *Sociologie de l'action publique*, Armand Colin, 2010.

LE GALÈS P., *Politique urbaine et développement local. Une comparaison franco-britannique*, Paris, L'Harmattan, 1993.

MÉGIE A., « Mise en œuvre », in BOUSSAGUET L., JACQUOT S., RAVINET P. (coord.), *Dictionnaire des politiques publiques*, Les Presses de Sciences Po, 2010, p. 344.

MULLER P., *Les Politiques publiques*, PUF, coll. « Que sais-je », 2009.

RUI S., VILLECHAISE-DUPONT A., « Les associations face à la participation institutionnalisée : les ressorts d'une adhésion distanciée », *Espaces et sociétés*, vol. 1, n°123, 2006, pp. 21-36.

Catégorisation des promoteurs immobiliers autour de la mobilisation de leur ressource financière

Romain MAURICE

Introduction

Les métropoles se construisent par les décisions et les investissements d'une multitude d'acteurs, privés et publics, personnes physiques et morales. Ce texte éclaire le comportement financier des promoteurs immobiliers sur les marchés du logement neuf dans l'agglomération lyonnaise. Au fil de l'étude émergent le rôle et l'influence d'autres acteurs, notamment ceux de la collectivité publique et des banques.

Nous nous basons sur des récits obtenus lors de vingt-cinq entretiens semi-directifs d'une à deux heures réalisés avec différents acteurs des marchés du logement neuf dans l'agglomération lyonnaise : promoteurs immobiliers, banquiers, bailleurs sociaux, observateurs des marchés immobiliers résidentiels.

Il est parfois évoqué que le développement urbain est aujourd'hui dominé par des logiques financières[1]. Les promoteurs immobiliers seraient *« rattrapés par la financiarisation de l'économie et de plus en plus soumis à l'exigence de résultats financiers à court terme »* (Vergriete, 2010). Il apparaît qu'ils se définissent d'eux-mêmes rapidement par rapport à l'aspect financier de leur activité. Toutefois, une part des promoteurs, en particulier les locaux, tient à mettre en avant son attachement à son métier de base, c'est-à-dire la construction de logements. Ils insistent sur le fait que leur objectif premier n'est pas de maximiser le rendement d'actifs financiers. Cette affirmation n'est pas purement discursive, nous verrons que les pratiques diffèrent entre promoteurs immobiliers en matière de financement des opérations.

Les ressources des promoteurs immobiliers et bailleurs sociaux dans la production de logements neufs

Suivant les travaux de Michel Crozier et Erhard Friedberg, nous construisons notre analyse en partant d'une notion essentielle : la notion de pouvoir. Le pouvoir est *« un échange négocié de comportements entre des participants d'un système organisé »* (Friedberg, 1993). Les sources

[1] Par exemple, voir le dossier « La ville financiarisée » dans la revue *Urbanisme* n°384 de mai-juin 2012.

de pouvoir proviennent de la capacité d'un acteur à acquérir, à mobiliser, puis à échanger des ressources pour mener à bien son activité. Moins l'incertitude est grande quant au contrôle des ressources, plus l'acteur dispose d'une zone d'autonomie importante. Cette autonomie permet de rester imprévisible, donc de garder un maximum de capacités d'action sur les marchés.

Nous avons, au fil des entretiens, identifié cinq ressources essentielles que les promoteurs immobiliers mobilisent : la clientèle, la construction, les finances (l'argent disponible immédiatement pour le promoteur), le foncier, l'image publique/le *lobbying*. Nous nous concentrons ici sur les manières dont les promoteurs mobilisent et contrôlent leur ressource financière.

Le financement des opérations immobilières neuves

Dans de rares cas, les promoteurs immobiliers vendent une opération « en bloc » pour le compte d'une personne physique ou morale, qui leur passe commande d'un immeuble. Dans ce cas, les capitaux nécessaires à la construction sont rassemblés avant même la construction, et les frais de commercialisation sont nuls. La vente en bloc est rare en France, principalement parce que les investisseurs institutionnels se sont largement détournés du logement. Cette quasi-absence des investisseurs institutionnels parmi la clientèle des promoteurs d'immobilier résidentiel a fait du logement un *« laissé-pour-compte de la financiarisation de l'immobilier »* (Nappi-Choulet, 2012). Le marché du logement reste dominé par des acheteurs qui investissent selon une logique patrimoniale, contrairement aux marchés immobiliers tertiaires et commerciaux dominés dans les grandes agglomérations par des fonds d'investissement apparus dans les années 1990 et pour qui *« les immeubles ne sont plus considérés comme des valeurs refuges, mais comme des actifs semblables aux actifs financiers, rapportant des revenus locatifs récurrents ainsi qu'une plus-value à la revente, le tout intégré dans un calcul de rendement dit global »* (Nappi-Choulet, 2012).

Les promoteurs de logements restent financièrement soumis aux exigences de leurs financeurs plutôt que de leurs clients investisseurs, qui sont deux acteurs des marchés immobiliers à ne pas confondre :

> – Interviewé : L'investisseur n'est pas le financeur. Pour moi, en tant que financeur... mon objectif c'est que l'opération que conduit mon client, elle se commercialise rapidement, qu'elle ne lui reste pas sur les bras et que donc le cycle de construction corresponde au cycle de commercialisation et qu'à la sortie, une fois que le bâtiment est livré et bien, tout soit vendu. Parce que sinon ça veut dire que mon client va

> se retrouver avec du stock dur sur les bras, et le stock dur pour lui c'est terrible.
> – Intervieweur : Il perd toute sa marge...
> – Interviewé : voilà, il y passe toute sa marge. Mais en logement, sur du neuf notamment, vous savez que le rendement, si vous obtenez du 3,5% brut, ça sera déjà une belle opération. Alors que l'investisseur, s'il achète des bureaux, il peut espérer avoir des rendements à 7 ; 7,5 ; 8%. [...]. Donc le raisonnement de l'investisseur, c'est de se dire, j'ai un risque peut-être plus élevé, mais par contre ça paye. (Banquier, entretien 2, 22/05/2012)

La quasi-totalité des opérations de logements ne se vendent donc pas « en bloc » mais appartement par appartement, en VEFA (vente en état futur d'achèvement) à des particuliers[2] qui, dans leur immense majorité, n'achètent pas pour en retirer une rentabilité donnée à deux, cinq ou dix ans, mais pour se constituer un patrimoine à long terme tout en profitant si possible d'aides à l'accession à la propriété (par exemple le prêt à taux zéro) ou d'aides à l'investissement locatif (dispositif Scellier[3]).

Lorsqu'un promoteur lance une opération, il n'a pas vendu tous les logements. Par conséquent, pendant un laps de temps, les appels de fonds (l'argent versé par les clients) ne suffisent pas à couvrir les frais engagés pour l'achat du foncier, les frais d'architecte, d'assurance, de commercialisation, de construction et les aléas éventuels. Pour honorer tous ces engagements financiers, le promoteur a donc besoin de rassembler des fonds supplémentaires.

Dans les faits, les capitaux ne sont pas investis directement par le promoteur. Le plus souvent, il crée une SCCV (société civile de construction vente). C'est une société à part entière, qui sert à rassembler les fonds nécessaires pour couvrir le prix de revient d'une opération. La SCCV verse des honoraires au promoteur en tant que prestataire de service. La SCCV peut-être capitalisée par :

– Les fonds propres du promoteur.
– Des fonds apportés par d'autres personnes physiques ou morales.

---

[2] À noter que les bailleurs sociaux achètent également en VEFA aux promoteurs immobiliers dans l'agglomération lyonnaise. La communauté urbaine de Lyon a mis en place sur une partie de son territoire des « Secteurs de Mixité Sociale ». Les promoteurs immobiliers y sont tenus réglementairement, pour toute opération de plus de 1 000m², d'y intégrer de 20 à 30% de surface de plancher affectée au logement social.

[3] Le caractère patrimonial des achats en Scellier fait débat. Pour certains promoteurs et banquiers, une majorité d'acheteurs en Scellier ont acheté en 2010-2011 en premier lieu pour défiscaliser leurs revenus. Pour d'autres, le dispositif n'a fait qu'encourager une demande en investissement locatif qui existera toujours, de la part de clients qui souhaitent se constituer un patrimoine.

Si les capitaux de la SCCV ne suffisent pas à couvrir l'ensemble des coûts de l'opération, le promoteur recourt à des crédits bancaires. Précisons que, dans les faits, un promoteur ne se finance pas à proprement parlé par un crédit. La banque ouvre une ligne de compte pour la SCCV, avec une autorisation de découvert de x milliers d'euros. La banque se finance par les « agios » payés par le promoteur et par une « commission de confirmation » sur l'autorisation de découvert.

La ressource financière des promoteurs immobiliers provient donc de quatre sources : les appels de fonds auprès des clients, les fonds propres de la société de promotion, les fonds d'autres personnes physiques ou morales qui s'associent au promoteur pour financer l'opération, les organismes bancaires qui fournissent des crédits. Nous allons voir que les promoteurs ne font pas appel à leurs financeurs de manière similaire.

Éléments de catégorisation des promoteurs immobiliers

Deux thèses récentes s'intéressent aux pratiques des promoteurs immobiliers. Julie Pollard s'est penchée sur la structuration des promoteurs immobiliers en groupes d'intérêts et Delphine Callen a analysé le développement des grands groupes de promotion immobilière et sa conséquence sur l'organisation du système de production des ensembles pavillonnaires en région parisienne. Ces deux recherches se penchent spécifiquement sur les groupes nationaux et internationaux. Dans les grandes agglomérations, ils représentent en effet une large majorité de la production, comme le constate les promoteurs eux-mêmes.

> « Ce que je constate, c'est qu'il y a vingt ans en arrière, on était plus nombreux à être indépendants, et que les gros représentaient beaucoup moins en pourcentage de ce qui se vendait. Les nationaux, aujourd'hui, représentent je crois plus de 80% de ce qui se vend, ce qui n'était pas le cas il y a dix ans, quinze ans en arrière. » (Promoteur immobilier, entretien 1, 23/01/2012)

Pour les promoteurs, ce fait a des conséquences en termes de conception du métier : les promoteurs nationaux ont fait évoluer l'approche du métier vers une conception plus financière des choses. Nous verrons toutefois que tous n'ont pas une telle approche.

Approches différenciées des promoteurs immobiliers dans la mobilisation de leur ressource financière

Pour garder un maximum d'autonomie, un promoteur doit contrôler plusieurs zones d'incertitude quant à la mobilisation de sa ressource financière. Cette incertitude porte sur trois éléments :

– La participation des banques ou d'autres investisseurs, personnes physiques ou morales, en « haut de bilan ». C'est-à-dire que les partenaires financiers deviennent actionnaires au capital des SCCV (cas de l'organisation d'un « tour de table »),

– L'accord de crédits par des banques (en « bas de bilan ») afin de boucler le budget des opérations,

– La délivrance d'une « garantie financière d'achèvement », qui est indispensable pour lancer une opération.

La plupart des promoteurs préfèrent rester seul au capital des SCCV qu'ils créent. L'incertitude porte principalement sur la recherche de financement en « bas de bilan », ce qui implique d'obtenir des crédits auprès des banques.

Nous constatons plusieurs formes de contrôle de cette incertitude. Précisons que, comme toute catégorisation, il s'agit d'une simplification de la réalité, « d'idéaux-types ». Les promoteurs ne sont pas déterminés une fois pour toutes par ces comportements. Ils peuvent varier d'une période à l'autre, voire d'une opération immobilière à une autre.

Nous identifions trois « idéaux-types » de promoteurs immobiliers en matière de mobilisation de la ressource financière :

– Les « prudents »,
– Les « contraints »,
– Les « financiers ».

Les « prudents », le choix de la sécurité plutôt que du rendement maximal

Ces promoteurs font le choix délibéré de limiter la zone d'incertitude liée à la mobilisation de la ressource financière en s'imposant des exigences prudentielles supérieures à ce que leur demandent les autres financeurs de l'opération, d'où notre dénomination de « prudents ».

> « Un promoteur, c'est quelqu'un qui commence à précommercialiser, c'est à dire qu'il vend sur plan, et qui, au-delà d'un certain pourcentage de ventes sur plan, décide de lancer. Quand je dis "il décide de lancer", c'est si la banque veut bien le financer, sinon, la décision... (rires)... elle reste lettre morte. Nous... nous répondons à ce risque en nous imposant à nous-mêmes 70% de précommercialisation avant de

> lancer une opération, ce qui est un pourcentage très élevé, très dur, très exigeant... euh... qu'aucun de nos confrères n'a, mais on est une entreprise, je dirais, indépendante, et euh... on ne veut pas perdre cette indépendance, donc on est extrêmement exigeant là-dessus. Ça nous permet, quand y'a une crise, de nous dire, bon, on a déjà 70%, même si ça s'arrête demain, on a une marge de manœuvre. » (Promoteur immobilier, entretien 7, 12/02/2012)

> « On a zéro crédit bancaire, on doit rien aux banques. Après, les banquiers... si vous voulez, quand on se rend compte que notre argent travaille mieux ailleurs, à ce moment-là on prend un peu d'argent au Crédit lyonnais qui est notre partenaire, mais il n'a pas de crédit. Y'a zéro crédit bancaire, y'a pas de dettes aujourd'hui chez nous, c'est très atypique. On peut tout autofinancer si on veut. [...] Je vais vous dire, on pourrait fonctionner exactement de la même façon avec trois fois moins de fonds propres. Si on avait trois fois moins de fonds propres et pas de crédit bancaire, on fonctionnerait de la même façon. On réinjecte depuis toujours tous les bénéfices dans la boîte. Voilà, c'est une culture. » (Promoteur immobilier, entretien 13, 16/06/2012)

Nous voyons émerger à travers ces interventions les deux facteurs principaux qui permettent d'assurer financièrement une opération immobilière, à savoir le niveau de précommercialisation, c'est-à-dire le nombre de logements vendus sur plan avant le démarrage effectif des travaux et le montant de fonds propres investis par le promoteur au capital des SCCV qu'il crée.

Cela fait apparaître une caractéristique du financement de la promotion immobilière par rapport au financement d'autres activités industrielles : les négociations entre les banques et les emprunteurs s'établissent peu sur les taux et la durée d'emprunt, mais sur le taux de précommercialisation et de fonds propres :

> « Sur les fonds propres et sur la commercialisation, c'est toujours la bagarre. Sur les conditions financières de notre intervention, c'est jamais la bagarre, ou très rarement. Alors que, pour revenir sur l'exemple de l'achat d'une machine outil, vous avez une sélection qui va se faire au prix. Là, on leur dira c'est Euribor +1, Euribor +2 ou Euribor +4, j'allais dire qu'à la limite ils s'en fichent. […] le promoteur ne va pas chercher à avoir 1,80 ou 1,90% là où on lui dit que c'est 2%. » (Banquier, entretien 2, 22/05/2012)

Le choix fait par les promoteurs « prudents » est celui de ne partir « à la bagarre » avec les banques sur aucun des points évoqués ici : taux du crédit, niveau de précommercialisation, niveau de fonds propres investis.

Ils se fixent d'eux-mêmes des exigences prudentielles supérieures à ce que leur demandent les financeurs de l'opération. Cela leur permet de garder du pouvoir dans le système d'acteurs du logement neuf, puisqu'ils restent largement autonomes d'un point de vue de la mobilisation de leur ressource financière.

Ce comportement est principalement celui des promoteurs indépendants, au capital « familial ». Ce sont principalement des promoteurs locaux ou régionaux, mais pas exclusivement. Il est également à noter que rien n'empêche une entreprise indépendante d'adopter des comportements « financiers ». En effet, comme nous l'a mentionné un banquier, *« il y a des vieux réflexes que vous n'empêchez pas »*. Le reflexe en question est celui de chercher à recourir le plus possible aux crédits afin de maximiser les rendements et garder de la trésorerie disponible pour lancer d'autres opérations.

Les « contraints » : une marge de manœuvre très faible

Ces promoteurs recourent largement aux crédits bancaires et aux tours de table. Cela les rend beaucoup plus dépendants de leurs financeurs que les prudents. Ils n'ont pas d'autre choix que de se conformer à leurs exigences s'ils souhaitent développer des opérations.

Pourquoi une telle dépendance ? Cela provient la plupart du temps d'un niveau de fonds propres faible, qui les empêche d'augmenter leur niveau de participation dans une opération. Cela peut également provenir d'une mauvaise réputation du promoteur, qui complique ses capacités à convaincre des financeurs de l'accompagner.

Le nombre de promoteurs dans cette catégorie augmente lors des périodes de baisse des prix et des volumes de vente et lorsque les banques restreignent la distribution de crédits (les deux périodes vont souvent de pair). Cela contraint les promoteurs immobiliers à trouver d'autres solutions pour continuer leur activité, comme en témoignent ces commentaires :

> « Sur les petits (promoteurs) aujourd'hui, il y a un phénomène qui existe, [...] c'est qu'aujourd'hui les petits se font financer non plus par le système bancaire, mais par des systèmes de types qui ont monté leurs boites, et ils vont chercher une GFA chez un assureur. […] Et qui sont les gens qui vous font l'opération, qui vous financent le terrain et qui vous aident à financer une partie de la construction ? C'est des *golden boys*, des types qui ont vendu leur boîte. Ils ont cinquante-cinq ou soixante ans, ils ont vendu des trucs, ils s'emmerdent un peu, et ils sont riches. Ils prêtent un, deux, trois, quatre millions, en se mettant en *pool* de copains, ils investissent à l'intérieur. […] Historiquement, ces

petits et moyens opérateurs, ils allaient voir les banques. » (Banquier, entretien 1, 21/05/2012)

– Interviewé : Je vais vous dire là en ce moment j'ai six cents logements en cours, j'utilise zéro crédit.
– Interviewer : Tout sur fonds propres ?
– Interviewé : Ben oui, parce qu'avec les conditions que nous demandent les banques, et bien, on est obligé de mettre de l'argent, puis de précommercialiser, puis quand on a lancé l'opération elle se finance toute seule, on n'a pas besoin de la banque. C'est pour ça que c'est beaucoup plus long pour nous que pour les nationaux hein. Et c'est pas après eux que j'en ai, ils font leur métier, ils le font très bien. (Promoteur immobilier, entretien 9, 24/02/2012)

Nous pouvons voir dans cet extrait que si ce promoteur le pouvait, il utiliserait du crédit bancaire, ce qui lui permettrait d'augmenter son nombre d'opérations réalisées. Or, il nous précise que les banques ne veulent plus le financer qu'à des conditions beaucoup trop contraignantes pour lui. Il est donc obligé de se débrouiller seul pour réaliser des opérations. Ce promoteur peut se le permettre grâce à son niveau de trésorerie. D'autres n'ont pas cette possibilité et doivent donc organiser un « tour de table » auprès de ce que ce banquier appelle des « *golden boys* » (un autre banquier nous a parlé de « VIP ») afin de constituer un capital de départ suffisant pour lancer une opération. Certains autres promoteurs immobiliers surmontent cette contrainte financière par d'autres moyens, comme ce même promoteur qui précise :

« Moi quand j'ai démarré, je ne payais pas le terrain, je trouvais des terrains en faisant des dations. Je redonnais un appartement au propriétaire. Je lui vendais pendant l'opération et lui donnais l'argent. » (Promoteur immobilier, entretien 9, 24/02/2012)

Les « financiers », une maximisation de chaque euro investi

Ces promoteurs se fixent d'eux-mêmes des exigences prudentielles au plus bas niveau possible (c'est-à-dire celles que leur imposent les banques). Ils ont donc largement recours à des financements bancaires. Comme pour les promoteurs « contraints », ils se rendent donc *a priori* dépendants de leurs partenaires financiers. La différence majeure réside dans le fait que ces promoteurs ont une trésorerie importante. Ils ont la possibilité financière d'investir plus de fonds propres ou d'attendre d'avoir une précommercialisation très élevée. C'est par choix qu'ils décident de recourir le plus largement possible à l'endettement, afin de maximiser le rendement de leur investissement, d'où notre dénomination de « financiers ».

Dans ce cas, le comportement du promoteur est un choix délibéré de se « lier les mains » auprès des financeurs. Cela lui permet de garder une trésorerie disponible, avec laquelle il peut multiplier le nombre d'opérations qu'il réalise, tout en augmentant la rentabilité financière de l'opération pour les actionnaires des SCCV (c'est-à-dire, dans la quasi-totalité des cas, le promoteur seul) grâce à « l'effet de levier » du crédit.

> « On met le minimum de fonds propres. La société dispose de x millions d'euros de fonds propres, et on en met le minimum par opération. » (Promoteur immobilier, entretien 5, 10/02/2012)

> « Nous avons des objectifs de quantité de logements à sortir, nous avons un objectif de marge minimum à atteindre. […] Nous, nous avons quand même à travers les opérations immobilières, des immobilisations importantes. Nous avons des fonds propres qui sont investis dans les opérations, qui restent pratiquement deux ans par opération, ce qui est déjà long pour la banque, et ça... ça ne concerne que 10% du prix de revient de l'opération, mais c'est un maximum. On nous demande de faire revenir les fonds propres plus rapidement. » (Promoteur immobilier, entretien 8, 17/02/2012)

Nous illustrons dans le tableau suivant l'incidence de l'effet de levier pour un promoteur immobilier. Nous prenons l'exemple fictif d'une opération avec un prix de revient de 4,650 millions d'euros. Le chiffre d'affaire, avec une marge de 7% pour le promoteur, est de cinq millions d'euros (exemple d'une opération de 1 550 m² de surface de plancher vendue à 3 225€/m²). La plus-value tirée de l'opération pour la SCCV créée par le promoteur est donc de 350 000 mille euros.

Admettons, dans cet exemple, une précommercialisation de 50% et le promoteur qui investit 15% de fonds propres ; la banque qui accorde un taux d'emprunt de 2%, auquel s'ajoute une commission de confirmation sur l'autorisation de découvert de 1% par an. Notons que, dans les faits, le promoteur n'aura pas de découvert de 1,5 million d'euros, sauf en cas de très grosse mévente pour les 50% non précommercialisés ou de problèmes sur le chantier. Il devra donc moins de 30 000 euros par an à sa banque. De plus, la durée de construction de l'opération est normalement inférieure à deux ans. Dans notre exemple, le chiffre retenu de 90 000 euros d'intérêts nous paraît donc largement surestimé. Il permet néanmoins de constater l'importance de l'effet de levier.

TABLEAU 1
ILLUSTRATION DE L'EFFET DE LEVIER DU CRÉDIT
POUR UNE OPÉRATION DE 5 MILLIONS€ DE CHIFFRE D'AFFAIRE

	Sans emprunt	Avec emprunt
Plus-value (marge du promoteur de 7%)	350 000€	350 000€
Précommercialisation de 50%	2 500 000€	2 500 000€
Fonds propres	50% restant : 2 150 000€	15% du prix de revient (demande de la banque) : 650 000€
Intérêts d'emprunts	0€	Impasse de financement à couvrir : 1,5 million d'€ Remboursement crédit : 30 000€/an maximum Commission de confirmation : 15 000€/an Remboursement total : 90 000€
Bénéfices pour les actionnaires de la SCCV	350 000€	260 000€
Taux de rendement de l'investissement	16,3% (sur investissement de 2,5 millions d'€)	40% (sur investissement de 650 000€)

Conception : auteur ; données fictives.

Nous avons dans cet exemple pris des intérêts d'emprunts élevés, qui s'appliquent à des petits promoteurs. Selon un banquier rencontré, les taux pratiqués pour un grand promoteur national (en position de force puisque toutes les banques le veulent comme client) se situent aujourd'hui autour de 0,7-0,8% et la commission de confirmation autour de 0,2-0,3%. Nous pouvons imaginer à quel point l'utilisation de l'effet de levier peut démultiplier les rendements pour ces promoteurs.

En résumé, pendant qu'une opération immobilière est en cours, la zone d'autonomie d'un promoteur « financier » est minimale. Mais il retrouve du pouvoir une fois l'opération vendue et livrée par l'effet de levier que lui permet l'utilisation d'un maximum de crédit. Ces promoteurs agissent selon une logique de « financiers investisseurs », c'est-à-dire d'acteurs dont le but est de faire fructifier au maximum leur capital. Ils sont très liés au pouvoir des banques, mais retrouvent une autonomie et du pouvoir par les flux d'argent très importants qui transitent par leur structure, et par leur niveau élevé de fonds propres potentiellement utilisables (mais qui, dans les faits, ne le sont pas, puisque l'argent est en permanence « en train de travailler »).

Des risques de phénomènes spéculatifs maîtrisés

Notons un point essentiel : les promoteurs cherchent à générer des rendements maximums, mais leurs prises de risque sont limitées par trois éléments, dont deux sont dus au comportement des banques.

Premièrement, depuis la crise immobilière du début des années 1990, les banques classent le financement des promoteurs immobiliers comme « à risque » :

> « La crise immobilière de 92-93, elle a failli faire boire le bouillon à un certain nombre de banques. Enfin, y'en a même qu'on pas failli, qui ont bu le bouillon. Et depuis cette date-là, dans la plupart des banques, l'immobilier est considéré comme un métier à risque. » (Banquier, entretien 2, 22/05/2012)

Pour se couvrir, nous avons vu que les banques imposent aux promoteurs un taux relativement élevé de précommercialisation ainsi qu'un engagement direct des fonds propres du promoteur dans l'opération. Cela engendre, comme nous l'avons déjà évoqué, une difficulté d'accéder au crédit pour certains promoteurs.

Deuxièmement, les banques, de par le principe du crédit promoteur qui consiste à ouvrir une ligne de compte sur laquelle la SCCV est autorisée à être à découvert, sont incitées à limiter leurs prises de risque. En effet, comme le souligne Olivier Piron *« cette ligne de crédit est donc basée sur les prévisions initiales de vente, avec un taux d'appel de fonds devant, si tout se passe bien, rester dans un ordre de grandeur de 20 à 30% de l'opération prévue. Mais si cela se passe mal, la banque qui a garanti l'opération se trouve en fait brutalement impliquée sur 100% du bilan initial »* (Piron, 2009).

Nous avons vu que les banques, du fait du principe du découvert autorisé, ne gagnent pas des sommes énormes sur une opération immobilière. Pourtant, en tant que partenaires financiers, elles sont en première ligne en cas de coup dur. Elles restent donc prudentes dans leurs prises de risque.

Le troisième élément provient de la forme juridique de vente de logements, à savoir la « vente en état futur d'achèvement » (VEFA). Plus aucun promoteur ne construit aujourd'hui d'immeubles « à blanc », en vendant les logements une fois qu'ils sont terminés. Les logements sont vendus sur plan en VEFA. Cela permet à un promoteur de lancer une commercialisation avant que le produit existe vraiment, donc en période de retournement des marchés, de se rendre compte de la mévente d'une opération avant même le lancement des travaux. Dans ce cas, il lui devient impossible d'atteindre les niveaux de précommercialisation demandés par les financeurs. S'il ne peut renégocier le prix d'acquisition du foncier, le promoteur stoppe le projet, ce qui fait rapidement chuter l'offre en logements neufs sur le marché. C'est pourquoi le stock physique de logements disponibles n'augmente que faiblement en période de retournement des marchés. Ce fut le cas en 2008. Toutefois, cette « crise » n'a duré que quelques mois, la demande repartant rapidement à la hausse à Lyon du fait de la mise en place du Scellier. Une baisse plus importante et durable de la demande ferait immanquablement des dégâts chez les promoteurs immobiliers, mais la structuration du système d'acteurs dans le logement neuf semble mettre la France à l'abri d'une situation « à l'espagnole », où des milliers de logements neufs sont aujourd'hui vides de tout occupant.

Conclusion : deux conceptions du métier de promoteur ?

Il apparaît que, selon la « catégorie » dans laquelle ils se situent, les promoteurs ne donnent pas la même définition de leur métier. C'est particulièrement le cas des « prudents ». Ils insistent systématiquement sur le fait que leur objectif premier est la construction de logements de qualité pour leurs clients :

> « Moi je construis des appartements, je fais pas de la finance, je construits des appartements dans lesquels les gens vont habiter. Les gros nationaux aujourd'hui ils font de la finance, c'est plus de l'accession à la propriété. » (Promoteur immobilier, entretien 1, 23/01/2012)
>
> « C'est dommage, on est catalogué de la même manière que les promoteurs nationaux, alors qu'on ne fonctionne pas du tout pareil. [...] Les nationaux ont une démarche totalement différente car il faut absolument qu'ils "fassent tourner la boutique". Il faut donc absolument qu'ils trouvent assez d'opérations pour générer assez d'honoraires pour faire tourner la structure. [...] Quand je commence à mettre mon nez dans une réunion de montage, on va parler

technique, on va pas parler de financier. Oui c'est vraiment le... la différence c'est là. » (Promoteur immobilier, entretien 9, 24/02/2012)

Ce constat est partagé par les banquiers :

> « Ces gens-là ne sont pas obsédés par la quantité, ils sont obsédés par le fait... euh... est-ce qu'on va pouvoir réellement faire quelque chose de bien ? Et moi je fais de la qualité, et moi je ne veux pas transiger sur ci et sur ça. [...] Moi qui arrive d'un horizon très différent, j'ai été très étonné par ça. Je pensais que j'allais avoir à faire qu'à des requins, et en fait j'ai affaire qu'à des entrepreneurs. Et le financier vient avec la taille. C'est à dire, plus on grossit, plus on commence à raisonner en taux de rendement des capitaux investis, etc., etc. On s'éloigne du terrain. » (Banquier, entretien 2, 22/05/2012)

Les promoteurs associent rapidement logique financière et effet de taille. C'est souvent le cas, mais cela dépend également de la nature des actionnaires de l'entreprise. Comme le souligne Julie Pollard, les grands promoteurs indépendants sont rares, mais ils existent. C'est le cas de Promogim qui a comme spécificité, *« dans le monde des grands promoteurs, son caractère familial totalement indépendant »* (Pollard, 2007). De plus, comme nous l'avons vu, rien n'empêche des promoteurs locaux et familiaux d'adopter une logique de promoteur « financier ».

Toutefois, une chose est certaine : les promoteurs qui prennent le plus de risques financiers entraînent dans leur sillage tous les autres. Ces derniers n'ont pas d'autre choix que de s'aligner sur les prix de sortie des logements s'ils veulent, du fait du mécanisme du compte à rebours du promoteur, accéder au foncier. Une autre solution pour eux est alors de s'éloigner en périphérie de l'agglomération (que ce soit dans le Grand Lyon ou à l'extérieur).

Il apparaît donc qu'en période de « *boom* immobilier » l'offre est prompte à répondre à la demande[4], mais la structuration du système d'acteurs semble aujourd'hui protéger la France de dérives « à l'espagnole ». Une telle analyse ne vaut ici que pour la structuration de l'offre. Elle est bien sûr à mettre en lien avec les comportements financiers des ménages et des banques de détail.

---

[4] Notons que la production neuve a augmenté mais pas « explosé » dans l'agglomération lyonnaise dans les années 2000. Certains promoteurs immobiliers dénoncent un blocage au niveau du foncier constructible disponible, d'autres voient également cela comme la marque d'un marché sain, qui ne se laisse pas entraîner dans des phénomènes spéculatifs.

Bibliographie

ADÉQUATION, *Point sur la conjoncture immobilière en Rhône-Alpes, perspectives nationales, présentation à la conférence annuelle d'adéquation*, Lyon, Adéquation, 2011.

CALLEN D., *La « Fabrication périurbaine », système d'acteurs et production des ensembles pavillonnaires dans la grande couronne francilienne*, thèse dirigée par Denise Pumain, Laboratoire Géographie-cités, Paris, 2011.

CROZIER M., FRIEDBERG E., *L'Acteur et le système*, Paris, Le Seuil, 1977.

FRIEDBERG E., *Le Pouvoir et la règle*, Paris, Le Seuil, 1993.

NAPPI-CHOULET I., « Le Logement, laissé-pour-compte de la financiarisation de l'immobilier », *Esprit*, n°381, janvier 2012, pp. 84-95.

NAPPI-CHOULET I., « Esquisse d'une histoire de la financiarisation immobilière et urbaine », *Urbanisme*, n°384, mai-juin 2012, pp. 42-46.

PIRON O., « D'Une crise du logement à l'autre », *Études foncières*, n°141, septembre-octobre 2009, pp. 43-47.

POLLARD J., *Acteurs économiques et régulation politique, les promoteurs immobiliers au centre des politiques du logement dans les régions de Paris et de Madrid*, thèse dirigée par Patrick le Galès, École doctorale de Sciences Po, 2009.

POLLARD J., « Les Grands promoteurs immobiliers français », *Flux*, n°69, juillet-septembre 2007, pp. 94-108.

VERGRIETE P., « Les Mécanismes de la production du logement à Lyon », 2011, http://www.urbalyon.org/Document/Les_mecanismes_de_production_du_logement_a_Lyon-2909.

TROISIÈME PARTIE

LOGEMENT ET MINORITÉS : UN TRAITEMENT MINIMAL

Introduction

par Fatiha BELMESSOUS

Les communications présentées durant cet atelier ont toutes en commun d'appréhender la question du peuplement urbain selon une approche monographique ou comparative, nationale ou territorialisée et enfin pluridisciplinaire (regards géographiques, historiques, anthropologiques, politistes et sociologiques). En questionnant les publics-cibles (migrants, précaires, relogés), les dispositifs d'accueil (d'hébergement ou d'insertion), les effets des politiques urbaines (résorption de l'habitat insalubre et rénovation urbaine), chacune des contributions s'efforce d'interroger le travail de mise en catégories dans l'action publique.

Si les contributions ici réunies offrent une analyse principalement centrée sur le cas français – métropolitain et outre-mer –, sur un temps allant des années 1970 à nos jours, les enquêtes sociohistoriques et géographiques présentées durant la Journée dépassent largement le territoire français et permettent de questionner les cadres d'analyse et les catégories d'autres sociétés (Espagne, Portugal, Grèce, Cameroun, Allemagne).

Dans cette introduction, nous nous attacherons à souligner deux aspects parmi les nombreuses questions que les textes soulèvent : l'examen de la catégorisation qui structure les politiques de peuplement ; la normalisation d'espaces « intermédiaires » pour des populations « éloignées culturellement de la norme », voire désignées comme « atypiques » avec la construction de « logements adaptés ».

Depuis les bouleversements socioéconomiques survenus dès la fin des Trente Glorieuses et devant l'incapacité des dispositifs assistanciels à faire face à des situations se complexifiant sans cesse, les destinataires de l'action publique deviennent peu lisibles pour les acteurs institutionnels.

On assiste ainsi à l'émergence de nouvelles catégorisations et de nouveaux dispositifs pour appréhender, contrôler et proposer des parcours institutionnels à ces populations, cibles des politiques publiques. Ainsi, « *le logement offre une inscription spatiale et territoriale dans la société et on ne sait pas très bien nommer ceux qui se trouvent en dehors de ce modèle : on hésite entre vagabonds, clochards, sans domicile fixe (SDF), "zonards", "routards", etc.* » (Blanc, Clément, 2004). Parce que l'action publique nécessite de construire la catégorie à traiter et que la définition juridique constitue un ensemble à la fois flou et hétérogène, il paraît nécessaire aux acteurs institutionnels de produire une typologie des situations et surtout de désigner les destinataires. La typologie construite est élaborée selon un croisement subjectif entre des « pathologies socioéconomiques » considérées comme des facteurs de « vulnérabilité » et les « besoins » en logement. Cette approche institutionnelle s'accompagne d'un parcours progressif, allant de dispositions temporaires jusqu'à l'accès au « logement social définitif ». Autrement écrit, la réponse à l'accès au logement s'articule autour de deux postulats implicites. Sur le registre social, l'hébergement temporaire participe de la mise en œuvre d'un parcours d'insertion, ce qui signifie que l'hébergement proposé devra permettre aux ménages de concilier un toit avec la recherche d'une « insertion sociale et professionnelle ». Sur le registre immobilier, apparaît l'idée de proposer une forme d'habitat spécifique, qu'il prenne la forme de l'hôtel meublé, de la cité de transit, ou de toute autre forme de logement dit adapté.

Les trois contributions ici réunies dépassent le cadre d'analyse normatif de ce parcours résidentiel type en questionnant, *de facto*, l'intégration de populations désignées comme « différentes » de la société majoritaire, au travers d'analyses micro-territorialisées : le relogement de populations marronnes suite à la résorption de l'habitat insalubre à Saint-Laurent-du-Maroni en outre-mer ; la mise en œuvre de la politique de la Ville dans un territoire majoritairement composé de familles de « culture tzigane » dans le quartier de La Colombière à Marseille ; enfin la construction d'un logement minimal, suite à la démolition de bidonvilles de « Roms » à Saint-Denis. Ces recherches ont en commun de fournir une analyse critique de l'entreprise de catégorisation mise en place par des acteurs institutionnels pour faire face à ces publics. En paraphrasant l'argumentaire développé par A. Sayad (1980) sur le logement des travailleurs immigrés, il s'agit d'interroger les représentations élaborées par les pouvoirs publics sur la « condition » de ces populations et la définition de leur (re)logement et de leur espace de vie. Cette opération souligne la « *projection des catégories par lesquelles on définit l'immigré et par lesquelles on délimite un espace social, révèle l'idée que l'on se fait de l'immigré et qui contribue à faire l'immigré* ».

Les contributions de C. Léobal et de M. Costil et É. Roche déconstruisent l'argumentaire de l'insalubrité utilisé pour légitimer la démolition de lieux de vie, que ce soit à travers une action publique phare déjà ancienne – la politique de résorption de l'habitat insalubre (RHI) – ou la démolition récente de campements illégaux de « Roms ». En métropole, la RHI s'est construite en réaction au caractère insupportable de l'insalubrité, qu'il s'agisse de logements « illégaux » – les bidonvilles – ou d'habitat « en dur » implantés souvent dans les centres anciens. Bien que cette action publique interroge les normes d'habitabilité (Dietrich-Ragon, 2011), elle s'explique également par la crainte de « prolifération de ghettos », phénomènes qui inquiétaient fortement les pouvoirs publics du fait de la concentration croissante des pauvres et des immigrés dans ces espaces (Blanc-Chaléard, 2012).

Au-delà de la réflexion critique sur l'insalubrité, ce qui nous intéresse particulièrement est l'application d'un schéma de relogement à la suite des démolitions, dispositif élaboré par la Sonacotra dès la fin des années 1950. Inscrit dans la vision de rationalité urbaine de l'époque, il comportait trois niveaux : les travailleurs isolés étaient placés dans des foyers ; les familles considérées comme « inadaptées » au logement moderne HLM étaient installées dans des cités de transit avec un accompagnement social, tandis que les familles dites « adaptées » étaient relogées dans des HLM avec un maximum de 15% de ménages étrangers pour éviter les concentrations, selon le raisonnement fameux du « seuil de tolérance » (Belmessous, 2014). Toute une vision ethno-sociale autant que postcoloniale se met en place pour ainsi anticiper la constitution de ghettos urbains (Kirszbaum, 2014). Tout d'abord, l'article de Clémence Léobal apporte une dimension novatrice à cette lecture historique, dans la mesure où son travail empirique porte sur un territoire d'outre-mer où la référence à la société majoritaire n'est pas « sur place » mais éloignée. Son travail montre comment une politique « nationale métropolitaine », construite selon le cadre de référence précité, conduit à proposer une seule forme de relogement : un « habitat pensé pour correspondre à la "culture" des marrons ». Basé sur une action éducative (l'autoconstruction conduit à la propriété et aux bienfaits qui lui sont associés), le logement nouveau devait permettre aux populations autochtones de « retrouver leur culture originelle ». « On voulait retrouver les racines de l'habitat du fleuve, c'est-à-dire la maison triangulaire, à qui on a redonné des dimensions d'habitabilité et de salubrité normales. » Le rejet de ce projet par les populations marronnes a conduit les pouvoirs publics à des réajustements.

Le texte de Mathilde Costil et Élise Roche complète cette analyse car s'il porte sur un sujet d'actualité (l'expulsion d'un bidonville de populations d'origine roumaine désignées comme « Roms »), il questionne frontalement la mise en catégories à l'égard d'une population stigmatisée et rejetée aujourd'hui. Si le caractère insupportable des bidonvilles (et l'usage du terme renvoie à une grammaire de lieux insupportables) est largement mobilisé dans les discours d'acteurs pour légitimer l'intervention publique, le traitement institutionnel et les solutions décidées (provisoires/transitoires ?) obligent à réinterroger l'homologie « parcours résidentiel/parcours d'insertion ». En effet, si dans les années 1960-1970 en métropole la démolition des bidonvilles (majoritairement habités par des Portugais et des Algériens) s'inscrivait dans un schéma global de « crise du logement » et de modernisation urbaine, sur fond de contrôle social et sécuritaire lié à la guerre d'Algérie, aujourd'hui, malgré la persistance de la situation de « crise » (Fourcaut, Voldman, 2013), la question de « l'intégrabilité » des populations roms à la société française est ouvertement débattue par les acteurs de terrain autant que par des personnalités politiques de premier plan.

Devant l'obsolescence des schémas d'insertion et face à ces migrants, se pose la question de la représentation *a minima*, donc acceptable, d'un logement décent. Les propos des élus et des techniciens relatés dans ce texte, sur la définition d'un « logement minimum » (« *des chiottes, de l'eau, de l'élec…* »), renvoient à deux problématiques essentielles : la représentation des besoins, qui conduit dans ce cas à la codification d'une « grammaire du minimum », et surtout le problème politique de l'acceptation par la société française de populations « différentes » de la majorité.

Enfin, les investigations menées par Clément Tarantini peuvent aussi se lire selon cette grille de lecture où, interrogeant les pratiques spatiales d'habitants dans un quartier populaire marseillais, il se trouve confronté aux « spécificités » des populations ainsi nommées par les acteurs de terrain pour mettre en œuvre une action publique (la politique de la Ville). Ce territoire a accueilli dans les années 1980 un « habitat adapté » pour des familles dites « de voyageurs », familles qui se sont progressivement sédentarisées dans ces lieux et ont façonné leurs espaces de vie selon leurs usages. Dans cette recherche, l'auteur s'attache à analyser les conflits nés autour des « détournements » par des membres de la communauté « tzigane » d'usages dans les espaces publics au profit de pratiques privées (le ferraillage). En soulignant les diverses représentations de l'appropriation de l'espace par les acteurs institutionnels et par les habitants, C. Tarantini analyse les ressorts de la confrontation des pratiques locales, dites tziganes, aux pratiques que les acteurs institutionnels souhaiteraient voir, déconstruisant ainsi les notions de norme et de valeur.

La richesse empirique de ces trois contributions ainsi que leurs analyses fortement outillées d'un point de vue conceptuel témoignent de l'importance d'analyses critiques sur des entreprises de catégorisation et de l'interrogation des normes, concept qui demeure un instrument théorique intéressant pour comprendre le cadre des politiques du logement qui sont aussi composées de publics « exclus » (Giddens, 1987).

Indications bibliographiques

BELMESSOUS F., « Catégorisation et discrimination des "Algériens" dans les politiques du logement à Lyon (1950-1970) », in DESAGE F., MOREL-JOURNEL C., SALA-PALA V., *Le Peuplement, catégories insaisissables des politiques urbaines*, Rennes, PUR, 2014, (à paraître).

BLANC-CHALÉARD M.-C., « Les Quotas d'étrangers en HLM : un héritage de la guerre d'Algérie ? Les Canibouts à Nanterre (1959-1968) », *Métropolitiques*, 16 mars 2012.

BLANC M., CLÉMENT S., « Présentation », *Espaces et Société*, n°116/117, 2004, p.15-27.

DIETRICH-RAGON P., *Le Logement intolérable. Habitants et pouvoirs publics face à l'insalubrité*, Paris, PUF, 2011.

FOURCAUT A., VOLDMAN D., « Les Crises du logement en Europe au XXe siècle », *Le Mouvement social*, n°245, octobre-décembre 2013.

GIDDENS G., *La Constitution de la société*, Paris, PUF, 1987.

KIRSZBAUM T., « La rénovation urbaine comme politique de peuplement. Les États-Unis et la France entre classe et "race" », *Métropoles*, 13, 2013, consulté le 15 février 2014.

SAYAD A., « Le foyer des sans-familles », *Actes de la recherche en sciences sociales*, vol. 32-33, avril-juin 1980.

Adapter le logement social à la « culture » des habitants en Outre-mer : la résorption de l'habitat insalubre appliquée aux marrons de Saint-Laurent-du-Maroni (La Charbonnière, 1985)

Clémence LÉOBAL[1]

Les départements et territoires d'Outre-mer sont le lieu d'expérimentations de nouvelles politiques de logement et d'habitat, à l'instar de la loi Debré de 1964 sur les bidonvilles, mise d'abord en œuvre à la Réunion, puis en métropole. Le cas de la Guyane, et plus particulièrement de Saint-Laurent-du-Maroni, où des lois françaises sont appliquées à une situation migratoire d'Amérique latine, témoigne de la façon dont les politiques de résorption de l'habitat insalubre sont réappropriées par les acteurs locaux, dans un contexte transfrontalier aux hiérarchies sociales spécifiques (voir encadré ci-dessous). Du fait d'un exode rural de plus en plus massif, les populations marronnes venant du Haut-Maroni ont construit de denses quartiers d'habitat sur pilotis le long des berges du fleuve, à proximité du centre-ville. Des projets de rénovation du centre-ville sont initiés par les services de l'État dans les années 1970. L'opération ne peut finalement être mise en œuvre qu'après l'élection à la mairie de Léon Bertrand[2] en 1983. Les marrons sont ainsi déplacés en périphérie de la ville, au lieu-dit La Charbonnière, dans de curieuses petites maisons triangulaires, dont la toiture pointue est en bardeaux de bois. Il s'agit d'un modèle de logement social dit « adapté » à leur supposée tradition : non seulement le modèle choisi est inspiré des maisons coutumières du fleuve, mais la démarche est également participative, à travers l'autoconstruction. Nous étudierons ici, à travers

---

[1] Doctorante à l'université Paris-Descartes, Sorbonne Paris Cité, sous la direction d'Anne Gotman (Cerlis, Paris-Descartes) et de Benoît de L'Estoile (IRIS, EHESS).

[2] Léon Bertrand est né en 1951 en Guyane, d'un père créole et d'une mère amérindienne du Surinam – bien qu'appartenant par son éducation à la communauté créole de Saint-Laurent-du-Maroni, il parle ainsi le créole surinamais compris entre autres des marrons. Jeune professeur de physique, il est élu en 1982 conseiller général sous l'étiquette RPR, puis en 1983 maire de Saint-Laurent-du-Maroni. Il occupe un siège de député de 1988 à 2007 et est nommé secrétaire d'État, puis ministre délégué au Tourisme de 2002 à 2007, sous la présidence de Jacques Chirac. Il est, à la date de rédaction de ce texte, maire UMP de la commune.

cet exemple, comment les politiques françaises d'insalubrité ont connu une mise en œuvre expérimentale, et comment elles ont été réinterprétées par les différents acteurs de ce projet[3].

LES MARRONS À SAINT-LAURENT-DU-MARONI

Saint-Laurent-du-Maroni est située dans l'estuaire du Maroni, à la frontière entre la Guyane et le Surinam. La ville est fondée par, et pour, le bagne en 1857. Au départ de l'administration pénitentiaire, en 1949, sa population s'est modifiée. Elle connaît un afflux migratoire d'Amérindiens de l'estuaire, mais aussi de populations rurales du Haut-Maroni, qu'il s'agisse de créoles ou de marrons – les descendants d'esclaves ayant fui les plantations du Surinam pour l'amont des fleuves amazoniens depuis le XVIIe siècle. À partir des années 1950, les migrants marrons construisent des maisons sur pilotis sur la berge du Maroni, entre le mur du Camp de la Transportation (l'ancien bagne) et l'eau. Ces quartiers se densifient dans les années 1970. Employés aux tâches nécessitant peu de qualifications, ils sont alors exclus des services publics d'éducation, de logement ou de santé ainsi que de la vie civique.

Les politiques menées en France contre l'habitat insalubre ont commencé dès l'après-guerre. Elles sont progressivement dotées d'outils législatifs, comme la loi Vivien sur la Résorption de l'Habitat Insalubre (RHI) de 1970 (Blanc-Chaléard, 2008). C'est seulement progressivement que l'outil de la RHI est mobilisé pour planifier le relogement des marrons installés sur les berges hors du centre-ville. Dès les années 1960, des projets innovants de relogement, de type autoconstruction, avaient été menés en Guadeloupe et à Mayotte. À partir de la fin des années 1970, des politiques spécifiques à l'Outre-mer sont élaborées, et des outils permettant l'accession « très sociale » à la propriété sont créés, notamment grâce à la nouvelle aide financière aux personnes, appelée « logement très social » (LTS), (Benzaglou, 2010). L'opération de La Charbonnière s'inscrit dans la continuité de ces expérimentations : les fonctionnaires de l'Équipement, le plus souvent métropolitains, circulent d'une collectivité d'Outre-mer à l'autre et exportent ainsi des pratiques et des conceptions du logement social.

Leur application au logement des marrons de Guyane, population à l'époque qualifiée de « tribale » ou de « primitive » et de manière

---

[3] Je remercie Akeli Assiti, Léon Bertrand, Frédéric Lanjouère-Croux, Jacques Maurice, Marie-Thérèse Morel, Pierre Neman, Bérange Sainte-Luce et Jean-Pierre Wieczorek de m'avoir accordé des entretiens, ainsi que Patrice Arrès-Lapoque et Christiane Chanliau pour leur relecture.

croissante considérée comme une population immigrée étrangère, ne se fait pas sans adaptation. À l'époque de l'opération, le seul scientifique spécialiste des marrons était Jean Hurault, fervent opposant à ce qu'il appelle la « francisation » des marrons[4] ainsi qu'à leur implantation en ville (Hurault, 1965). Les fonctionnaires de l'État ont ainsi conçu un projet de relogement spécifiquement pensé pour correspondre à la « culture » des marrons, telle qu'ils se la représentent. Toutefois, ces acteurs ne sont pas les seuls à réinventer ces politiques urbaines : pour la municipalité, les financements apportés pour la RHI constituent une opportunité de déplacer les populations marronnes en périphérie, et de « libérer » ainsi l'espace des berges du fleuve du centre-ville. Les habitants sont, quant à eux, exclus des processus de décision de l'opération. Ils négocient toutefois des marges d'action en ce qui concerne le choix des attributaires, et développent des stratégies de résistance au déplacement et d'aménagement des nouveaux logements sociaux.

Les recherches sur les marrons relèvent surtout des études rurales (Price et Price, 2003), et la question de leur place en ville a peu été traitée, à l'exception des travaux d'un anthropologue (Bilby, 1990) et d'une sociologue urbaniste (Hublin, 2002). Dans cette contribution, j'étudierai la manière dont les politiques d'insalubrité ont été mises en œuvre à destination des marrons, à travers l'analyse du déroulement de la première opération de RHI à leur égard, celle de La Charbonnière[5]. Comment le dispositif de la RHI est-il réinterprété par les différents acteurs locaux, les services déconcentrés du ministère de l'Équipement, la municipalité et enfin les habitants – qui poursuivent chacun des objectifs propres ?

Nous verrons, tout d'abord, que ce projet initié par les services de l'État s'inscrit dans une orientation nationale, qui vise à donner à l'Outre-mer des outils spécifiques en matière d'habitat. Lors de sa mise en application, le projet de déplacement est ensuite réapproprié par les acteurs locaux, notamment par la municipalité, mais aussi, à leur échelle, par les habitants eux-mêmes. Enfin, nous verrons en quoi l'idéal de

---

[4] Il appelle « francisation » la politique d'attribution de la nationalité française aux personnes nées en Guyane sans avoir été recensées par l'état civil, ce qui était souvent le cas des marrons et des Amérindiens, via la création de « jugements déclaratifs de naissance », à partir de 1964. Cela induit, selon lui, une « acculturation » de la population.

[5] Ce travail repose principalement sur les archives de la subdivision de la Direction départementale de l'équipement (DDE) de Saint-Laurent-du-Maroni, maître d'œuvre de l'opération. Ce fonds de la DDE est complété par des archives privées d'agents de la DDE, par des entretiens avec les décideurs politiques, et par les archives communales, malheureusement non encore classées. Enfin, des entretiens avec des habitants de La Charbonnière ont été réalisés en français ou avec un traducteur du *nenge tongo*.

construction d'un habitat dit « adapté » à la culture des marrons se heurte à de nombreuses difficultés lors de sa mise en pratique.

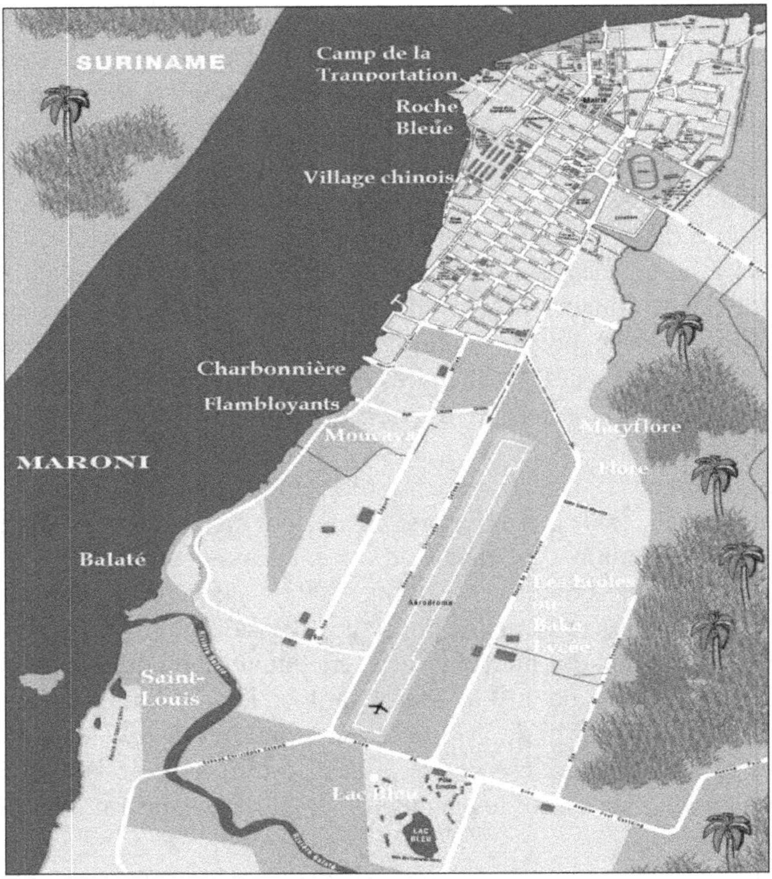

Source : d'après mairie de Saint-Laurent-du-Maroni, 2013.

La lente insertion du projet de relogement des marrons dans la RHI

Jusque dans les années 1970, l'installation des marrons sur les berges du fleuve, espace délaissé par l'urbanisme colonial, ne faisait pas l'objet de projets d'intervention publique. Toutefois, au moment de l'amplification et de la pérennisation des migrations marronnes, les services de l'État envisagent de déplacer les marrons des berges vers l'extérieur du centre-ville, au lieu-dit La Charbonnière – alors un marécage. D'abord envisagé en termes de rénovation urbaine, le projet est progressivement rattaché aux politiques de RHI, pour lesquelles des outils spécifiques à l'Outre-mer voient le jour : parcelles viabilisées dès les années 1960, applications locales de la RHI facilitées par la création de la Ligne budgétaire unique pour le logement en Outre-mer en 1978, puis « logement très sociaux » en 1981. Après avoir retracé l'histoire de ces différentes innovations, je montrerai comment le projet de logement des marrons de Saint-Laurent-du-Maroni est progressivement rattaché à ces orientations politiques nationales.

La création d'outils de lutte contre l'habitat insalubre en Outre-mer

Dès les années 1950, en Algérie française, des politiques d'habitat « adapté » avaient permis la construction de logements « musulmans » (de Barros, 2005). L'Outre-mer continue de fonctionner comme un laboratoire sous la Ve République. Les crédits de la loi Debré de 1964 sur la résorption des bidonvilles sont prioritairement dirigés vers ce département en 1965 et 1966[6], avant de financer les opérations de suppression des grands bidonvilles de métropole. En parallèle de ces opérations, durant les années 1960, les idées d'autoconstruction et d'accession à la propriété passent progressivement sur le devant de la scène : à une époque où le logement social est principalement locatif, faire accéder les « pauvres » à la propriété est novateur. Même si des expériences de ce type sont réalisées en métropole, comme le projet en autofinition par les bénéficiaires portugais en 1970 à Goussainville, l'Outre-mer est un lieu privilégié d'expérimentation de ces idées nouvelles. Un réseau de professionnels de l'habitat engagent une réflexion réformatrice sur l'habitat social, y compris au sein du ministère de l'Équipement, tandis que des fonctionnaires locaux mettent en œuvre une série d'expérimentations, autour des parcelles viabilisées, puis des applications locales de la RHI, et enfin de la construction de « logements très sociaux ».

L'idée de parcelles viabilisées est une variante de la rénovation urbaine en Outre-mer, qui prévoit un relogement en accession à la propriété au moindre coût pour l'État. Dès 1961, à la Réunion, un entrepreneur invente les « cases Tomi », qui permettent la mise en œuvre d'un habitat social individuel, en accession à la propriété, fabriqué en série. Le système des parcelles viabilisées proprement dit est inventé en Guadeloupe lors de l'opération de rénovation urbaine de l'assainissement à Pointe-à-Pitre, commencée en 1964. Jacques Maurice, un ingénieur des travaux publics de l'État (ITPE) alors responsable du groupe d'étude et de programmation de la DDE de Guadeloupe, décide, avec le patron de la

---

[6] Ministère de l'Environnement et du Cadre de vie. Direction de la construction. Bilan des procédures d'intervention de l'État dans la résorption d'habitat insalubre. Novembre 1978. IAURIF, division habitat équipement. Étude réalisée par Catherine Larnicol, sous la direction de Joseph Berthet (CDU 18828).

société immobilière locale, la SODEG, de déplacer les cases autoconstruites d'un site insalubre vers des parcelles préalablement pourvues en réseaux de voirie, d'eau et d'électricité[7]. Par la suite, Jacques Maurice deviendra directeur de l'Équipement à Mayotte, puis en Guyane, et tirera les leçons de cette première expérience d'habitat « adapté » à l'Outre-mer. Il note que les enquêtes de satisfaction ont révélé que les habitants auraient préféré garder leur organisation en *clusters* familiaux[8].

En 1973, la RHI est étendue aux départements d'Outre-mer (DOM[9]). Ces crédits sont utilisés par les urbanistes réformateurs travaillant dans les DOM-TOM, qui sont souvent partis très jeunes en Outre-mer en tant que « Volontaires à l'Aide Technique », un statut financé par le ministère en charge de l'Outre-mer pour faciliter les embauches. Cette « mouvance » réunit des urbanistes et architectes comme Léon Attila Cheyssial, ou les architectes de la Faculté de Grenoble, mais aussi des patrons de sociétés du bâtiment[10]. Ils sont inspirés par Hassan Fathy, architecte égyptien dont l'ouvrage *Construire avec le peuple* traite de l'autoconstruction en terre, réalisée dans le respect des « traditions » égyptiennes. Une expérience de l'autoconstruction en terre est menée à Mayotte lorsque Jacques Maurice y est nommé directeur de l'Équipement en 1976[11]. Ce projet est soutenu par le directeur de l'Urbanisme et de la Construction, Jean-Michel Bloch-Lainé, et par son adjointe, Edmée Crivelli, sensibles au thème de l'accession sociale à la propriété. Les réflexions des acteurs d'Outre-mer ont donc aussi des soutiens métropolitains. En Guyane, le groupe de travail sur la RHI, fondé en 1975, se concentre sur des opérations sur l'île de Cayenne, et ne prend pas en compte le cas de Saint-Laurent-du-Maroni[12]. L'application de la RHI est surtout pensée pour les bidonvilles des Antilles, où les habitants des bidonvilles sont créoles et Français

---

[7] Entretien avec Jacques Maurice du 16 mars 2012.

[8] La loi Vivien de 1970 instaurant la résorption d'habitat insalubre (RHI) permet la suppression des grands bidonvilles de France (Blanc-Chaléard, 2008). Cette politique prévoit que le ministère de l'Équipement subventionne à 100% le déficit des opérations d'aménagement comportant la résorption des bidonvilles et le relogement sur place ou à proximité de leurs habitants. Les derniers bidonvilles de métropole sont éradiqués dans les années 1970, et le groupe interministériel permanent chargé de l'application de la loi Vivien disparaît en 1976, remplacé par le Fonds d'aménagement urbain, renommé Fonds social urbain en 1984. En Outre-mer, toutefois, les bidonvilles continuent d'exister en tant que catégorie d'action publique.

[9] Centre de documentation urbanisme, bulletin du groupement interministériel permanent pour la résorption de l'habitat insalubre n°13, octobre 1974, La RHI dans les DOM, p. 4.

[10] Entretien avec Jacques Maurice du 15 mars 2010.

[11] *Ibid.*

[12] *Bulletin du groupement interministériel permanent pour la résorption de l'habitat insalubre,* n°13, Centre de documentation sur l'urbanisme, octobre 1974, p. 15.

(SMUH, 1976), et non pour la Guyane où beaucoup sont étrangers, voire apatrides.

Avec la « ligne budgétaire unique » créée en 1978 dans le budget du ministère de l'Équipement et du Cadre de vie, le financement des aides publiques au logement dans l'Outre-mer est rendu plus accessible. En 1981, une nouvelle formule de financement de l'accession à la propriété pour les plus défavorisés est créée, le « logement très social » (LTS). À la Réunion, sous l'impulsion du DDE Serge Dutruy, deux types de LTS sont créés : le LTSf avec une participation financière, livré entièrement terminé ; et le LTSn avec une participation en nature, qui est à finir par l'accédant. Pour la Guyane, une troisième catégorie de LTS est créée en 1983 pour les « populations tribales », appelée « produit intermédiaire » (PI) : les matériaux sont financés à 100%, et la main-d'œuvre formée par l'attributaire, (Bertile, 1985). En 1986, les LTS sont remplacés par les « logements évolutifs sociaux » (Benzaglou, 2010). Ces différents outils permettant de financer des projets participatifs seront utilisés à Saint-Laurent-du-Maroni.

Les premiers projets de déplacement des marrons

Les premières réflexions sur l'habitat des marrons de Saint-Laurent-du-Maroni émanent de différents services de l'État, soucieux du bien-être des marrons, qu'ils appellent désormais « Boni », à la place de la dénomination péjorative « Bosh » alors en vigueur. En 1974, les services de l'État incluant la Direction départementale de l'agriculture (DDA), la Direction départementale de l'équipement (DDE) et la préfecture élaborent un plan de déplacement[13]. L'opération est envisagée comme rénovation urbaine, financée aux deux tiers par l'État et au tiers par la municipalité. Une première étude de la DDE revalorise l'image des marrons, dont elle rappelle la « propreté[14] ». L'appellation « Boni », nouvelle et supposée valorisante, ne signifie pas pour autant le rejet de stéréotypes primitivistes : le rapport consubstantiel des marrons au fleuve doit être respecté lors du déplacement de ces populations à La Charbonnière, terrain situé au sud de la ville, au bord du Maroni. En outre, selon ce projet, le relogement devait être effectué sur des parcelles viabilisées, ce qui témoigne de l'influence des idées nouvelles sur le relogement en autoconstruction. Il reste toutefois lettre morte : en

[13] Arch. Subdi. DDE, Charbonnière, Genèse, dossier intitulé "relogement des populations primitives de la météo", lettre du 29 avril 1975 du DDE au directeur départemental de l'Agriculture.

[14] Arch. Subdi. DDE, Charbonnière, Genèse, dossier intitulé "Relogement des populations primitives de la météo", Yves Chevallier, « Relogement des Bonis de la Roche Bleue », étude jointe à la lettre du 31 janvier 1975 du groupe d'étude et de programmation à M. Delgado.

l'absence de soutien de la municipalité créole, ce projet n'est pas mis en œuvre.

C'est à partir de 1980 que le responsable de la cellule habitat de la DDE, René Quaranta[15], entreprend de monter une opération RHI à Saint-Laurent-du-Maroni, élaborant un plan pour la « transplantation » des populations Boni[16]. À cette époque, le projet de démolition des quartiers marrons est lié à celui de la rénovation du Camp de la Transportation, l'ancien bagne, qui jouxte les berges : ce bâtiment historique, racheté par un entrepreneur, est loué à des créoles pauvres, considérés par les autorités comme des squatteurs. Sa rénovation à titre de monument est préconisée par les architectes depuis les années 1960. Des études préliminaires sur les bidonvilles marrons et l'ancien bagne sont donc commandées par la DDE en 1980 à un cabinet d'architectes et urbanistes, le groupe de recherche en aménagement et programmation (GRAP). Ce groupe préconise la réhabilitation du Camp de la Transportation, et le maintien sur les berges d'une partie de la population marronne : les « villages insalubres » doivent être réaménagés, et non rasés. Toutefois, la municipalité de Raymond Tarcy ne souhaite s'engager ni sur la réhabilitation du Camp de la Transportation, témoin d'un passé qu'il préfère oublier, ni sur des projets de logement social en faveur des marrons, population vivant en marge et ne votant pas, à l'époque.

Malgré cette réticence initiale du maire, le montage du dossier de RHI commence en 1981 : la DDE convainc le responsable du service foncier de la mairie, Bérange Sainte-Luce, favorable au déplacement des marrons[17]. La commune délibère en février 1981 sur l'acquisition des parcelles disponibles pour le relogement à La Charbonnière[18]. Le 28 septembre 1981, le conseil départemental d'hygiène donne un avis favorable à la prise d'un arrêté préfectoral déclarant l'insalubrité des parcelles des berges[19]. Le périmètre insalubre défini par l'arrêté préfectoral du 7 juin 1982[20] inclut les berges et le Camp de la Transportation, et des

[15] René Quaranta, au départ attaché administratif à la DDE de la Réunion, est devenu un spécialiste des questions d'habitat, proche du DDE de la Réunion, Serge Dutruy. Après son passage en Guyane, il est nommé à la tête de la Société immobilière de Mayotte, créée par Jacques Maurice à la fin des années 1970. Selon Jacques Maurice, il fait partie des « protégés » d'Edmée Crivelli, libres d'expérimenter de nouvelles formules en matière de logement dans l'Outre-mer.

[16] Arch. Subdi. DDE, plan du 23 mai 1980 par la DDE, Quaranta et Huerre : transplantation des populations bonies au lieu-dit « La Charbonnière ».

[17] Entretien avec Bérange Sainte-Luce du 5 mars 2012.

[18] AC Dossier pour le conseil du 14 février 1981, rapport au conseil municipal n°3-81/Agar.

[19] Arch. Subdi. DDE, procès-verbal de la réunion du 28 septembre 1981 du conseil départemental d'hygiène.

[20] Arch. Subdi. DDE, arrêté préfectoral n°1209 1D/2B du 7 juin 1982 sur le périmètre insalubre.

subventions du Fonds d'aménagement urbain sont attribuées aux deux opérations. Ainsi, l'opération des berges du Maroni est progressivement inscrite avec celle du Camp de la Transportation dans la politique nationale de RHI. Le rapport de 1984 sur le logement en Outre-mer reconnait désormais la spécificité du cas guyanais, où les zones de bidonville de Guyane « *s'opposent au tiers urbain normal* » (Bertile, 1985, p. 116), et où la mise en valeur du patrimoine du Camp de la Transportation peut servir à résorber l'insalubrité (Bertile, 1985, p. 305). Toutefois, la RHI ne sera mise en place sur le terrain qu'après l'alternance municipale de 1983.

L'appropriation de la RHI par les acteurs locaux

En 1983, l'élection de Léon Bertrand à la fonction de maire marque le début d'une réappropriation de la RHI par la municipalité. Tandis que la rénovation du Camp de la Transportation est remise à plus tard, le déplacement des marrons devient une priorité. L'objectif de l'opération La Charbonnière devient la « libération », voire la « reconquête » des berges du Maroni, et non le maintien sur place des habitants : la mairie profite du financement étatique pour rénover son centre-ville et en éloigner les habitants des quartiers marrons. Si la DDE reste en charge de la construction du nouveau site – et du financement principal de l'opération –, c'est la municipalité qui prend la responsabilité politique de la démolition, et gère les relations avec les habitants. En outre, les habitants eux-mêmes s'emparent des faibles marges de manœuvre dont ils disposent dans ce projet : la mise en œuvre de l'opération suppose un changement de catégorisation des marrons : ces groupes transfrontaliers, jusqu'alors avant tout considérés comme étant « du fleuve », et pour beaucoup apatrides, c'est-à-dire sans papiers d'identité français ni surinamais, doivent désormais être rattachés à une nationalité. Ce processus de recensement et classification des populations marronnes repose en partie sur les déclarations des principaux concernés, ce qui leur permet de se réapproprier l'opération à leur échelle.

La municipalité impose l'objectif de démolition complète des quartiers marrons

Lorsque Léon Bertrand (RPR) gagne l'élection contre son prédécesseur socialiste Raymond Tarcy en 1983, la question de la résorption de l'habitat insalubre des berges et du Camp de la Transportation adjacent est au cœur des débats : tandis que Raymond Tarcy était favorable à une démolition complète des vestiges du bagne, mais peu enclin à entreprendre une opération de relogement des habitants marrons, Léon

Bertrand s'engage en faveur de la réhabilitation du Camp de la Transportation au titre du patrimoine, ainsi que pour un relogement des marrons à La Charbonnière. Dès l'élection de Léon Bertrand, l'opération de La Charbonnière est placée parmi les priorités de la municipalité : l'ancien responsable du service foncier, Bérange Sainte-Luce, qui avait soutenu ce projet dans les années qui précédaient, est nommé secrétaire général de la mairie. Quelques semaines après, le conseil municipal vote la création d'une commission FAU (fonds d'aménagement urbain[21]). En octobre 1983, une nouvelle étude statistique est réalisée dans les quartiers du front de fleuve par la DDE[22], et s'accompagne des premières réunions d'information des bénéficiaires du projet.

L'objectif du projet change : il s'agit désormais, avant tout, de supprimer les « villages insalubres », qui « *constituent une ceinture insalubre très dense qui ferme l'accès au fleuve de la ville*[23] ». Alors que la DDE aurait souhaité « dédensifier » l'occupation des berges[24], c'est l'objectif municipal de démolition complète qui est finalement poursuivi. Le diagnostic d'insalubrité ne suffisant pas à justifier l'éviction des marrons, l'éradication des « bidonvilles » est justifiée par des raisons sanitaires, esthétiques et sécuritaires. L'impératif sanitaire devient une justification dans un objectif de reconquête des berges par les autorités[25]. En complément de l'argumentaire hygiéniste, des préoccupations sécuritaires de contrôle de la frontière sont invoquées. Le déplacement a enfin pour justification principale l'aménagement esthétique du centre-ville, qui est lié à la rénovation du Camp de la Transportation, même si elle reste de l'ordre du projet et n'est pas mise en œuvre dans l'immédiat.

---

[21] Archives municipales, délibération du conseil municipal du 26 avril 1983.

[22] Arch. Subdi. DDE, octobre 1983 : Les villages des berges à Saint-Laurent-du-Maroni, rapport d'enquête.

[23] Arch. Subdi. DDE, 20 septembre 1984 : note du chef de l'arrondissement urbanisme et construction pour le DDE au préfet.

[24] Arch. Subdi. DDE, commission FAU 7 du 23 mai 1984.

[25] Arch. Subdi. DDE, 20 septembre 1984 : note du chef de l'arrondissement urbanisme et construction pour le DDE au préfet.

PHOTOGRAPHIE DU QUARTIER MARRON DES BERGES DERRIÈRE L'HÔPITAL

Archives personnelles de Jean-Pierre Wieczorek, 1984.

Dans un premier temps, les projets de relogement des services de l'État, dits « adaptés » aux marrons, ne remportent pas l'adhésion de la municipalité. Léon Bertrand se souvient qu'il trouvait « comiques » les sociologues participant aux premières réunions de la commission, dont certains voulaient préserver la tradition marronne[26]. Bérange Sainte-Luce, à l'époque secrétaire général de mairie, exprime une franche hostilité envers ces « *ethnologues* [*qui*] *viennent nous dire comment les noirs marrons veulent vivre* », alors que les membres du conseil municipal savent comment vivre avec leurs « compatriotes[27] ». Pour les élus de la municipalité, le relogement des marrons permet de les « civiliser », en les sortant de leur habitat des berges, qualifié de « sauvage[28] ». Au départ, cette œuvre civilisatrice passe aussi par la construction d'une église : nombre de conseillers municipaux sont liés à l'Église catholique, notamment en ce qui concerne le rapport paternaliste aux « populations tribales ». Toutefois, le projet d'église est incompatible avec les projets de la DDE, et est rapidement abandonné, au profit de la construction d'un grand marché[29]. Finalement, la municipalité finit par se rallier à l'idée d'un relogement adapté, et change de secrétaire général : le maire s'est

[26] Léon Bertrand, 20 mars 2012.
[27] Bérange Sainte-Luce, 3 avril 2012.
[28] Entretien avec Marie-Thérèse Morel, 22 mars 2012.
[29] Arch. Subdi. DDE, 20 octobre 1987 : structure polyvalente de La Charbonnière, note explicative, 2. p.

laissé convaincre par la DDE de l'intérêt de créer un « village marron », dans une visée de développement touristique[30].

L'appui politique de la municipalité aux urbanistes de la DDE

La mairie et la DDE ne poursuivent donc pas tout à fait les mêmes objectifs, mais ont besoin l'une de l'autre pour mettre en œuvre la RHI. Elles collaborent au sein de la commission FAU, qui se réunit toutes les deux semaines de 1984 à 1989, pour suivre l'opération : elle rassemble le maire et ses principaux collaborateurs, ainsi que les agents de la DDE, mais aucun habitant marron. Le financement de l'opération est partagé : le foncier est racheté ou exproprié par la mairie, et l'aménagement des terrains à La Charbonnière est financé à 57% par le Fonds d'aménagement urbain, à 12,5% par la commune, à 4,5% par le Fonds national de développement des adductions d'eau, et à 26% par les attributaires[31] (en argent ou en nature). La mise en œuvre comme le financement sont donc répartis entre la mairie et la DDE : tandis que la DDE mobilise ses moyens humains et techniques pour la mise en place du chantier, la mairie prend en charge les démolitions. Elles sont décrites par les élus comme un moment solennel, en présence de l'équipe de la mairie et de la RHI, mais aussi du sous-préfet et des gendarmes.

Dans le même temps, la DDE laisse aux élus communaux l'essentiel du travail relationnel avec les habitants, et du choix des attributaires. Les élus se rendent en personne sur les berges du Maroni, pour informer les marrons du projet : Léon Bertrand parle le *sranan tongo*, et peut donc facilement communiquer avec eux. Les habitants ne sont pas associés aux prises de décisions, et leurs éventuelles revendications sont rejetées. Il arrive que des conflits voient le jour avec des habitants lorsqu'un attributaire refuse de venir signer son dossier ou qu'il conteste le modèle architectural choisi pour le relogement, la personne est alors directement interpellée par le maire ou un de ses adjoints, qui connaissent les habitants personnellement.

De plus, la mairie choisit des intermédiaires marrons pour défendre le projet. Léon Bertrand s'appuie ainsi sur les autorités coutumières lorsqu'il se rend dans les quartiers des berges pour informer la population. L'interlocuteur choisi pour le projet est le capitaine Aluku Marcel Doye, qui l'avait aidé à faire ses premières campagnes politiques de 1982 et 1983 auprès des premiers Aluku électeurs. Pour l'opération, il est recruté en tant qu'ouvrier du chantier, dont la mission sera notamment de faire circuler l'information vers les habitants. Pour autant, il n'est pas

[30] Entretien avec Marie-Thérèse Morel, 22 mars 2010.

[31] Arch. Subdi. DDE, AUC/UO, fiche d'opération du 26 mai 1986.

associé aux décisions : ses aspirations à accéder à une maison moderne en dur, plutôt qu'à une maison triangulaire en bois, ne sont pas prises en considération.

Un relogement « adapté » à la culture des marrons

Le projet de délogement des marrons va de pair avec celui du relogement. Dès la genèse du projet, les fonctionnaires métropolitains de l'habitat imaginent un habitat adapté à la « culture » des marrons, telle qu'ils se la représentent : ils s'appuient notamment sur les travaux de l'ethnologue Jean Hurault concernant ceux qu'il appelait « Noirs réfugiés », « Africains de Guyane », et plus anciennement « primitifs ». Le projet de La Charbonnière est dit d'habitat « adapté » : ce terme, fréquemment cité par Jacques Maurice, s'est imposé au cours des années 1980 : il apparait dans les brochures sur La Charbonnière en 1986[32]. Il renvoie tantôt à une spécificité culturelle dans la conception des logements, tantôt à un souci d'adapter le coût du logement aux populations les plus démunies, au travers de nouveaux produits financiers réduisant ce coût. Le projet comporte une dimension éducative : d'une part, l'autoconstruction permet aux habitants d'accéder à la propriété, tout en leur fournissant un travail de constructeur ; d'autre part, le logement « adapté » doit enfin leur permettre de retrouver leur culture originelle. La réception du projet par les marrons est très mitigée, ce qui explique l'abandon rapide de ces principes.

Un procédé de construction « adapté » aux marrons : l'autoconstruction

Les architectes métropolitains du GRAP, Léon Attila Cheyssial[33], Bernard Chatain et Anne Hublin, avaient préconisé une nouvelle méthode pour la mise en œuvre de cet habitat (GRAP, 1981). Il s'agissait de faire participer les artisans locaux, avec le montage d'un atelier de production. Encadrés par une équipe d'assistance architecturale et d'encadrement technique composée de Compagnons du devoir et du tour de France, des artisans locaux seraient formés à des techniques modernes de

---

[32] Arch. Subdi. DDE, Direction départementale de l'équipement, *Guyane française, « politique de résorption des bidonvilles »,* mars 1986.

[33] Ces architectes métropolitains sont des spécialistes de l'habitat en Outre-mer : Léon Attila Cheyssial et Bernard Chatain avaient travaillé ensemble, d'abord comme Volontaires à l'aide technique à la DDE de Guadeloupe, avec Jacques Maurice. Ils ont ensuite collaboré avec ce dernier sur les projets d'habitat en terre à Mayotte, avant de réaliser cette étude sur Saint-Laurent-du-Maroni.

production[34]. Cette méthode est directement inspirée des expériences de relogement menées par le directeur de l'Équipement de Mayotte de l'époque, Jacques Maurice[35], auxquelles l'auteur de l'étude, Léon Attila Cheyssial, a participé. Cette collaboration avec les Compagnons, embauchés comme « Volontaires Civils à l'Aide Technique », avait été suggérée par Edmée Crivelli, du ministère de la Construction[36]. Alors que pour le projet de Mayotte le matériau principal était la terre, les auteurs conseillent d'utiliser ici le bois local, en utilisant les savoir-faire des marrons.

Ce dispositif sera finalement mis en œuvre après la nomination de Jacques Maurice en Guyane. Il repose sur l'idée que les pauvres, comme les populations tribales, disposent de temps, à défaut de moyens financiers. Il faut donc les encadrer de manière à « *mobiliser le temps pour eux*[37] ». Le travail fourni par des autoconstructeurs supposés oisifs est la condition de l'accession à la propriété, qui responsabiliserait les individus et leur permettrait de devenir des citoyens. La Charbonnière constitue la première grande opération de ce type en Guyane.

La construction est réalisée en plusieurs étapes : l'ossature est assemblée, puis érigée par les ouvriers du chantier, encadrés par les Compagnons. L'autoconstruction est limitée dans ce projet : le modèle étant le même pour tous. De plus, la DDE choisit de réaliser des toitures en bardeaux de bois, bien que cette technique soit absente des procédés de construction coutumiers marrons. Il ne s'agit pas d'une technique employée par les marrons, qui privilégient les couvertures en feuille de palme puis en tôle[38]. Face à la réticence des habitants à mettre en œuvre cette technique, c'est finalement une entreprise qui est choisie pour fabriquer les bardeaux. Les Compagnons participent énormément à la réalisation des toitures, ajoutant diverses lucarnes d'architecture rurale métropolitaine. Le grand marché, construit sur les plans d'une église, est aussi une prouesse de charpentier, étrangère à l'architecture marronne. Le procédé constructif est donc éloigné des savoir-faire constructifs des marrons. Pourtant, les formes architecturales sont inspirées des coutumes architecturales marronnes, dans l'objectif de revivifier leurs traditions.

---

[34] GRAP, vol. 1.
[35] Entretien avec Jacques Maurice, 15 mars 2010.
[35] Entretien avec Jacques Maurice, 15 mars 2010.
[37] Entretien avec Jacques Maurice, 15 mars 2010.
[38] MOOMOU, *op. cit.*

Revivifier la culture marronne

L'idée de réaliser un habitat spécifique à la culture marronne est mentionnée dans tous les projets de relogement depuis 1974. Jacques Maurice poursuit cette volonté en choisissant un modèle de logement inspiré de l'architecture coutumière marronne. Dès 1975, les prémices du projet de La Charbonnière sont posées, avec quelques-uns des grands principes qui seront mis en œuvre dix ans plus tard : l'autoconstruction, l'habitat dit « adapté » et la revitalisation culturelle marronne. En 1982, Jacques Maurice fait réaliser un modèle de maison par un étudiant de la Faculté de Grenoble envoyé en immersion sur le Haut-Maroni, Jean-Pierre Wieczorek. Il lui demande ensuite de réaliser un modèle de maison adaptée à la culture marronne, pour La Charbonnière[39]. Ce modèle est une combinaison entre des éléments de l'architecture coutumière et d'autres, conformes aux standards du logement social : « *On voulait retrouver les racines de l'habitat du fleuve, c'est-à-dire la maison triangulaire, à qui on a redonné des dimensions d'habitabilité et de salubrité normales*[40]. »

Ainsi, la forme générale en triangle rappelle l'habitat coutumier, avec pignons en façade et fortes pentes du toit[41]. Ce modèle est critiqué car il constitue un rappel purement visuel de la forme architecturale coutumière, sans pour autant respecter les dimensions réduites ni les fonctions limitées au couchage et au stockage de matériel des maisons marronnes du Haut-Maroni[42].

[39] Entretien avec Jean-Pierre Wieczorek, 29 septembre 2010.

[40] Entretien avec Jacques Maurice, 15 mars 2010.

[41] Arch. Subdi. DDE, Direction départementale de l'équipement, *Guyane française, « politique de résorption des bidonvilles »,* mars 1986, p. 44.

[42] Entretien avec Frédéric Lanjouère-Croux, 11 décembre 2009.

MAISON DE LA PREMIÈRE TRANCHE

Photographie personnelle, 2011.

En outre, le projet des services de l'État est de créer un « village marron » dans la ville. L'étude du GRAP de 1981[43] préconisait ainsi de ne pas délimiter de parcelles privatives pour préserver de nombreux espaces collectifs. Le projet finalement mis en œuvre doit permettre de recréer un « village[44] » sur le modèle des villages du Haut-Maroni, avec des cheminements piétonniers délimitant des « grappes » de maisons. De plus, la structure de la société en ethnies est censée être respectée lors de l'attribution des logements[45]. L'anthropologue Kenneth Bilby constate qu'en 1987 les attributaires Aluku et Ndjuka sont séparés par la route qui traverse La Charbonnière. Ainsi, le projet de La Charbonnière est celui d'un habitat pensé de manière spécifique à la culture des marrons, telle que la perçoivent les agents de l'État, qui sont à l'initiative de ce projet.

---

[43] GRAP, vol. 1 bis.

[44] Arch. Subdi. DDE, Journal de la DDE, 1987. Légende d'une photographie d'enfants jouant devant les maisons : « le village commence à vivre ».

[45] Arch. Subdi.00 DDE, Direction départementale de l'équipement, *Guyane française, « politique de résorption des bidonvilles »,* mars 1986, p.35.

La réticence des attributaires et l'abandon final de l'autoconstruction

Dès le début du chantier, les attributaires sont réticents à commencer les travaux. Ils critiquent la forme triangulaire des maisons, jugée peu pratique[46]. Les habitants auraient en effet préféré une couverture en feuille de tôle[47], qui est d'entretien plus simple que le bardeau, et associée à la modernité. Une délégation de marrons conduite par Marcel Doye, le capitaine Aluku choisi par la mairie comme « courroie de transmission » de l'opération, apporte à la commission FAU des critiques au modèle constructif en décembre 1984[48] et réclame des maisons en dur. En outre, certains attributaires refusent le principe d'autoconstruction, qui suppose selon eux un travail gratuit de leur part. Ces différentes opinions exprimées à la commission ne sont d'abord pas prises en compte dans la conception du projet, qui est mis en place sans modifications.

Au cours de la construction, les travaux sont néanmoins ralentis par l'inertie des habitants : en mai 1986, ils n'ont pas beaucoup avancé : seulement douze logements sont livrés, huit sont en construction[49]. Par ailleurs, l'installation des marrons dans les nouveaux logements ne se fait pas sans appropriations. Ainsi, le modèle des maisons bardeaux lui-même est très rapidement modifié par les habitants pour agrandir l'espace. En dépit des tentatives de règlementation de la mairie[50], des annexes extérieures sont construites, notamment pour y faire cuire la farine de manioc, opération dégageant une fumée épaisse. Les premières années, la plupart des gens continuent de faire leur toilette dans le fleuve[51], de préférence à la salle de bains. Des commerces informels voient très rapidement le jour dans ces annexes aux maisons : salon de coiffure, bars, échoppes. En outre, les attributaires marquent les limites de leur parcelle en construisant des clôtures, alors que le projet de « village marron » prévoyait des cheminements sur les parcelles non délimitées. Ces différentes pratiques déviantes incitent la commission à repenser le projet.

En 1986, une contribution financière des attributaires est ajoutée à leur participation en nature, afin de couvrir les coûts croissants du projet. Le recouvrement de ces « loyers » se heurte à l'opposition des attributaires[52].

[46] Entretien avec Akeli Assiti, dit Da Fishi, 14 avril 2011, avec Etienne Assisti. Transcription et traduction par Guillaume Awasai.
[47] Entretien avec Pierre Neman, du 17 décembre 2009.
[48] Arch. Subdi. DDE, commission 19 du 5 décembre 1984.
[49] Arch. Subdi. DDE, AUC/UO, fiche d'opération du 26 mai 1986.
[50] Arch. Subdi. DDE, commission 67 du 17 mars 1987.
[51] Entretien avec Frédéric Lanjouère-Croux, 11 décembre 2011.
[52] Entretien avec Jean-Pierre Wieczorek, 29 septembre 2010.

Les autorités décident alors de mettre en place la deuxième tranche, renonçant à certains éléments initiaux. L'idée de l'autoconstruction est abandonnée. Le modèle des maisons reste en bois et bardeaux, mais il est agrandi, et prend une forme moins triangulaire ; la construction est ainsi réalisée relativement rapidement, par une entreprise[53]. Ainsi, lors de cette opération, la vision imposée d'un habitat « adapté » aux habitants s'est heurtée à l'inertie des habitants, voire à leur détournement du projet, et a dû être modifiée en conséquence.

À cela s'ajoute, par la suite, l'afflux de réfugiés surinamais déclenché par la guerre civile surinamaise de 1986. La plupart d'entre eux sont des marrons, et s'installent dans les quartiers des berges dont la démolition avait déjà commencé, ainsi que dans les maisons en construction de La Charbonnière. L'accroissement démographique subit bouleverse l'envergure du relogement à effectuer. Les quartiers sur berge sont finalement rasés dans les années 1990 avec des opérations successives de RHI, qui renoncent aux principes d'habitat adapté et d'autoconstruction[54].

Conclusion

La politique nationale de résorption de l'insalubrité a ainsi été appliquée de manière particulière à Saint-Laurent-du-Maroni. La mise en place d'outils spécifiques à l'Outre-mer a permis de mettre en œuvre des projets expérimentaux de logement « adapté » aux habitants. Des solutions particulières sont expérimentées dans les cas marginaux des populations dites « tribales », à Mayotte et en Guyane. Selon Jacques Maurice, les collectivités d'Outre-mer sont finalement le seul lieu où de telles expérimentations ont été possibles[55], en raison de la marge de manœuvre laissée aux agents de l'État par le Ministère, dont certains hauts fonctionnaires partagent cette conception idéalisée du logement social.

Cette orientation nationale est réappropriée de diverses manières par les acteurs du projet de La Charbonnière. Les agents de l'État, porteurs d'une vision humaniste, font de l'Outre-mer leur laboratoire. La municipalité utilise les crédits de la RHI pour reloger en périphérie certaines populations, pour rénover son centre-ville. Enfin, les habitants des quartiers marrons, bien que non associés aux décisions sur le projet, ne le subissent pas complètement : ils se saisissent des occasions d'influencer les décideurs du projet pour redéfinir les catégories appliquées aux marrons, ou adaptent leurs logements à leurs besoins en

[53] Arch. Subdi. DDE, commission 70 du 13 mai 1987.
[54] C2R, mai 1997. Étude pré-opérationnelle de RHI. Village chinois, p. 13.
[55] Entretien avec Jacques Maurice, 15 mars 2010.

construisant des extensions. Ces stratégies conduisent finalement les autorités à ne pas poursuivre ce projet dans ses termes initiaux.

Bibliographie

BARROS F. (de), « Des “Français musulmans d'Algérie” aux “immigrés”. L'importation de classifications coloniales dans les politiques du logement en France (1950-1970) », *Actes de la recherche en sciences sociales*, 2005/4, n°159, pp. 26-53.

BERTILE W., *Le Logement dans les départements d'Outre-mer*, Rapport au Premier ministre, La Documentation française, 1985. Mission confiée (en mars 1983) par Pierre Mauroy, Premier ministre, à Wilfrid Bertile, député de la Réunion. Remis en mars 1984.

BENZAGLOU M., *L'Éclairage des DOM sur la mise en œuvre du droit au logement en France : l'exemple du logement évolutif social*, http://resohab.univ-paris1.fr/jclh05/article.php3?id_article=15, consulté le 1/06/2012.

BILBY K. M., *The Remaking of the Aluku. Culture, Politics and marron Ethnicity in French South America*, John Hopkins University, Baltimore, Maryland, 1990.

BLANC-CHALÉARD M.-C., *Des Bidonvilles à la ville. Migrants des Trente Glorieuses et résorptions en région parisienne*, habilitation à diriger des recherches, Paris I, sous la direction d'Annie Fourcaut, 2008.

COLLOMB G., JOLIVET M.-J. (coord.), *Histoire, identités et logiques ethniques : Amérindiens, Créoles et Noirs Marrons en Guyane*, Paris, Éditions du comité des travaux historiques et scientifiques, 2008.

GÉHIN C., PAULAIS T., *Résorption de l'habitat insalubre en outre-mer,* Paris, Cahiers de la politique urbaine, 2000.

GRAP (Groupe de recherche en aménagement et programmation), Étude DDE/ADUAG ; CHATAIN B. ; CHEYSSIAL L. A ; HUBLIN A. *et al.*, *Villages insalubres à Saint-Laurent du Maroni, août 1981* (vols. 1, 1 bis, 2 bis, 3, 4, 5, plans).

GUYON S., *Du Gouvernement colonial à la politique racialisée. Sociologie historique de la formation d'un espace politique local (1949-2008). St-Laurent du Maroni, Guyane*, thèse pour le doctorat en sciences politiques, Paris I, 2010.

HURAULT J., *Africains de Guyane. La vie matérielle et l'art des Noirs réfugiés de Guyane*, Paris/La Haye, Éditions Mouton, 1965.

HUBLIN A., *Ville marronne et cultures coutumières. Morphologie d'établissements marrons en Guyane française,* Mémoire de synthèse, vol. II, habilitation à diriger les recherches sous la direction du professeur Anne Bride Collin-Delavaud, IHEAL, Paris III, 2002.

MAHNIG H., « La Question de “l'intégration” ou comment les immigrés deviennent un enjeu politique. Une comparaison entre la France, l'Allemagne, les Pays-Bas et la Suisse », *Sociétés contemporaines,* n°33, 1999, pp. 15-38.

MOOMOU J., *Les Bonis à l'âge de l'or et du grand « takari » (1860-1969) : temps de crises, temps d'espoir,* thèse de doctorat dirigée par Bernard Vincent et Myriam Cottias, EHESS, 2009.

PIANTONI F., *L'Enjeu migratoire en Guyane française. Une géographie politique*, Matoury, Ibis rouge Éditions, 2009.

PRICE R., PRICE S., *Les marrons*, Cayenne, Vents d'Ailleurs, 2003.

SMUH (Secrétariat des missions d'urbanisme et d'habitat), *La Politique de l'habitat insalubre dans les départements d'outre-mer, ministère de l'Équipement*, Direction de la construction, Paris, 1976.

Construire la ville acceptable en réponse aux bidonvilles

Mathilde COSTIL et Élise ROCHE

Les récentes expulsions de divers bidonvilles en France ont rappelé que les analyses de Colette Pétonnet n'ont rien perdu de leur acuité. C'est donc en hommage à ses travaux que nous souhaitons analyser les options adoptées pour reloger « ces gens-là ».

Cette contribution interroge la production de la ville fabriquée avec un minimum de moyens. Nous chercherons à analyser en quoi la création dans l'urgence de logements transitoires constitue une réponse à la réapparition des bidonvilles. Au travers d'un cas d'étude situé à Saint-Denis, nous faisons l'hypothèse que ce qui caractérise un logement décent et acceptable, par opposition aux bidonvilles à résorber, fait l'objet d'une définition en actes de la part des acteurs ; nous analyserons ses prolongements opérationnels par la mise en œuvre de sites d'accueil transitoires.

Afin de répondre à la problématique d'errance posée par l'expulsion d'un bidonville de populations d'origine roumaine désignées comme Roms, les acteurs de Saint-Denis (Ville, communauté d'agglomération, préfecture, société d'économie mixte, militants) ont réalisé dans l'urgence, de 2010 à 2012, trois sites transitoires et successifs (cf. figure 1). Le déplacement d'un site à l'autre est lié à diverses contraintes (foncières, politiques...). Ces trois sites transitoires répondent à l'urgence et s'inscrivent dans la volonté de trouver une solution plus pérenne pour ces familles, solution qui est l'objet d'un projet en cours d'élaboration.

Le bidonville du Hanul, construit à Saint-Denis au début des années 2000, était fait principalement de baraques autoconstruites situées sur un terrain compris entre un nœud autoroutier et une voie ferrée. Il s'agit d'un bidonville historique, connu à Saint-Denis, et au-delà. Pour comprendre en quoi la démarche de Saint-Denis constitue une forme d'innovation, rappelons que parmi les réponses existantes pour traiter les bidonvilles aujourd'hui, des villages d'insertion ont été créés, notamment à l'initiative de l'État. Ces implantations (comme celles d'Aubervilliers et de Saint-Denis) sont des projets d'insertion par le logement, proposant un habitat standardisé à une partie des ménages des bidonvilles expulsés, choisie sur la base de son intégrabilité, évaluée par des travailleurs sociaux. En expérimentant des sites autoconstruits et négociés avec leurs habitants, la Ville de Saint-Denis explore une nouvelle voie dans la recherche de réponses aux bidonvilles.

Rappelons, en effet, que les populations issues de Roumanie et de Bulgarie – ayant adhéré à l'Union européenne en 2007 – ont fait l'objet en France de mesures transitoires qui restreignaient leur accès au marché du travail, et de fait à de nombreux droits sociaux (logement, prestations sociales, etc.), jusqu'au 1er janvier 2014.

En analysant le discours des acteurs et les modalités spatiales et techniques des campements[1] légaux réalisés, des éléments de récurrence apparaissent qui tendraient à définir le logement acceptable et tolérable, qu'on appellera un minimum du logement. Nous faisons l'hypothèse que cette mise en tension de conditions défavorables à la production d'un espace urbain « normal » avec une exigence de dignité conduit à la création d'espaces urbains minimum. Ce minimum est le produit d'une pratique que nous qualifions d'intermédiaire, en ce qu'elle ne ressort ni d'une pratique d'urbanisme classique ni d'une absence de contrôle. Cette analyse permet, en négatif, de révéler les fondements des pratiques communes et diffusées du projet urbain[2].

Ce dispositif du minimum du logement fait d'abord l'objet d'une construction de légitimation par le processus de constitution du groupe, et par l'élaboration de catégories d'action publique visant à la production d'un logement « acceptable » et « digne » : il s'agit de construire un minimum du logement qui est relatif à la situation, au public... En examinant les conditions de production de ce dispositif minimum, nous ferons ensuite apparaître en quoi ce processus de fabrication de la ville relève d'un urbanisme intermédiaire.

Cette démarche inductive et cherchant à établir une praxéologie de l'action publique à l'échelle micro s'appuie sur des enquêtes de terrain menées de 2010 à 2012. Cette réflexion à deux voix associe deux approches complémentaires : d'une part, une pratique de terrain participant tant du côté des familles que de l'institution, impliquant une connaissance du projet de l'intérieur, ainsi que des entretiens formels et informels ; et d'autre part, une enquête menée parallèlement par des entretiens qualitatifs auprès des acteurs et une analyse des dispositifs techniques et spatiaux mis en œuvre.

---

[1] L'hésitation terminologique entre les différentes appellations des sites officiels d'hébergement des ménages rend compte du flou catégoriel de cet objet urbain. Elle mériterait à elle seule des développements approfondis. Pour désigner l'installation officielle, nous emploierons ici les termes des acteurs, à savoir : « site », « terrain », « campement ».

[2] Au sens donné par Jean-Yves Toussaint et Sophie Vareilles, cf. TOUSSAINT J.-Y., VAREILLES S., ZIMMERMAN M., *Projet urbain, ménager les gens, aménager la ville*, Sprimont, P. Mardaga, coll. « Architecture », 1998.

Rôle du public et du contexte, un minimum relatif et acceptable

La définition des bénéficiaires : la formalisation d'un groupe distinct

Le processus de définition des bénéficiaires, nécessaire à la mise en place du relogement de cette population, permet la production d'un discours sur le projet qui vise notamment à le rendre acceptable.

Le relogement de la population et la construction d'un projet sur le long terme nécessitent de définir les bénéficiaires de l'action. Dès le départ, la ville affiche sa volonté de construire un projet avec et pour les Roms « du Hanul ». Pour cela, elle souhaite éviter une délimitation arbitraire du groupe, et ne pas fonder le recrutement des ménages sur la notion d'intégrabilité, comme cela a pu se faire pour les villages d'insertion réalisés en partenariat avec l'État.

La définition des bénéficiaires aboutit après huit mois en raison des enjeux qu'elle pose et de la méthodologie retenue. Dans un premier temps, la ville demande aux familles roms d'élaborer elles-mêmes une liste d'attributaires, en respectant un *numerus clausus* (environ une centaine de personnes). Cette méthode suscite alors de nombreux conflits entre les familles et avec la ville, le *numerus clausus* imposé étant en décalage avec le nombre d'ex-habitants du Hanul. Cette démarche donne lieu à une liste jugée peu satisfaisante, notamment parce qu'incomplète, mais fruit d'un travail des familles et des soutiens. La mairie acte cette première liste (pour ne pas rouvrir un débat long et houleux qui a suscité de nombreuses tensions) mais propose d'étudier les dossiers des personnes non retenues. Les élus proposent des critères d'éligibilité, qui sont le temps de présence à Saint-Denis et la scolarisation des enfants dans les écoles dionysiennes avant l'expulsion du bidonville. Des commissions regroupant tous les acteurs – représentants des familles, des soutiens associatifs, des agents et des élus de la Ville – sont chargées d'étudier les dossiers des familles n'étant pas sur cette liste initiale. Cette fois, la ville ne pose pas de limite numéraire au nombre de personnes pouvant intégrer le projet. Aux termes des commissions, une liste de bénéficiaires qui fait consensus est établie : elle compte deux cent cinq personnes, soit cinquante familles.

Ainsi, ce travail de définition du groupe de bénéficiaires est revenu à créer un groupe distinct. Les nombreuses autres familles roms présentes à Saint-Denis ont alors un statut différent des Roms dits « du Hanul ». Les critères définis pour choisir les personnes correspondent à l'objectif initial annoncé : réaliser un projet pour les Roms du Hanul. Des critères d'attribution, comme la présence d'enfants souvent retenue notamment pour les relogements de familles sans papiers en squat ou habitat indigne, n'ont pas prévalu ici. C'est un critère territorial qui a primé : la présence sur un bidonville défini de Saint-Denis, le Hanul. Ainsi, la politique de peuplement de ces terrains est marquée par la volonté de ne pas apparaître coercitive ou à vocation assimilationniste, à la différence, parfois, des villages d'insertion, mais elle traduit, dans le même temps, des exigences en matière de normes sociales (la scolarisation des enfants, le respect des règles internes au terrain).

Discours de légitimation du groupe

La délimitation du groupe des bénéficiaires sert de support à la mairie pour produire un discours de légitimation du projet en direction des habitants : la ville agirait ainsi, non pas parce que les familles sont Roms mais bien parce qu'elles sont Dionysiennes de longue date et en difficulté. De plus, ces discours justifient souvent la présence des Roms sur le territoire par les discriminations qu'ils subissent dans leur pays d'origine, et expliquent la situation dans laquelle ils se trouvent par les mesures transitoires qui freinent considérablement leur accès à un emploi légal. Enfin, la mairie explique toujours que les familles sont sur le territoire depuis au moins cinq ans, voire dix ans, qu'elles scolarisent leurs enfants et paient des factures d'eau et d'électricité. Ce faisant, les élus dressent un tableau acceptable de cette population pour en faire une population légitime à recevoir l'aide de la ville[3]. Paradoxalement, la création d'un lieu spécifique à ce groupe défini relève à la fois d'une mise à l'écart, mais aussi d'un accès à une protection et à un minimum. À ce titre, ce lieu rappelle en partie cet aspect du « camp » que Marc Bernardot qualifie d'« espace protecteur ». La contrepartie de la protection est en effet le respect de règles définies avec ou par la mairie.

La relativité du minimum du logement : l'urgence, la pénurie, le souvenir du bidonville

Au vu des différents aménagements sur les sites d'installation, nous pouvons nous demander, d'une part, en quoi ces aménagements constituent une différence entre ces sites d'accueil et un bidonville et, d'autre part, pour qui ce minimum doit être acceptable.

---

[3] Nous pouvons faire ici le parallèle avec ce qu'avait montré Florence Bouillon concernant la plaidoirie des avocats de squatteurs qui cherchent à montrer que leurs clients sont de « vrais pauvres dans le besoin » et donc légitimes. Cf. BOUILLON F., « Le Squatteur, le policier, le juge et le préfet : procédures en actes et classements *ad hoc* », *Déviance et société*, n°2, Genève, Médecine et hygiène, 2010, pp. 175-188.

Quel minimum et quelle différence avec le bidonville ?

La construction d'un minimum acceptable en comparaison du bidonville relève de multiples enjeux. Alors que les familles sont à la rue, l'urgence première est de leur procurer un terrain sûr, à savoir un terrain qui les protège d'une éventuelle expulsion en plaçant le lieu, et donc les familles habitant dessus, sous la protection de la ville[4]. Cette condition permet à tous les acteurs de se projeter dans le futur, mais aussi d'envisager l'aménagement du site. Les dispositifs techniques (sanitaires, électricité, eau) installés par la suite pour l'aménagement du terrain, et ce sur les trois sites, font partie de ce minimum incontesté, minimum qui fait la différence entre un bidonville et les sites d'accueil. Cependant, la délimitation de ce minimum relève autant d'enjeux politiques (jusqu'où faut-il aller ?), que de contraintes techniques (le voltage disponible), ou financières (pour la ville mais aussi pour les familles – pourront-elles payer les factures ?). De plus, les contours de ce minimum sont flous et diffèrent d'un acteur à l'autre. Ainsi, selon les acteurs, certaines améliorations font ou non partie de ce minimum : c'est notamment le cas des douches, que nous aborderons par la suite.

Ainsi, ce minimum n'apparaît tolérable qu'au regard de la situation antérieure des familles et à un moment précis. Ce minimum n'est donc pas digne en soi, il est relatif, acceptable dans l'urgence de la situation et il a donc vocation à être temporaire ou à s'améliorer avec le temps. Il dépend aussi des différents destinataires.

Un minimum acceptable, pour qui ?

Ce minimum doit tout d'abord être acceptable pour les familles et au regard de leur situation, mais pas seulement. En effet, sans remettre en cause la volonté des élus d'apporter de meilleures conditions de vie aux familles, la création de ces sites soulève des enjeux plus larges. Ainsi, ce minimum doit aussi être acceptable pour les riverains, pour les partenaires et pour les acteurs du projet. Enfin, ce projet se doit d'être présentable et exemplaire.

Pour expliciter cela, nous prendrons l'exemple des améliorations du bâti entre le deuxième et le troisième terrain. Alors que sur les deux premiers sites, les familles construisent leur habitation avec des matériaux de récupération, sur le troisième site, la ville fournit des Algecos (baraquements de chantier) et des matériaux neufs (bois, fenêtres, portes...). L'apport de matériaux et d'Algecos engendre une

[4] C'est bien une protection du lieu, qui s'arrête donc au-delà, puisque les personnes peuvent se faire arrêter en dehors du terrain et être alors expulsées en Roumanie.

amélioration importante des conditions de vie des familles. Comment expliquer ce changement ? Bien que les deux déménagements soient planifiés dans un laps de temps similaire, le deuxième s'est organisé de façon plus sereine. En effet, en raison de la situation du deuxième terrain (à cheval sur une autre commune, Épinay-sur-Seine, et proche d'une installation sensible de la SNCF), le déménagement du premier site au deuxième suscite des tensions importantes qui nécessitent le départ précipité des familles six mois après leur arrivée. Les problèmes engendrés prennent donc le dessus sur la préparation de l'installation des familles. Pour la dernière installation, l'État prête le terrain pour une durée de trois ans et signifie par là son soutien. Le contexte sur ce troisième site permet donc d'envisager des améliorations dans les conditions d'aménagement.

De plus, il est important, pour les élus et pour tous les acteurs du projet, que chaque déménagement apporte une amélioration des conditions de vie pour les familles. Le déménagement est vu comme une étape qui rapproche d'un habitat classique. Cependant, l'arrivée de nouveaux acteurs dans le projet, le préfet et d'autres services de l'État, explique aussi le saut qualitatif dans les constructions, et l'impossibilité de faire du bidonville amélioré. En effet, le préfet a explicitement demandé que le bâti soit harmonisé. Il est aussi plus valorisant et éthiquement plus facile pour les personnes qui travaillent sur ce projet de construire ce type d'habitat que d'aider les familles à refaire du bidonville amélioré. Ainsi, du point de vue des acteurs et des partenaires du projet, la qualité de la construction et de ce qui est proposé aux familles est un élément important, pour les familles mais aussi pour eux-mêmes, en tant qu'acteurs du projet.

Par ailleurs, ces sites s'inscrivent dans des quartiers habités. La question de la barrière extérieure opaque ou de la clôture du terrain est une question importante et récurrente sur les deux dernières installations. Ainsi, ces installations se doivent aussi d'être acceptables par les riverains (ce qui ne veut pas dire qu'elles sont acceptées), ce à quoi participe l'amélioration du bâti[5]. Enfin, en termes d'image, avec ce nouveau bâti constitué en partie d'Algecos, la rupture avec le bidonville est vraiment actée. Cette amélioration est un enjeu important qui sert aussi le projet en lui-même. Dans une période où la question des Roms est polémique, le site d'accueil se doit d'être présentable et exemplaire,

---

[5] Titre du communiqué de la Ville de Saint-Denis en février 2012 : « Insertion des habitants roms, Respect des riverains. » Le site est considéré comme *« une étape dans la résorption de l'habitat de type bidonville »* et il est bien différencié *« des campements sauvages qui sont inacceptables pour leurs habitants et les riverains ».*

notamment pour acquérir le soutien au projet des acteurs régionaux et européens.

Ce minimum de logement apporté aux familles est essentiel pour les familles, mais pas uniquement. Ces améliorations semblent nécessaires à tous, notamment parce que c'est une production de la ville qui concerne tous les acteurs et qui doit donc être acceptable pour tous. L'acceptabilité et le minimum se construisent selon les représentations que se font les acteurs de ce qui est acceptable comme condition de logement, selon la situation antérieure des familles, la durée de l'installation, les contraintes budgétaires ainsi que la temporalité de l'urgence[6]. C'est bien l'arbitrage entre tous ces facteurs qui détermine ce minimum de logement et non des règles et des critères « d'habitabilité », qui existent par ailleurs. L'élaboration de ce minimum, acceptable et relatif, repose sur des pratiques de fabrication qui relèvent de l'intermédiarité. En effet, le dispositif organisationnel comme le dispositif technique, qui composent les différents sites d'installation, relèvent d'un urbanisme qui n'est ni habituel ni complètement inédit : il s'agit d'une fabrication de la ville intermédiaire.

Figures du minimum : la fabrication de la ville intermédiaire

Le dispositif organisationnel : un anti-projet urbain

Le dispositif organisationnel se distingue nettement d'une procédure d'aménagement classique. Il est d'abord marqué par un pilotage très politique. Ainsi, l'animation du processus d'installation est largement entre les mains du personnel de « cabinet », autrement dit des emplois liés aux élus, qu'il s'agisse de la Ville ou de la communauté d'agglomération. Le dispositif organisationnel est également spécifique par le grade des participants. Le pilotage administratif est ainsi directement pris en charge par le plus haut fonctionnaire de la municipalité, le directeur général. En outre, les réunions rassemblent les plus hauts responsables des services impliqués dans le projet, c'est-à-dire les services techniques : il s'agit uniquement de cadres ou responsables de services, généralement adjoints. Ils sont réunis de manière hebdomadaire, à l'heure du déjeuner, notamment durant la période de déménagement

---

[6] Pascale Dietrich-Ragon fournit des analyses précieuses sur la question du rapport variable autant que relatif des pouvoirs publics à l'insalubrité, tout en rappelant les trois critères principaux de cette dernière : la santé, l'état du bâti, le rapport à l'intimité et au « chez-soi ». « *Le logement "intolérable" est, de ce point de vue, le logement qui est pensé comme tel par les institutions, même si elles sont, en réalité, souvent bien promptes à le tolérer.* » (p.7, in DIETRICH-RAGON P., *Le Logement intolérable. Habitants et pouvoirs publics face à l'insalubrité*, Paris, PUF, coll. « Le lien social », 2011.

entre les deux premiers sites. Les services mobilisés et leur mode de participation sont également très différents des instances de projet urbain classiques : il n'y a pas de chef de projet, pas de différenciation entre un comité technique ou un comité de pilotage ; les acteurs sont présents sous une forme de volontariat et d'engagement. L'absence au sein de ces instances des services habituellement en charge des publics « atypiques », (Gens du voyage, personnes expulsées d'un logement, éventuellement SDF), participe du caractère spécifique du dispositif.

Ces éléments font apparaître la distance importante de ce mode organisationnel avec celui pratiqué habituellement pour des opérations d'aménagement partenariales. Enfin, ce projet s'inscrit dans des temporalités extrêmement courtes, en comparaison du temps usité en aménagement classique : se décomptant en années en cas de constructions d'habitations, il est ici réduit à quelques mois. C'est en cela qu'il apparaît comme un anti-projet urbain, en entendant le projet urbain au sens de Rachel Linossier et Virginie Jaton, comme un processus multipartenarial, multiscalaire, puisqu'il s'agit d'une gouvernance de projet resserrée sur une échelle microlocale, et un partenariat minimal rassemblant la Ville et la communauté d'agglomération dans ses premières phases. Nous parlerons donc plus volontiers d'anti-projet urbain pour signifier tant la relation au projet urbain que ses caractéristiques divergentes.

Le dispositif technique : grammaire du minimum

Le dispositif technique architectural se caractérise par un urbanisme du minimum. Notons en premier lieu que selon l'architecte, le confort des familles se devait d'être amélioré de déménagement en déménagement. Il indique, en outre, que cette expérience le conduit à revenir à la base de l'architecture : *« Moi je suis toujours sur ces trucs essentiels : des chiottes, de l'eau, de l'élec... En fin de compte, tu te rends compte que c'est ça... »* Nous choisirons ici d'aborder deux de ces éléments du dispositif : les constructions et les installations sanitaires.

Un toit et une parcelle : la « montée en gamme »

Nous avons vu précédemment que l'amélioration de la construction entre le deuxième et le troisième site participe d'une légitimation du dispositif. Il s'agit dès lors de comprendre dans quelle mesure les changements dans les modes de fabrication du dispositif font l'objet en actes d'une négociation permettant de définir une sorte de grammaire de ce minimum du logement, et conduisent à pratiquer un urbanisme de la ville intermédiaire.

Si sur le premier site l'installation est laissée libre, une association d'architectes intervient sur le deuxième site pour veiller à la solidité des constructions. À ce stade, elles sont encore composées de matériaux disparates, récupérés (tôle, plaques de contreplaqué, morceaux d'armoires). Pour le troisième site, il est choisi d'associer l'implantation d'Algecos récupérés d'un ancien chantier à de l'autoconstruction. Un débat anime alors l'équipe sur la question de la préférence des familles : souhaitent-elles un logement se rapprochant d'un logement classique ou la cabane autoconstruite constitue-t-elle un « fait culturel » ? Le saut qualitatif voulu pour le troisième site se traduit notamment au travers des méthodes et matériaux de construction : la construction est, cette fois, très accompagnée par l'équipe d'architectes, et les matériaux de construction sont livrés pour assurer des constructions plus sûres et plus saines. La volonté de la ville de ne pas faire apparaître le contrôle des architectes comme une dépossession des savoir-faire des ménages habitants et les exigences du préfet en matière d'harmonisation du bâti traduisent une position ambigüe vis-à-vis du bidonville, entre respect et processus de normalisation. En outre, ces débats rappellent les attendus des premiers règlements urbains et de l'hygiénisme du XIXe siècle pour établir des règles élémentaires d'urbanisme visant à une meilleure salubrité et sécurité des logements.

Enfin, l'organisation spatiale de ces constructions, guidée par les travaux de l'équipe d'architectes, révèle également une pratique spécifique. Elle est marquée par des récurrences entre le deuxième et le troisième site, et constitue la projection spatiale d'une appréhension particulière de cette microsociété issue du bidonville. L'origine géographique des ménages du terrain a pour incidence une répartition spécifique sur site, spontanément sur le premier, et de manière organisée sur les deuxième et troisième sites : les familles, principalement originaires de trois villes de Roumanie, constituent trois groupes qui recoupent des appartenances à une famille élargie. La répartition des habitations sur les sites se fait ainsi selon les groupes d'originaires, faisant voisiner de préférence les personnes issues de la même ville de Roumanie. Les acteurs du projet font valoir que cela s'est fait à la demande des familles. Outre l'origine géographique, la composition familiale a aussi des effets sur l'attribution des parcelles, dont la taille est fonction du nombre de membres dans le ménage[7].

[7] Entretien acteur association architecte (F) : *« T'as cinq enfants t'as droit à une grosse parcelle, c'est pas parce que t'es plus balèze que tu as le droit à une grosse parcelle. »*

Au travers de ces ajustements successifs, la pratique des acteurs apparaît comme le fruit d'une négociation, d'un bricolage[8] pour rechercher une forme d'habitat intermédiaire entre le bidonville et le logement normal. Cette négociation rend compte d'une oscillation entre, d'une part, indifférenciation républicaine et respect du droit au logement et, d'autre part, politique de peuplement guidée par une gestion de la pénurie et des objectifs de gestion des interactions entre les groupes sociaux. La ville intermédiaire qui voit le jour suite à cette fabrication semble être le fruit d'une « non-politique publique », selon l'expression d'Agnès Berland-Berthon, au sens d'une politique publique sans objectifs définis préalablement, faute d'expériences similaires récentes.

« Les trucs essentiels (...) : les chiottes, l'eau, l'élec... »

Sur le premier site, quatre toilettes étaient reliées au réseau d'assainissement. Sur le deuxième site d'installation, la Ville de Saint-Denis prévoit au départ de construire des toilettes et de les raccorder au réseau. Il est intéressant de noter que le nombre des toilettes prévu varie au cours des plans préalables à la construction du bloc sanitaire. En effet, outre la question du coût de la construction, le calcul préalable tente de définir le besoin en nombre de toilettes en croisant un ratio numérique en fonction du nombre d'unités d'habitation (et non du nombre d'habitants) et du poids relatif des trois groupes d'originaires. Suite à un conflit opposant la municipalité de Saint-Denis à celle d'Épinay-sur-Seine, où se trouve également le terrain, la ville est conduite à abandonner la construction de toilettes en « dur », et choisit d'installer cinq, puis huit toilettes chimiques ainsi qu'un point d'eau. Sur le troisième site, le nombre de toilettes est finalement déterminé par la morphologie des Algecos de chantier qui ont un nombre de sanitaires déterminé (quinze toilettes en tout selon un acteur associatif).

Au-delà du type et du nombre de sanitaires, la question de l'amélioration des conditions de vie passe notamment par l'enjeu de l'accès à l'eau chaude et à la douche. Pour certains acteurs municipaux, élus, la demande d'une douche par les habitants du terrain relève d'une requête supplémentaire, non prévue[9]. Pour d'autres, la question de la douche est créée par les services municipaux, sans fondement auprès des ménages, qui se sont toujours accommodés d'une toilette à la bassine.

[8] BENARROSH-ORSONI N., « Bricoler l'hospitalité publique : réflexions autour du relogement des Roms roumains à Montreuil », *Géocarrefour*, vol. 86, n°1, Lyon, 2011, pp. 55-65.

[9] Au sujet du troisième site, un acteur de l'administration (E) indique : *« Mais juste des sanitaires, pas de douche, (...) sinon il aurait fallu de l'électricité à nouveau, des ballons d'eau chaude... et pour deux cents personnes, voilà... »*

L'enjeu est notamment que le branchement électrique effectué ne peut alimenter des ballons d'eau chaude en plus des usages courants, faute d'une puissance électrique suffisante : l'alternative est donc posée entre la possibilité de disposer d'électricité au quotidien, avec des charges maitrisées par la puissance disponible, ou risquer une saturation du système si l'eau chaude est installée. Si l'absence d'accès à l'eau chaude constitue un facteur d'insalubrité dans un autre contexte, il devient ici critère pour garantir un accès durable à l'électricité à des fins domestiques.

Pour chacun de ces dispositifs techniques, des choix sont donc opérés, qui sont l'aboutissement de tensions entre des normes légales, des représentations des acteurs sur ce que serait le minimum de l'habitat, ce que serait une culture rom de l'habiter, et les dispositifs mobilisables. La pratique des acteurs définit, en actes, un urbanisme intermédiaire : il n'y a ni désordre urbain ni retour à ce qui caractérisait le bidonville pour les acteurs, mais il n'y a pas non plus l'exercice d'un urbanisme standard, en conformité avec les exigences du code de l'habitat, des normes des concessionnaires, les habitudes du projet urbain... Cet ensemble constituant une pratique adaptée de l'aménagement urbain invite notamment à la comparaison diachronique avec les cités de transit[10] et, de manière plus générale, s'inscrit dans la continuité du traitement du logement des migrants[11].

Par leur pratique, les différents acteurs de cette réponse urbaine aux bidonvilles tendent à définir un minimum : celui-ci fait l'objet de tensions entre un objectif et une réalité de moyens, il est le fruit de négociations, et il est relatif (au territoire, à la population, au contexte). Dès lors, cette fabrication des sites d'installation constitue une forme intermédiaire de production de la ville qui oblige les acteurs à revenir aux objectifs initiaux de l'action publique. Ainsi, ces sites d'accueil relèveraient d'un anti-projet urbain, non au sens d'une absence d'urbanité mais plutôt d'une absence des attributs traditionnels du projet urbain.

L'analyse de cette pratique spécifique de réponse aux bidonvilles rend compte de l'isolement des collectivités pour traiter cette question : c'est

---

[10] On pense évidemment à la description qu'en fait Colette Pétonnet, et dont le parallèle a notamment été établi par Olivier Legros (LEGROS O., « Les “Villages roms” ou la réinvention des cités de transit », *Revue Métropolitiques*, 2011, http://www.metropolitiques.eu/Les-villages-roms-ou-la.html, consulté le 3 janvier 2011.) : « *On construisit des cités d'urgence, provisoires, en matériaux légers, au loyer modique (...), simples rez-de-chaussée accolés en ligne et équipés d'un confort minimal.* » (p. 140, in PETONNET C., *On est tous dans le brouillard. Ethnologie des banlieues*, Paris, Galilée, 1979, 1985, 2002).

[11] Examiné notamment par Claire Lévy-Vroelant dans LÉVY-VROELANT C., « Le Logement des migrants en France du milieu du XIXe siècle à nos jours », *Historiens et géographes*, n°385, Paris, SPH, 2004, pp. 147-165.

bien par la pratique que s'opère une définition locale des catégories opératoires. Au plus près du terrain, elle comporte dès lors des risques d'arbitraire et de traitement au rabais, moins décelables ordinairement dans les politiques locales de peuplement, qu'il s'agisse d'attributions de logements sociaux, ou de projets urbains de renforcement de la mixité sociale. Mais le bricolage de cette ville intermédiaire par des dispositifs relevant du minimum n'explore-t-il pas aussi une voie d'expérimentation pour fabriquer la ville tolérable, au plus près d'idéaux sociaux, par un traitement en urgence des effets les plus visibles de l'exclusion urbaine ? Selon nous, cette création d'un « antimonde[12] », espace peu visible, négatif du monde mais nécessaire pour son fonctionnement, traduit l'hésitation des acteurs entre la construction d'un espace relevant du domaine du « social-assistanciel » ou celle d'un espace au-delà de la « zone d'assistance[13] » pour construire une solution temporaire à vocation d'intégration.

Bibliographie

BENARROSH-ORSONI N., « Bricoler l'hospitalité publique : réflexions autour du relogement des Roms roumains à Montreuil », *Géocarrefour*, vol. 86, n°1, Lyon, 2011, pp. 55-65.

BERLAND-BERTHON A., *La Démolition des logements sociaux, une non-politique publique*, Lyon, CERTU, 2009.

BERNADOT M., *Camps d'étrangers*, Bellecombe, Croquant, 2008.

BOUILLON F., « Le Squatteur, le policier, le juge et le préfet : procédures en actes et classements *ad hoc* », *Déviance et société*, n°2, Genève, Médecine et hygiène, 2010, pp. 175-188.

BRUNET R., *et al.*, *Les Mots de la géographie. Dictionnaire critique*, Paris, Reclus, La Documentation française, 1992.

CASTEL R., *Les Métamorphoses de la question sociale. Une chronique du salariat*, Paris, Fayard, 1995, Gallimard, coll. « Folio », 1999.

DIETRICH-RAGON P., *Le Logement intolérable. Habitants et pouvoirs publics face à l'insalubrité*, Paris, PUF, coll. « Le lien social », 2011.

---

[12] Roger Brunet définit ainsi l'« antimonde » : « *Partie du monde mal connue et qui tient à le rester, qui se présente à la fois comme le négatif du monde et comme son double indispensable.* », (p. 35, in BRUNET R., *et al.*, *Les Mots de la géographie. Dictionnaire critique*, Paris, Reclus, La documentation française, 1992.) ; et également Myriam Houssay-Holzschuch. Cette dernière nous conduit, plutôt que d'avoir à choisir entre l'étude du normal ou de l'exceptionnel, à regarder dans quelle mesure les deux interagissent en créant des espaces intermédiaires, à mi-chemin entre normalité et marge, des espaces de marge normalisés, ou des espaces normaux mis au ban (p. 3, in HOUSSAY-HOLZSCHUCH M., « Antimondes : géographies sociales de l'invisible », *Géographie et cultures*, n°57, Paris, L'Harmattan, 2006, pp.3-8).

[13] Cf. pp. 40-41, CASTEL R., *Les Métamorphoses de la question sociale. Une chronique du salariat*, Paris, Fayard, 1995, Gallimard, coll. « Folio », 1999.

HOUSSAY-HOLZSCHUCH M., « Antimondes : géographies sociales de l'invisible », *Géographie et cultures,* n°57, Paris, L'Harmattan, 2006, pp. 3-8.

LEGROS O., « Les “Villages roms” ou la réinvention des cités de transit », *Revue Métropolitiques*, 2011, http://www.metropolitiques.eu/Les-villages-roms-ou-la.html, consulté le 3 janvier 2011.

LÉVY-VROELANT C., « Le Logement des migrants en France du milieu du XIXe siècle à nos jours », *Historiens et géographes*, n°385, Paris, SPH, 2004, pp.147-165.

LINOSSIER R., JATON V., « Les Récitants du projet urbain : territoires et temporalités », in ZEPF M. (coord.), *Concerter, gouverner et concevoir les espaces publics urbains*, Lausanne, PPUR, 2004, pp. 19-30.

PÉTONNET C., *On est tous dans le brouillard. Ethnologie des banlieues*, Paris, Galilée, 1979, 1985, 2002.

PÉTONNET C., *Ces gens-là*, Paris, Maspero, 1968.

TOUSSAINT J.-Y., « Usages et Techniques », in STÉBÉ J.M., MARCHAL H., *Traité sur la ville*, Paris, PUF, 2009, pp. 461-512.

TOUSSAINT J.-Y., VAREILLES S., ZIMMERMAN M., *Projet urbain, ménager les gens, aménager la ville,* Sprimont, P. Mardaga, coll. « Architecture », 1998.

FIGURE 1

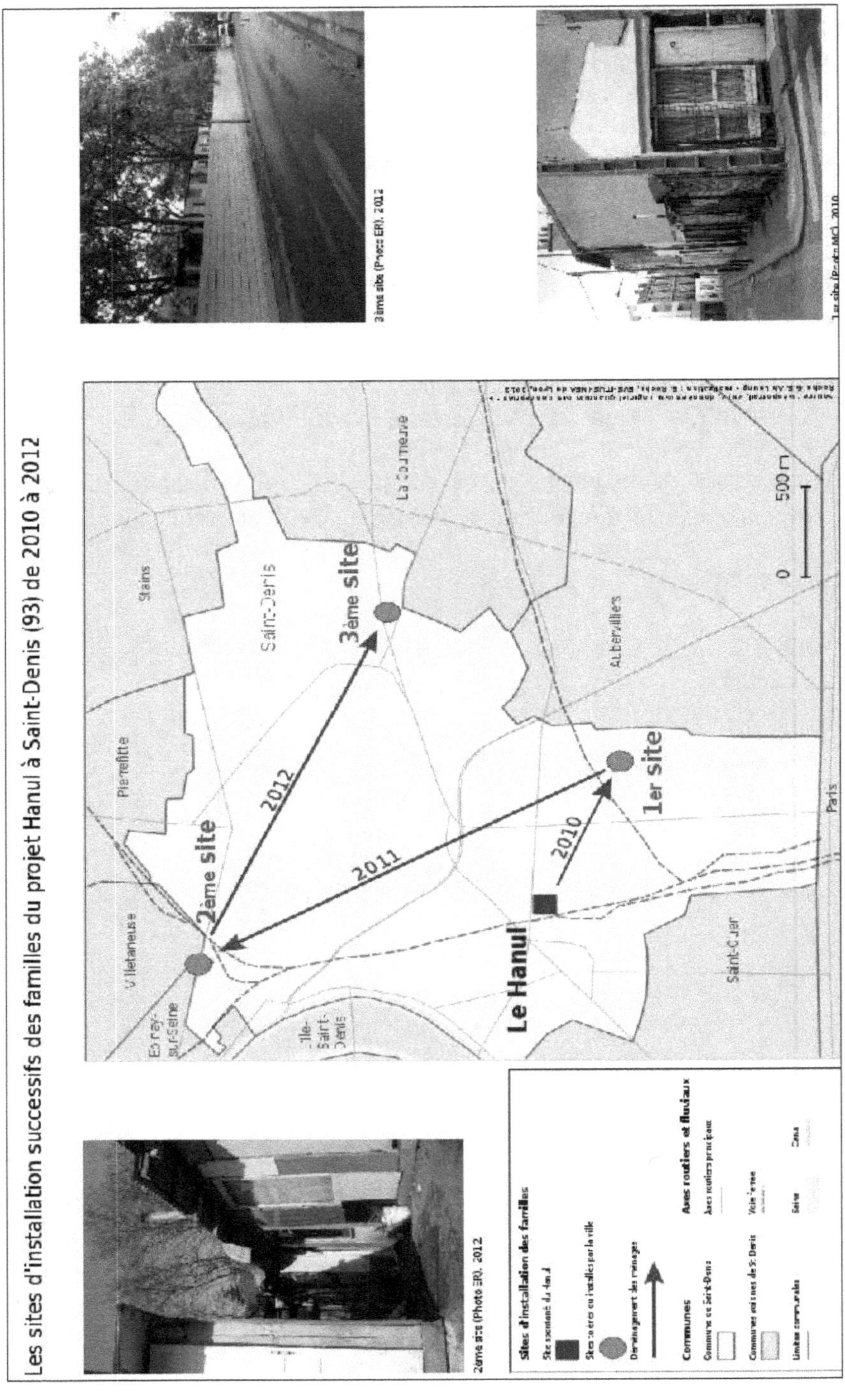

Les sites d'installation successifs des familles du projet Hanul à Saint-Denis (93) de 2010 à 2012
2ème site (Photo ER), 2012
3ème site (Photo ER), 2012
1er site
2ème site
3ème site
Le Hanul
2010
2011
2012
Villetaneuse
Pierrefitte
Stains
Saint-Denis
La Courneuve
Aubervilliers
Saint-Ouen
Paris
0
500 m
Sites d'installation des familles
Communes
Axes routiers et fluviaux

La pensée institutionnelle à l'épreuve des réalités locales, les usages de l'espace dans le quartier de La Colombière, Marseille

Clément TARANTINI

Introduction

La Colombière[1] est un quartier de Marseille investi par la politique de la Ville, classé en zone prioritaire. Mais, à l'inverse des « tours » et des « barres », présentées comme les symboles forts des grands ensembles populaires français, La Colombière présente en son sein des maisons d'une trentaine de mètres carrés, dotées d'une petite cour intérieure abritant très souvent une ou plusieurs caravanes. En effet, dans les années 1950, des familles, dites de « voyageurs », sont venues s'installer sur ce qui était alors un terrain privé, jusqu'à ce qu'il soit racheté par la municipalité afin d'y construire des habitats « adaptés » au début des années 1980. Ces derniers étaient censés offrir aux locataires la possibilité de vivre en maison les mois les plus rudes de l'année et de continuer de « voyager » le reste du temps. Mais personne n'est jamais vraiment reparti et, depuis longtemps, tous sont sédentaires. Deux images fortes se dégagent donc du quartier, celle d'un quartier sensible et prioritaire, objet des politiques de la Ville, et celle d'un quartier tzigane. Ainsi, il est l'objet d'un fort investissement par les différents acteurs institutionnels et associatifs, auquel s'ajoute un intérêt non négligeable pour cette « culture tzigane[2] » et, parfois, les interactions entre professionnels et habitants se traduisent par des rencontres conflictuelles. La question sensible des usages de l'espace est au cœur de ces tensions.

Dans cet article, nous essaierons de comprendre les raisons de certains de ces conflits de l'espace et les façons dont ils sont appréhendés, vécus et traités par chacun. Pour cela, nous poserons les questions suivantes :

[1] Le nom du quartier ainsi que les prénoms ont été changés, cela afin de respecter et de maintenir l'anonymat des personnes rencontrées.

[2] Certains discours savants, largement réappropriés par les institutions et les associations, usent du mot « tzigane » comme d'un terme générique regroupant plusieurs sous-ensembles ethnico-culturels, tels que les gitans, les manouches, les roms, les yéniches, *etc.* Ces discours, au final très peu appropriés par les premiers concernés, poussent souvent le culturalisme à son extrême et entretiennent, à leur insu, les amalgames entre ces différentes « communautés ». Parmi ces amalgames, celui faisant de la question du « voyage » un élément clé de cette nouvelle entité culturelle, puisque tous ne sont pas ou n'ont pas été des « voyageurs ».

quelles sont les différentes pensées de l'espace à l'œuvre dans le quartier, d'une part chez les professionnels et d'autre part chez les habitants ? En d'autres termes, nous nous demanderons par quels processus se construisent et se négocient les rapports à l'espace, et à partir de quels enjeux ils s'expriment et se rencontrent.

Pour répondre à ces questions, nous nous intéresserons tout d'abord à l'investissement de certains espaces du quartier par des métaux et objets issus de la pratique du ferraillage. À partir de là, nous analyserons les pensées de l'espace, « institutionnelles » et « habitantes ». Puis, nous interrogerons les interprétations convoquées par les professionnels pour expliquer la prédominance d'une pensée de l'espace particulière à La Colombière. Nous mettrons ces interprétations, élaborées le plus souvent à partir d'une certaine idée d'une « culture tzigane », en regard avec quelques-unes des réalités socioéconomiques qui traversent le quartier. Enfin, nous procéderons à l'analyse des processus de négociation et des réponses apportées par chacun des acteurs du territoire lorsque ces différentes pensées de l'espace se rencontrent et deviennent conflictuelles. L'étude de certaines réalités socioéconomiques nous permettra d'étayer certains processus de socialisation ayant un fort impact sur les parcours résidentiels des habitants et, par là-même, le bien-fondé des politiques de relogement.

Le présent article est issu d'un travail de recherche anthropologique commencé au printemps 2011 et poursuivi, jusqu'aujourd'hui, dans le cadre d'une commande de la politique de la Ville.

Les différentes pensées de l'espace à l'œuvre dans le quartier

Une pensée institutionnelle révélée dans les espaces publics

La ferraille est une ressource économique particulièrement importante pour les familles et se pratique presque dans chaque foyer. Cette activité se divise en plusieurs phases, dites : de récupération, de stockage (une quantité importante de métaux est nécessaire pour en tirer un bénéfice), de brûlage (pour récupérer les métaux de certains appareils ou objets) et de revente. Les amas de ferraille, conséquence du stockage, et les restes de brûlage prennent alors place dans les cours des maisons, mais aussi sur la voierie ou dans certains espaces spécifiques comme le stade de foot.

Outre les raisons sanitaires, l'investissement par cette pratique économique de certaines aires, que nous qualifions d'« aires éducatives », semble être un problème majeur. Le stade de foot du quartier illustre parfaitement cette situation. Le terrain étant devenu impraticable, les travailleurs sociaux ne peuvent plus y organiser leurs actions. Or, ces aires peuvent être appréhendées comme des brèches permettant la diffusion d'une pensée institutionnelle à l'intérieur même du quartier – nous appelons « pensée institutionnelle » les modalités de pensée et d'action des acteurs professionnels, dans leur globalité. Sa diffusion est alors mise à mal et avec elle la légitimité et la visibilité des professionnels, d'autant plus que le centre social (lieu stratégique de rencontres professionnels/habitants via notamment la tenue de permanences), qui se situe dans une cité voisine, est très peu investi par les habitants. Ces aires éducatives sont donc, d'une certaine façon, les seuls points d'ancrage des professionnels pour accéder aux locataires. C'est précisément à partir de cet enjeu clé que semble se révéler l'un des constitutifs de la pensée institutionnelle de l'espace, puisque l'interprétation des professionnels s'exprime en termes de réappropriation de l'espace public du quartier par les habitants, la question de la privatisation des espaces étant explicitement nommée. Par conséquent, une pensée dichotomique de l'espace est à l'œuvre chez les professionnels ; il serait découpé en espaces publics et en espaces privés. Dans cette logique, nous pouvons désigner comme espace privé du quartier tout ce qui sert de lieu de résidence : les foyers, à savoir les pavillons, les cours, les caravanes. Par exclusion, l'espace public peut être défini comme ce qui ne relève pas de l'espace privé : la voierie, certains espaces « vides », les aires éducatives. La répartition des professionnels du territoire et de leurs rôles témoigne de cette dichotomie. Certains auront la charge de gérer et d'entretenir les espaces publics, quand d'autres, souvent des travailleurs sociaux, travailleront avec les familles sur la gestion de leur espace privé (concernant les démarches administratives, entre autres). Parmi les missions de ces derniers : accompagner et sensibiliser sur l'utilisation quotidienne de son espace privé, et donc sur les manières de faire l'espace et les pratiques d'habiter.

La remise en cause des catégories de l'espace, le point de vue des habitants

Tentons de confronter les réalités habitantes au découpage institutionnel. Ainsi, la structure même de La Colombière questionne l'existence d'un espace public au sens où l'entendent les professionnels. En effet, le quartier est désinvesti de tout commerce, de tout service public, et ne s'y trouvent que des logements. Il est cerclé par un mur. Autour, des friches industrielles, des entreprises, quelques habitations, une autoroute. Il n'est donc en aucun cas en position d'être traversé et investi par des personnes extérieures. C'est en cela que nous pouvons qualifier le quartier d'« espace de l'entre-soi », en ce sens qu'il n'est nullement un lieu à l'usage de tous, et s'il est partagé, ce n'est qu'entre les résidents, leurs proches et les travailleurs sociaux. Cette particularité dans le partage de l'espace réside tant dans l'organisation spatiale du lieu que dans les pratiques des habitants qui, pour certaines, tendent à entretenir une certaine homogénéité sociale entre résidents (*cf. supra*). Ainsi, l'investissement du stade par la pratique du ferraillage prend un sens nouveau si l'on admet que le stade n'est pas « en soi » un espace public. La construction de cet espace de l'entre-soi n'imposerait-elle pas de penser les pratiques de l'espace en d'autres termes ? Quels sens donner à un possible processus de privatisation de l'espace si la configuration géographique construit des usages de l'espace qui érigent le quartier comme un immense espace privé ? Aussi, le rôle économique du ferraillage ne doit pas être négligé dans la relative stabilité qu'il offre aux foyers et, par là-même, dans sa capacité à produire et façonner du territoire, des usages de l'espace, en bref des rapports sociaux. Les possibilités de stocker et de brûler ailleurs sont insuffisantes, voire inexistantes, c'est en partie pour cela que la plupart des espaces doivent servir cette pratique.

Des interprétations « institutionnelles » aux réalités sociales du quartier

Des interprétations culturalisantes

Approfondissons cette question institutionnelle de la réappropriation de l'espace public. Elle s'explique de différentes façons pour les professionnels, le prisme de l'ethnique étant souvent convoqué pour questionner ce phénomène. Ainsi, pour certains professionnels, il résulterait de prétendues cultures « tziganes » et « du voyage » un rapport différent à l'espace, à partir duquel les notions d'espaces public et privé ne seraient que vastes et floues. Chaque individu, façonné par cette appartenance culturelle et ses spécificités, transmises à travers les générations, reproduirait certaines formes de rapport à l'espace. Il me sera donné d'entendre, par la directrice du cabinet d'étude organisateur d'un « diagnostic en marchant », que ce qui constitue l'espace public pour la société englobante, à savoir un espace qui appartient à tout le monde, n'est pas de mise chez ces familles, qui considèrent l'espace public comme « *un espace n'appartenant à personne et donc, qui potentiellement peut m'appartenir*[3] ». Deux conceptions différentes de l'espace public se rencontreraient, générant le conflit. L'une relative à la

[3] Extrait issu d'un entretien enregistré réalisé le 10 avril 2010.

culture commune, englobante, l'autre à la culture tzigane. Une autre interprétation faisant usage du prisme de l'ethnique est à l'œuvre : celle d'une culture tzigane fondamentalement emprunte d'une culture de l'immédiateté. Cette culture de l'immédiateté serait un reliquat de la pratique du voyage qu'ont plus ou moins connue toutes les familles du quartier dans des proportions et des intensités différentes. C'est donc l'imaginaire du voyage qui s'exprime ici, largement véhiculé par des auteurs, souvent romanciers, pour qui la tziganité constitue un thème important. L'un des plus connus est sans doute Jan Yoors, qui raconte son expérience avec un groupe de tziganes et leur pratique du voyage comme mode de vie[4]. Plus récemment, l'ouvrage d'Alexandre Romanès, *Un Peuple de promeneurs. Histoires tziganes*[5], au titre relativement explicite. Ces auteurs développent l'idée du voyage comme une vie au jour le jour, l'image d'un peuple se déplaçant au gré des opportunités et des nécessités économiques. Plus qu'une conception différente de l'espace, c'est ici le rapport au temps qui construit le rapport à l'espace déclencheur de rencontres conflictuelles entre institutionnels et habitants. La construction même du projet serait donc affectée par un certain rapport au temps, une forme de présentisme[6] culturel, puisque la capacité de projection est pensée comme *a priori* inexistante chez les habitants. Flavien, éducateur de rue, m'expliquera qu'il fut embêté tout au long de son travail, tout comme les autres professionnels, par la complexité et la difficulté à mener des projets en intégrant au mieux les habitants, ces derniers ayant du mal à se projeter dans un futur proche ou lointain et n'étant donc pas « fiables » lorsqu'il s'agissait de planifier des rencontres. L'une des raisons pour laquelle l'aire du stade est détournée de ses fonctions premières résiderait dans ce mode de vie au jour le jour, propre aux gens du voyage, aux tziganes. Alors, devant la nécessité à un instant T d'entreposer la ferraille, l'aire du stade, inoccupée, sert à ce stockage. Loin d'être l'apanage des professionnels, cette vision fortement culturalisante est régulièrement appuyée et véhiculée lors de certains évènements culturels. À Marseille, dans le cadre du label « Marseille-Provence 2013 – Capitale européenne de la culture », une exposition intitulée *À la gitane*[7] ne manquait pas de présenter les « gitans d'Arles » comme dépositaires d'une « culture gitane » et de « *valeurs transmises de*

---

[4] YOORS J., *Tsiganes. Sur la route avec les Rom Lovara*, Paris, Payot, 1995.

[5] ROMANÈS A., *Un Peuple de promeneurs. Histoires tziganes*, Paris, Gallimard, coll. « Blanche », 2011. Alexandre Romanès est régulièrement l'invité d'émissions de radio (sur France Inter notamment), ce qui contribue à diffuser, à large échelle, cet imaginaire tzigane.

[6] Nous reprenons en ce terme un concept largement développé par l'historien François Hartog, dans un contexte différent. HARTOG F., *Régimes d'historicité. Présentisme et expériences du temps*, Paris, Le Seuil, 2003.

[7] *À la gitane*, 19/02/2013-17/03/2013, *L'atelier du large*, Marseille.

générations en générations [qui] fondent la culture gitane[8] », érigeant ainsi en faits culturels et folkloriques des réalités sociales aux raisons d'être sans doute beaucoup plus complexes et contrastées. Une photo d'un baptême en extérieur titrait : « *Au temps du nomadisme, les gitans vivaient plus proches de la nature. Les évènements de la vie, ici un baptême, se faisaient en extérieur*[9]. » Nous retrouvons ici les fameux thèmes, chers à ceux qui s'intéressent à cette culture « tzigane » ou « gitane », du voyage, du nomadisme et du rapport à l'extérieur. D'ailleurs, la légende proposée n'est pas sans faire référence à une certaine approche primitiviste, fantasmée et largement relayée de l'origine culturelle de ces « gitans » qui auraient été, un jour, « plus proches de la nature », et dont les mœurs se dégraderaient avec la sédentarisation et donc avec l'assimilation au modèle (occidental) dominant.

Culture de l'immédiateté, les conditions d'une assignation

Nous venons de critiquer l'approche selon laquelle une culture de l'immédiateté prendrait forme dans un rapport étroit des habitants au voyage. Ne nions pas l'existence d'une culture de l'immédiateté à laquelle tous les professionnels ont été confrontés, d'une façon ou d'une autre, mais comprenons-la différemment : comme la résultante d'une instabilité et d'une incertitude du quotidien vécues de façon intense, et entretenues en grande partie par les réalités socioéconomiques qui construisent, dans les milieux populaires, « *un horizon temporel qui est, en général, extraordinairement réduit*[10] ». Denis Merklen parle d'« *une incertitude qui structure l'expérience contemporaine de la plupart des milieux populaires*[11] ». En effet, les très faibles ressources financières dont disposent ces familles les maintiennent dans l'urgence économique. Le fort taux d'endettement en témoigne[12]. À cela s'ajoute l'accumulation de faits et d'incidents à première vue communs, mais les surmonter s'avère d'autant plus difficile que le capital économique est faible et que leur survenue est aléatoire, bien que fréquente. Une toiture qui s'effondre suite à de fortes pluies obligeant les familles à quitter leur logement, un compteur électrique qui brûle privant d'électricité pendant plusieurs jours une demi-douzaine de foyers, des égouts qui remontent et débordent dans

---

[8] *Ibid.*
[9] *Ibid.*
[10] LAÏDI Z., « Le temps de l'urgence », in BOULIN J.Y., DOMMERGUES P., GODARD F. (coord.), *La nouvelle aire du temps. Réflexions et expériences de politiques temporelles en France*, La Tour d'Aigues, Éditions de l'Aube, coll. « Bibliothèque des territoires », 2003, p. 55.
[11] MERKLEN D., *Quartiers populaires, quartiers politiques*, Paris, La Dispute, 2009, p. 228.
[12] À ce sujet : AMPIL, *MOUS La Colombière, Phase 1 : Diagnostic*, avril 2010.

les logements, la liste est longue… Cette dimension de l'immédiateté est également entretenue par l'ensemble des acteurs professionnels, qui construisent l'urgence comme une dimension objective du quartier, à laquelle se chargent de répondre des interventions à court ou long terme. Nous pouvons donc nous demander dans quelle mesure les interventions répondent à l'urgence ou la créent, contribuant ainsi à l'effacement du projet, personnel et collectif. Sans le vouloir, l'urgence n'est-elle pas entretenue par les projets censés la dissoudre, et l'extension de certaines actions *a priori* urgentes sur des temps extrêmement longs n'ajoute-t-elle pas une véritable confusion des temps des projets ? Un projet (très attendu par les locataires) de construction de nouvelles maisons achevé partiellement en 2012 est déjà évoqué dans un document datant de 1998[13] ! Régulièrement remis à l'ordre du jour pendant toutes ces années, cet exemple illustre de manière flagrante cette confusion des temps dans les sphères institutionnelles, et sa répercussion sur les résidents.

L'espace négocié

Les réponses professionnelles à la privatisation des espaces publics

Plusieurs réponses sont évoquées, parfois essayées, pour déclencher un processus de re-publicisation des espaces. L'une d'elles consisterait à surinvestir les lieux par le déroulement d'activités, cela afin d'éviter l'investissement par la ferraille. Montrer que l'espace sert à quelque chose, à autre chose et, qui plus est, aux enfants ; affirmer sa présence et sa légitimité en tant que professionnel et ne laisser de place au ferraillage ni dans l'espace ni dans le temps, par une suroccupation spatiale et temporelle. Cette réponse, impossible à mettre en œuvre, comporte pourtant son lot d'ambivalences. En effet, de telles pratiques ne consisteraient-elles pas à inverser le processus de privatisation ? De quoi parle-t-on alors lorsque nous[14], acteurs du territoire, évoquons les espaces publics du quartier ? Ne sont-ils pas en réalité pensés comme les espaces privés des institutions ? Dans une logique différente, un autre type de réponse consiste à mettre en place des formes d'alliances habitants-professionnels, qui ont pour effet de renvoyer le groupe à une régulation des usages de l'espace en interne, et ainsi de transposer un conflit professionnels/habitants en un conflit entre habitants. Devant l'impuissance institutionnelle, la seule option paraît être l'utilisation de

---

[13] GAUDIN J.-C., maire de Marseille, *Extrait des registres des délibérations du conseil municipal*, séance du 5 octobre 1998.

[14] En tant qu'anthropologue impliqué dans les différents projets portant sur le quartier, je m'inclus dans ce « nous » qui n'est autre que le « nous » des professionnels opérant dans le quartier.

médiateurs et de régulateurs issus d'une communauté perçue, jusque-là, hermétique et résistante aux projets et aux discours des professionnels. Plus qu'une volonté de se déresponsabiliser, il semblerait que ce soit l'inefficacité des politiques ainsi que le sentiment de se trouver face à une altérité indépassable qui prédominent dans l'élaboration de tels dispositifs. Parmi ces propositions, notons celle, régulièrement évoquée, de bloquer l'accès au stade par un portail qui resterait fermé. Les clefs seraient données à quelqu'un que les professionnels considèrent comme une figure d'autorité du quartier. Le stade deviendrait alors un espace non accessible aux ferrailleurs, et ce gardien des clefs n'ouvrirait le stade que pour de « bons usages » (une utilisation à des fins sportives et culturelles et un accès libre aux professionnels pour développer des projets éducatifs, pédagogiques, de sensibilisation, etc.). Ici, la privatisation de l'espace est totale et quasi explicite puisque l'accès est régulé par quelqu'un qui régit les droits d'entrée. Mais cette fois, le processus de privatisation est attribué à un habitant supposé du côté des professionnels, et non des ferrailleurs. Cependant, cette réponse est aussi proposée par les habitants. En effet, la transformation du stade en aire de ferraillage est loin de faire l'unanimité, mais l'interconnaissance et la dimension économique du stade induisent une complexité des positionnements. Une autre réponse, qui a, elle, été expérimentée, consiste en la mise en place de chantiers d'insertion ou de chantiers éducatifs organisés par les éducateurs et généralement financés par des institutions étatiques. Une fois au moins, un chantier d'insertion a concerné la réhabilitation du stade de foot par des jeunes de La Colombière. Plusieurs fois, les éducateurs ont procédé au nettoyage du stade avec des habitants, mais de manière moins officielle. L'idée était d'impliquer des habitants, et en l'occurrence des jeunes (à qui le stade est destiné), dans la restitution des lieux, en nettoyant et en reconstruisant certaines parties du stade. Si à chaque fois l'action a très bien fonctionné sur l'instant, il n'a fallu que peu de temps avant que le stade ne soit de nouveau impraticable. La pensée institutionnelle souhaitait implicitement que les habitants eux-mêmes se réapproprient les lieux. Tout comme dans l'exemple précédent, sous couvert d'une alliance professionnels-habitants, le conflit basculait dans une dimension habitants contre habitants, transposant ici ce qui est perçu comme une résistance sociale et communautaire à l'ordre institutionnel en une résistance intergénérationnelle des jeunes vers les pères qui pratiquent la ferraille. Ce fut un échec car la nécessité de l'économique est partagée par l'ensemble des familles et des générations qui les composent. De plus, par ces actions, ne renforce-t-on pas, de façon paradoxale, la dimension économique du lieu, puisque les jeunes qui participent sont rémunérés et que le taux de demandeurs d'emploi est l'un des plus élevés des territoires prioritaires de la ville ?

La pensée institutionnelle négociée : une attribution des logements inhabituelle

La problématique des espaces détournés n'est pas la seule à mettre la pensée institutionnelle à l'épreuve des réalités locales. En effet, la question du (re)logement et de la circulation résidentielle traduit également un conflit de l'espace et des rapports de pouvoir qui s'expriment dans la question du partage de l'espace. Afin de mieux comprendre l'objet et les raisons de ce conflit, nous allons faire un rapide détour en évoquant certains des processus de socialisation à l'œuvre à La Colombière.

Face à l'incertitude du quotidien, des formes importantes d'échanges se développent et répondent en partie aux conséquences des aléas du quotidien[15], viennent contrer l'imprévisible. Cette force du tissu relationnel s'organise en réseaux d'aides et de services que nous désignons comme des réseaux de solidarités et d'entraides économiques. Michel Agier parle d'une *« forme de lien social* [*qui*] *se réalise, à partir de la parenté, du voisinage, du travail ou de la religion*[16] *»*. Il affirme que *« simultanément, ces relations sociales sont le cadre de la recherche d'emploi, de dons d'argent et de nourriture, d'échanges divers* [...] [*et*] *sont essentielles, voire vitales, pour bon nombre des habitants*[17] ». Comme expliqué plus haut, les exemples d'échanges de ce type sont nombreux, des plus ordinaires dépannages de première nécessité aux hébergements à titre gratuit. D'ailleurs, une assistante sociale, en charge du relogement consécutif à l'incendie de cinq caravanes, en témoigne à sa façon : « *Concrètement, tout ce qui était hébergement d'urgence on n'a pas eu à traiter ils se sont débrouillés tout seuls*[18]. » Nous pouvons alors comprendre que l'un des principaux enjeux auxquels font face les habitants consiste justement à maintenir effectifs ces réseaux d'échanges et d'entraides, qui sont autant de réponses aux difficultés quotidiennes. Aussi, parentés et voisinages sont étroitement liés, et à la proximité spatiale qu'offre l'organisation du quartier se superpose une forte proximité sociale. Cette dernière s'exprime dans les formes ultimes du lien social, à savoir la parenté, chaque voisin étant également un parent.

---

[15] MERKLEN D., *op. cit.*, 2009, p. 218.

[16] AGIER M., *L'Invention de la ville. Banlieues, township, invasions et favelas*, Paris, Éditions des archives contemporaines, 2009, p. 27.

[17] *Ibid.*

[18] Extrait issu d'un entretien enregistré réalisé le 3 mars 2010.

Michel Agier appelle ce processus « *rendre la ville familière*[19] ». Alors, peu importe que cette parenté soit réelle ou spirituelle, ce processus permet de s'assurer du caractère indéfectible, puisque « naturel », des liens sociaux qui sont potentiellement autant de ressources mobilisables. Tout comme à Salvador de Bahia, à La Colombière, la « *familiarisation des relations locales emprunte aussi les voies de la métaphore* [...] [*et aux*] *relations strictement familiales* [...] *s'ajoute un usage généreux des termes de parenté*[20] », comme le révèle l'emploi quasi systématique des termes « cousin » ou « cousine » pour désigner un proche (et un voisin).

Si la familiarisation de la ville procède implicitement de l'organisation et du renforcement des liens sociaux, une pratique, illégale mais tolérée par les professionnels, exprime très explicitement la nécessité de maintenir ces réseaux de solidarités et d'y rester ancré. Elle consiste à se substituer au bailleur social quant à l'attribution des logements vacants et des emplacements. Nous pouvons donc observer une forte circulation résidentielle des familles à l'intérieur même du quartier, ainsi que l'arrivée de nouveaux ménages choisis par des habitants. Ce sont évidemment les liens de parenté qui régissent les échanges et les accès au logement. Les habitants se « passent » alors tout simplement les clefs. Il est toutefois fréquent que la maison soit vendue plutôt que donnée. Cette vente est bien sûr officieuse et ne rentre dans aucun cadre administratif légal. L'ancien locataire accepte de céder sa place contre rémunération. Lors d'une rencontre partenariale, l'un des représentants du bailleur social m'explique cette pratique de la façon suivante : « *Il y a des enjeux financiers qu'on ne maîtrise pas comme les reventes. Les reventes c'est les reventes entre eux, on n'a pas la mainmise sur les attributions. Ils se vendent le droit d'habiter et après, nous, on régularise.* » Le plus souvent, la régularisation des papiers est réalisée par les accompagnateurs sociaux. Cette pratique permet donc à la fois aux individus de s'assurer une place dans le tissu relationnel, et donc une place de premier choix pour la mobilisation de ressources, de contrôler les flux de nouveaux locataires (les réseaux de solidarités sont maintenus et ne risquent pas d'être mis à mal par de nouveaux arrivants non initiés) et, ainsi, de perpétuer un espace de l'entre-soi.

Nous comprenons que loin de n'être qu'un territoire en carence, objectivé par les outils statistiques de la politique de la Ville, La Colombière est aussi un territoire-ressource, dont l'économique est l'un des piliers fondateurs. Plus que tout, ces réseaux de solidarités s'expriment dans les pratiques économiques et deviennent de véritables

---

[19] AGIER M., *op. cit.*, 2009, p. 46.
[20] *Ibid.*, p. 50.

réseaux de l'économique. Les nombreuses activités informelles exercées dans et pour le quartier sont révélatrices d'un accès à l'emploi hors dispositifs institutionnels. Le voisin participe aux revenus du foyer : soit parce qu'une activité est tolérée alors qu'elle le serait difficilement dans d'autres endroits (ferraille) ; soit parce qu'il existe une entraide logistique et des convergences d'intérêts à pratiquer une activité à plusieurs ; soit parce que le voisin est un client, et que tous les clients sont des voisins (commerces informels). De plus, une autre forme particulière d'accès à l'emploi existe. En effet, de nombreuses entreprises des alentours du quartier embauchent des gens de La Colombière, avant tout pour éviter les vols qu'elles subissent. Dans ce système pervers, c'est une forme particulière du territoire-ressource qui s'installe, car si la stigmatisation du quartier est un réel frein à l'embauche pour les habitants qui subissent régulièrement des discriminations à l'emploi (de par leur domiciliation), elle peut également devenir un levier, tout en se renforçant dans un même temps. Tout cela concourt à augmenter considérablement l'attractivité du quartier, ainsi qu'à l'élaboration de liens forts entre les parcours résidentiels et les parcours professionnels. Aussi, nous comprenons plus aisément le sens de cette cohabitation intergénérationnelle, parfois perçue par les personnes extérieures comme une coutume tzigane liée à l'importance des liens de parenté dans cette communauté.

S'extraire de ces réseaux constitue donc souvent une menace directe pour l'individu car c'est avant tout s'extraire d'un contexte sécurisant, s'éloigner de ressources aisément mobilisables. Leur existence et leur force posent la question de la pertinence et de l'efficacité des politiques de relogement. En effet, certains professionnels s'emploient à reloger des familles afin de diminuer le taux de suroccupation estimé à 88%[21]. Pourtant, une ancienne assistante sociale m'avoue ne pas avoir eu à travailler sur le relogement bien que ce fût dans ses missions : *« Alors à La Colombière, tu ne travailles pas trop sur le relogement, parce que de toute façon les gens ne veulent pas trop partir, ils veulent rester en famille*[22]. » Comme nous l'avons vu précédemment, si, d'apparence, les arguments invoqués sont de rester en famille, il s'agit en fait surtout de ne pas s'extraire de réseaux dans lesquels les liens de parenté sont centraux. De plus, sans toutefois omettre que ce sont souvent les habitants eux-mêmes qui souhaitent se reloger, nous sommes en mesure d'affirmer qu'il n'est pas rare que les « relogés » continuent à venir régulièrement dans le quartier, parfois au point d'y passer toutes leurs journées.

---

[21] AMPIL, *op.cit.*, avril 2010.
[22] Extrait issu d'un entretien enregistré réalisé le 10 avril 2010.

Conclusion

À travers cette étude, nous rejoignons l'approche développée par Martine Berger sur l'émergence des « *logiques sous-jacentes qui participent à modeler des modes d'habiter qui peuvent paraître sans cela incohérents*[23] ». C'est-à-dire, dans le cas présent, la façon dont un contexte socioéconomique et une matrice historico-spatiale[24] façonnent ensemble des façons d'habiter. Un double mouvement est à l'œuvre, l'organisation de l'espace agissant sur les rapports sociaux et inversement. « *Comprendre les modes d'habiter ne se limite donc pas à décliner les raisons économiques ou matérielles des choix résidentiels, mais suppose aussi d'analyser comment les individus subissent, affrontent, s'adaptent et inventent leur insertion dans un environnement dont les horizons sont plus ou moins larges*[25]. » C'est bien de cela dont il s'agit lorsque nous évoquons les diverses stratégies, plus ou moins implicites, plus ou moins conscientes, qui permettent de répondre aux conditions d'imposition de certaines formes de régimes de temporalité et de spatialité, mises en place dans le but de rendre le quotidien plus sécurisant et structurant. Et, bien que peu évoquée explicitement, en filigrane de nos travaux s'imprime la question des rapports de pouvoir, qui, à La Colombière, s'expriment tout particulièrement dans la question du partage de l'espace et de sa négociation. Une telle approche se doit aussi d'offrir une complexification de l'interprétation des logiques à l'œuvre dans le quartier, et ainsi éviter ce que Jean-Loup Amselle, Didier Fassin et Éric Fassin nomment les tautologies de la culture[26], inhérentes aux pensées ethnicisantes qui, bien souvent, prennent la culture pour l'effet et la cause. L'analyse des processus de construction de territoires, territoires vécus des habitants et territoires institutionnels, se trouve ainsi au cœur de ces recherches et révèle l'importance de les appréhender l'un au regard de l'autre, afin d'en comprendre les rouages et les enjeux.

Bibliographie

AGIER M., *L'Invention de la ville. Banlieues, township, invasions et favelas*, Paris, Éditions des archives contemporaines, 2009.

---

[23] BERGER M., « Préface », in MOREL-BROCHET A., ORTAR N. (coord.), *La Fabrique des modes d'habiter. Hommes, lieux et milieux de vie*, Paris, L'Harmattan, coll. « Habitat et sociétés », 2012, p. 7.

[24] BULÉON P., DI MÉO G., *L'Espace social. Lecture géographique des sociétés*, Paris, Armand Colin, coll. « U Géographie », 2005.

[25] BERGER M., *op. cit.*, 2012, p. 7.

[26] AMSELLE J.L., *L'Ethnicisation de la France*, Paris, Lignes, 2011 ; FASSIN D., FASSIN E. (coord.), *De la question sociale à la question raciale*, Paris, La Découverte, coll. « Poche », 2009.

AMPIL, *MOUS La Colombière, Phase 1 : Diagnostic*, avril 2010.

AMSELLE J.L., *L'Ethnicisation de la France*, Paris, Lignes, 2011.

BERGER M., « Préface », in MOREL-BROCHET A., ORTAR N. (coord.), *La Fabrique des modes d'habiter. Hommes, lieux et milieux de vie*, Paris, L'Harmattan, coll. « Habitat et sociétés », 2012, pp. 7-12.

BULÉON P., DI MÉO G., *L'Espace social. Lecture géographique des sociétés*, Paris, Armand Colin, coll. « U Géographie », 2005.

FASSIN D., FASSIN E. (coord.), *De la question sociale à la question raciale*, Paris, La Découverte, coll. « Poche », 2009.

GAUDIN J.C., maire de Marseille, *Extrait des registres des délibérations du conseil municipal*, séance du 5 octobre 1998.

HARTOG F., *Régimes d'historicité. Présentisme et expériences du temps*, Paris, Le Seuil, 2003.

LAÏDI Z., « Le Temps de l'urgence », in BOULIN J.Y., DOMMERGUES P., GODARD F. (coord.), *La Nouvelle aire du temps. Réflexions et expériences de politiques temporelles en France*, La Tour d'Aigues, Éditions de l'Aube, coll. « Bibliothèque des territoires », 2003, pp. 51-59.

MERKLEN D., *Quartiers populaires, quartiers politiques*, Paris, La Dispute, 2009.

ROMANÈS A., *Un Peuple de promeneurs. Histoires tziganes*, Paris, Gallimard, coll. « Blanche », 2011.

YOORS J., *Tsiganes. Sur la route avec les Rom Lovara*, Paris, Payot, 1995.

QUATRIÈME PARTIE

FAMILLES ET ÉTAT, COMPLÉMENTARITÉS ET DÉSUNION

Introduction
par Nathalie ORTAR

Les trois articles de cette partie traitent de l'accession à la propriété en maison individuelle dans des contextes géographiquement et politiquement différents : la France, l'Irlande et le Mexique. Deux thèmes dominent ces articles : l'influence des politiques publiques et celle de la famille. Les ressorts des rôles du politique et de la famille sont analysés dans leurs fonctions de support à l'accession et de maintien dans la propriété lors de crises économiques, mais aussi lorsqu'ils font défaut pour comprendre les implications de ces absences.

L'accession à la propriété, en particulier de maisons individuelles en périurbain, est autant un enjeu pour les classes moyennes (Jaillet, 2004), les milieux populaires (Rougé, 2005 ; Girard, 2009 ; Lambert, 2012) et petites classes moyennes (Cartier *et al.*, 2008) que pour le politique. Les gouvernements français successifs ont multiplié les dispositifs de soutien à l'accession à la propriété des ménages modestes, ce qui n'a pas empêché les inégalités d'accès de se creuser, d'une part entre les cadres et les professions intermédiaires et d'autre part entre les ouvriers et les employés, au cours des vingt dernières années (Lambert, 2013). Néanmoins, le logement est perçu comme assurantiel. Une assurance contre les effets de la crise économique et la faible mobilité sociale, mais tout autant contre les effets du retrait de l'État de la sphère sociale.

L'article d'Hélène Ducourant sur l'accession à la propriété en France souligne les effets des changements de politique d'aide sur la capacité des ménages à pouvoir acheter. L'article montre que si l'accession à la propriété reconfigure l'espace des possibles pour certaines fractions des classes populaires, elle s'accompagne également d'une redéfinition des hiérarchies sociales, des modalités de cohabitation entre classes et fractions de classes sociales ainsi que des rapports sociaux intrafamiliaux (Girard *et al.*, 2013). L'accession est toutefois également une source de fragilités. Cet aspect est particulièrement analysé par Jérôme Prugneau et Emmanuel Bioteau dans un travail comparatif entre des situations de surendettement en milieu rural français et irlandais. Ces situations sont provoquées par des accidents ou maladies entraînant une incapacité physique et/ou une perte d'emploi dans un contexte de crise économique. En France, l'accord de prêts à des ménages faiblement armés pour faire face aux accidents de la vie accroît le risque de basculement. Néanmoins, cet état de fait peut être contrebalancé par les administrations locales qui aident des personnes en difficulté financière alors que l'absence de telles structures maintient les Irlandais dans le surendettement dans un contexte de crises économique et immobilière.

Au Mexique, la possession d'un logement s'avère vitale en contexte d'insécurité sociale et économique. Céline Jacquin analyse les conséquences du retrait de l'État des politiques du logement, notamment de la production de logement vers le secteur privé. L'une des conséquences a été l'abandon de la production de logements sociaux en immeubles proches des centres desservis en transports en commun au profit du développement de lotissements bon marché en périphérie de la ville, à l'écart des transports en commun et des grands axes, dans des zones devant à moyen ou à long terme faire l'objet de la construction d'infrastructures de transport. Les familles, malgré les inconvénients de ces localisations, s'y installent en raison de la pénurie de logements et des coûts relativement peu élevés. En effet, en l'absence d'une assistance sociale universelle et d'un quelconque système d'assurance, mais aussi en raison de droits du travail faibles et peu respectés par les entreprises et l'État, le moindre aléa menace les familles. L'accession à la propriété est alors perçue comme un recours contre les risques.

Ce rôle assurantiel du logement est soutenu par l'autre institution clé dans les parcours d'accession et de maintien dans la propriété : la famille. Le logement est une affaire de famille, ce qu'avaient notamment montré les travaux de Catherine Bonvalet et Anne Gotman (1992, 1999). Les trois articles le rappellent et soulignent l'importance de la compréhension de son rôle dans l'analyse des logiques et processus d'accession à la propriété. En France, en particulier en milieu populaire et dans les petites classes moyennes, l'accession à la propriété reste une des formes reconnue de la réussite sociale, rappelle Hélène Ducourant. L'accession à la propriété est l'œuvre du groupe familiale dans son ensemble. En effet, ce modèle s'adosse à une palette large d'incitations financières mises en œuvre par les collatéraux, comme les plans d'épargne logement ouverts au nom de l'enfant, les dons et héritages. Même si les montants sont faibles, il s'agit d'inscrire les descendants dans des logiques d'accession. Ce rôle se poursuit après l'accession sous la forme d'une aide matérielle fournie lors de la réalisation des travaux de rénovation. Cette aide participe à la production de la valeur des logements. Hélène Ducourant montre ainsi comment « avoir de la chance », au sens que lui donnent les enquêtés, c'est-à-dire avoir réalisé des plus-values lors d'opérations d'achat/revente dans un contexte de marché immobilier en hausse mais encore abordable pour les petites classes moyennes, et donc de s'enrichir, présuppose de pouvoir bénéficier de l'aide de proches.

Cette aide est également décisive lors d'accidents de la vie pour se maintenir dans la propriété. Les couples d'accédants dont les situations sont analysées par Jérôme Prugneau et Emmanuel Bioteau font partie des milieux populaires en ce qui concerne la France et de la classe moyenne en ce qui concerne l'Irlande. L'article montre comment la famille, en proposant des gardes d'enfants, en les nourrissant et/ou en réalisant une partie des courses, permet à ceux qui se retrouvent en situation de surendettement de recevoir des aides qui facilitent la sortie de la crise. Le rôle d'un filet territorial ou capital d'autochtonie (Retière, 2003) composé d'aides familiales, communautaires et/ou institutionnelles est repris par Céline Jacquin au Mexique. Elle relève, elle aussi, le rôle de modèle de la famille dans l'accession à la propriété, tout en montrant que les familles ne peuvent pas jouer leur rôle de soutien une fois le déménagement effectué en raison de l'éloignement des nouveaux lotissements. Les femmes trouvent alors localement des ressources pour développer une économie parallèle qui progressivement apporte un mieux-être matériel.

Cette importance des ressources trouvées localement et donc du territoire vécu est le troisième trait commun à ces articles. Dans les trois articles, l'accession à la propriété des ménages populaires et des petites classes moyennes apparaît comme le résultat d'un processus de co-construction entre des mobilisations communautaires, établies grâce à une relation de proximité géographique ou via un réseau interpersonnel, et la mise en œuvre de procédures d'accompagnement par les collectivités. Lorsqu'il existe, ce filet territorial facilite autant l'accession à la propriété que, par la suite, le maintien dans un parcours d'accession pour faire face aux accidents des parcours individuels, une donnée dont il convient de prendre toute la mesure en période à la fois d'incertitude économique et de redéfinition des fonctions de l'État et des implantations des structures administratives.

Indications bibliographiques

Bonvalet C., Gotman A., *Le Logement, une affaire de famille. L'approche intergénérationnelle des statuts résidentiels*, Paris, L'Harmattan, 1992.

Bonvalet C., Gotman A., Grafmeyer Y., *La Famille et ses proches. L'aménagement des territoires*, Paris, PUF-INED, 1999.

BONVALET C., ORTALDA L., « Chapitre 3. Enquête “Proches et parents”, INED, France, 1990 », in BONVALET C., OGG J., *Enquêtes sur l'entraide familiale en Europe. Bilan de 9 collectes*, Paris, Éditions de l'INED, 2006.

CARTIER M., COUTANT I., MASCLET O., *et al.*, *La France des « petits-moyens ». Enquête sur la banlieue pavillonnaire*, Paris, La Découverte, 2008.

GIRARD V., *Un Territoire périurbain, industriel et ouvrier. Promotions résidentielles de ménages des classes populaires et trajectoires d'élus salariés intermédiaires de l'industrie*, thèse pour le doctorat de sociologie, EHESS, 2009.

GIRARD V., LAMBERT A., STEINMETZ H., « Propriété et classes populaires : des politiques aux trajectoires », *Politix*, n°101, 2013.

JAILLET M.-C., « L'Espace périurbain : un univers pour les classes moyennes », *Esprit*, mars-avril 2004, pp. 40-62.

LAMBERT A., *« Tous propriétaires ! » Politiques urbaines et parcours d'accédants dans les lotissements périurbains (1970-2010)*, thèse pour le doctorat de sociologie, EHESS, 2012.

LAMBERT A., « En prendre pour 25 ans » : la double peine des acquéreurs de milieux populaires dans l'accès au crédit immobilier, Journée d'étude, *L'accession à la propriété. Tensions et ambivalences d'une aspiration partagée,* Communication orale, CLERSÉ-Université Lille 1, 18 novembre 2013.

RETIÈRE J.-N., « Autour de l'autochtonie. Réflexions sur la notion de capital social populaire », *Politix*, vol. 16, n°63, 2003, pp. 121-143.

ROUGÉ L., « Les “Captifs” du périurbain. Voyage chez les ménages modestes installés en lointaine périphérie », in CAPRON G., GUETAT H., CORTES G. (coord.), *Liens et lieux de la mobilité*, Belin, coll. « Mappemonde », 2005, pp.129-144.

Acheter puis revendre dans la métropole lilloise

Hélène DUCOURANT et Blandine MORTAIN

Dans les recherches portant sur l'accession à la propriété, le logement acheté est généralement pensé, de manière implicite au moins, comme le lieu de vie définitif du ménage, et son achat comme un aboutissement (Bourdieu, 2000 ; Lambert, 2012). On retrouve là les ressorts d'un imaginaire qui associe la constitution d'un patrimoine immobilier, l'investissement dans « la pierre », à l'ancrage dans la durée, voire dans une forme d'éternité (Capdevielle, 1986). Sont laissées en suspens les potentielles évolutions de parcours professionnel, personnel ou familial qui pourraient amener les individus à quitter le domicile, à revendre le bien, voire à en acheter un autre. Principalement envisagée, par les enquêtés comme par les sociologues, comme un changement de statut, voire comme un basculement d'un monde à un autre, l'accession à la propriété est plus rarement envisagée comme le début d'une trajectoire.

C'est précisément sous cet angle que nous entendons ici rendre compte des pratiques de ménages ayant successivement acheté puis revendu plusieurs logements dans lesquels ils ont vécu[1] au cours des dix dernières années. Durant cette période, l'évolution des prix du marché immobilier a permis à nos enquêtés d'acheter un premier logement peu coûteux et d'obtenir une importante plus-value lors de sa revente plusieurs années après l'achat et après la réalisation de travaux d'aménagement. Cette plus-value est ensuite venue nourrir l'apport nécessaire à l'acquisition d'une deuxième maison plus spacieuse et plus onéreuse, laquelle sera revendue selon les mêmes modalités quelques années plus tard. Un troisième bien peut ensuite être acheté, et ainsi de suite, provoquant *in fine* une déconnexion entre la valeur marchande du logement occupé et les revenus salariaux de ses occupants. C'est ainsi que Florence et Sébastien[2], la quarantaine, trois enfants et quelque trois mille euros de revenus mensuels, se trouvent au moment de notre enquête acquéreurs, pour troisième bien, d'une maison d'une valeur de trois cent soixante-dix mille euros ; elle est financée par un apport conséquent issu de la vente successive des deux premières maisons et d'un crédit échelonné sur dix ans présentant une mensualité largement inférieure au seuil des 33% des revenus mensuels établi par l'industrie bancaire.

---

[1] Il ne s'agit jamais de logements de rapport.

[2] Les prénoms des enquêtés ont été modifiés.

Sans chercher à se prononcer sur le caractère précurseur, marginal, en croissance, ou en voie d'extinction de ce type de trajectoires observées dans la métropole lilloise, l'objectif de l'article est d'interroger l'ascension sociale par le logement qui se construit au fil de ces trajectoires, ainsi que la réalité des pratiques spéculatives que ces ménages semblent mettre en œuvre. Dans l'article, nous montrons que les plus-values sont loin de se faire de façon mécanique par le seul jeu de la hausse des prix. On n'a pas non plus affaire à des individus qui raisonneraient de manière purement stratégique, ayant pleinement intégré les opportunités du marché. Entre ces deux pôles, l'article rend compte de pratiques complexes où la connaissance du marché rencontre des compétences gestionnaires (pour calculer les contraintes financières que représentent l'achat ou la vente d'un bien immobilier) et des compétences techniques permettant de faire ou de faire faire les travaux d'amélioration du logement. Ces compétences ou capitaux (Lambert, 2012) ne sont pas possédés en propre mais sont la propriété des réseaux familiaux et amicaux mobilisés autour de ces logements érigés en « cause commune » (Weber, 1995).

L'article s'inscrit dans la mouvance des recherches qui ont montré comment l'accession à la propriété peut être un vecteur ou une composante de la mobilité sociale (Haumont, 2000 ; Cartier *et al.*, 2008). Il entend aussi poursuivre les analyses qui ont montré dans quelle mesure l'accession à la propriété n'est pas qu'une affaire de couple et prend sens dans une histoire familiale (Cuturello, Godart, Pendariès, 1982 ; Maison, 1993 ; Bonvalet, 1993). Sa spécificité réside dans le contexte spécifique de l'étude menée en 2012 au sein de l'agglomération lilloise : l'enquête prend place dans un marché immobilier globalement en forte hausse depuis plus de dix ans – sans pour autant atteindre les sommets d'autres métropoles françaises – et localement composé d'une proportion importante de biens anciens et vétustes permettant à ces trajectoires de se déployer.

LE PRIX DE L'IMMOBILIER À LILLE ET LYON AU MOMENT DE L'ENQUÊTE

Pour prendre la mesure des prix dans la métropole lilloise (Nord-Pas-de-Calais), comparons-les avec ceux d'une autre grande métropole française, Lyon (Rhône).

Au moment de l'enquête, en 2012, les données pour le Nord montrent qu'en moyenne le prix du m² s'élève à 2 390 euros pour les appartements anciens, et à 2 560 euros dans le secteur de Lille. Il est de 3 300 euros pour les appartements neufs, 3 410 euros dans le secteur de Lille. Enfin, les maisons anciennes de cinq pièces sont vendues 155 000 euros et 193 000 dans le secteur de Lille.

Les données du Rhône montrent qu'en moyenne le prix du m² est plus élevé : 2 700 euros pour les appartements anciens. Il est de 3 690 euros pour les appartements neufs. Enfin, les maisons anciennes de cinq pièces sont vendues 290 000 euros à Lyon et 202 000 euros dans le département.

Ainsi, ces sommaires indications chiffrées nous donnent les signes de marchés locaux très différents à Lyon et à Lille : le marché immobilier lyonnais s'adresse à des classes moyennes et supérieures, en particulier dans l'ancien, et les ménages plus modestes sont conduits à se reporter sur un marché neuf périurbain ; le marché immobilier lillois offre une plus grande diversité de biens anciens et reste accessible à des ménages plus modestes qu'à Lyon, y compris dans le cœur de la métropole.

Le corpus sur lequel s'appuie l'analyse est composé d'entretiens réalisés auprès de neuf ménages, sous-ensemble d'une enquête plus ample comprenant également des ménages primo-accédants[3].

Dans cette contribution, nous mettons en évidence une typologie en trois logiques d'action, qui permet de rendre compte du sens donné par les enquêtés à chacune de ces pratiques d'achat-revente. En identifiant ces logiques d'action, notre objectif est d'aller à l'encontre d'une lecture finaliste qui, partant du résultat – la déconnexion salaire/valeur du logement –, reconstituerait l'enchaînement stratégique fait d'étapes successives entièrement au service d'une trajectoire ascendante. À cette lecture finaliste, nous substituons une analyse de pratiques qui finissent par former une trajectoire ascendante d'accession. Les pratiques imputées

[3] Dans le cadre de la recherche TransEnergy coordonnée par N. Ortar (LET) et financée par le programme Villes durables de l'ANR, nous avons suivi vingt-cinq ménages appartenant aux professions intermédiaires ou aux catégories populaires qui cherchaient à accéder à la propriété dans l'agglomération lilloise en 2012. Les entretiens ont parfois été répétés aux différentes étapes de leur recherche. La même enquête de terrain a été menée dans l'agglomération lyonnaise.

au cycle de vie, les pratiques vécues « sous le signe de la chance », et les pratiques stratégiques seront définies, illustrées et chacune sera caractérisée par deux critères discriminants : le premier est le rapport au temps qu'elles impliquent, et le second est le mode de mobilisation des membres de la parenté dans un projet dont on sait, depuis Bonvalet et Gotman (1993), qu'il est « *une affaire de famille* ».

Les pratiques liées au cycle de vie

Sous la formule « pratiques liées au cycle de vie », nous avons regroupé les décisions d'achat-revente que les enquêtés relient aux événements familiaux qui les touchent. L'achat d'une deuxième ou une troisième maison est imputé à la mise en couple (ou la séparation), l'arrivée (ou la prévision de l'arrivée) des enfants, l'augmentation de leur nombre, leur départ, etc. Il s'agit d'un ordre temporel relativement prévisible et maîtrisé. La cellule familiale est au cœur du projet : selon les enquêtés, c'est autour de la construction de la famille que se déterminent les besoins en matière de logement.

> – Benoît : Parce qu'entre Lompret et Pérenchies (les villes des deux maisons successivement achetées), ce qui avait compté quand on a acheté à Pérenchies c'est que la crèche nous plaisait, c'est qu'il y avait des facilités : la crèche, l'école.
> – Corinne : Ça veut dire que pour l'instant, ce sont les enfants qui déterminent les critères, mais j'espère que quand ils sont grands…
> – Benoît : Et c'est pour ça, on a vu des maisons mais on s'est dit « bah non il y a deux chambres au premier, deux chambres au second », nous on aime le côté pratique d'avoir les trois chambres au premier sur le même étage, avoir la salle de bains au même étage.
> – Corinne : Les critères sont guidés par nos enfants, mais un jour nos enfants seront grands et donc on pourra avoir nos critères.

Ainsi, les caractéristiques jugées souhaitables de l'habitat et de son environnement évoluent-elles au regard du cycle de vie de la famille. Dans l'agglomération lilloise, il est courant que les primo-accédants achètent une maison « de type 1930 ». Il s'agit d'une maison de rue, de façade souvent étroite, avec deux mitoyennetés, qui se caractérise souvent par sa vétusté, l'absence de garage, des pièces en enfilade avec des extensions construites sur le jardin, et par le fait que les chambres sont organisées sur deux étages : deux pièces au premier étage et deux pièces complètement sous le toit au second, reliées par un petit escalier étroit et à la pente raide. Si cette configuration peut convenir aux jeunes couples, heureux d'accéder à une maison « avec un extérieur », elles deviennent inadaptées aux yeux des enquêtés multi-accédants ayant de jeunes enfants ou prévoyant d'en avoir, comme c'est le cas ici d'Isabelle et Jean-Charles qui disent leur préférer une maison de lotissement.

> – Enquêteur : Les 1930, c'était rédhibitoire ?
> – Isabelle : Non, moi j'en avais eu une avant ce logement-là. Et je me voyais pas avec les enfants monter ces deux étages, les descendre, tout ça.
> – Enquêteur : C'est le côté superposition des pièces ?
> – Isabelle : Oui et je voulais pas avoir la même chose que j'avais déjà. Et souvent en plus on cherchait tout ce qui est la Madeleine, Marcq et il y en a beaucoup. Pas de jardin forcément, des bouts de terrasse... Donc, après, on a dit non. Si on pouvait avoir une maison de lotissement et plus grand...
> – Enquêteur : Donc la maison de lotissement, c'est un rez-de-chaussée + 1 ?
> – Isabelle : Exactement, c'est sur le même palier, c'est plus simple !
> – J-C : Enfin il y a une troisième chambre qui est dans les combles, les combles aménagés.

La maison de lotissement elle-même, une fois testée, peut faire ensuite l'objet d'un jugement négatif et être revendue. Par exemple, parce qu'elle est située à l'extérieur du village ou loin de l'école, ou parce qu'elle rend difficile l'intégration sociale à la vie du village (les habitants de ces nouveaux quartiers sont des « nouveaux habitants »). Le départ des enfants peut, lui aussi, être l'occasion d'un changement de logement.

> – Enquêteur : La recherche de cette maison, c'est en quelque sorte un nouveau départ ?
> – Francis : Oui, c'est ça un petit peu. Puis, par rapport aux enfants qui ont vingt-trois et vingt-deux ans, ils sont encore chez moi et se dire que les enfants vont partir, ça va être un nouveau *challenge*. Toi – s'adressant fictivement à son épouse –, tu auras une maison contemporaine qui aura des meubles contemporains enfin tout ce qu'on peut imaginer quand on a une maison contemporaine. Moi j'aurai un terrain pour pouvoir m'épanouir dans le jardin. Donc voilà un peu le nouveau *challenge* qui était proposé. Je voulais tirer ma femme vers ça, si vous voulez.

Quand le cycle de vie invite à acheter plus « grand », à passer de l'appartement de deux pièces à la maison, de la « 1930 » à la maison de lotissement, comment financer ce nouvel achat ? Plusieurs cas de figure ont été observés : la plus-value réalisée sur le premier achat vient compléter un nouvel emprunt ou la mobilisation des économies ; la mise en couple permet d'augmenter l'accès au crédit ou « l'apport personnel ».

> – Enquêteur : Finalement, pourquoi se lancer dans un nouveau projet et quitter la maison de Vincent ?
> – Sandra : Pour acheter à deux.
> – Vincent : Faire un choix à deux, que ça soit pas l'ex-maison de ma maman qui soit devenue la sienne. C'est vraiment partir sur un nouveau projet.

En outre, ces pratiques peuvent s'appuyer sur la mobilisation de la « maisonnée », ce « *groupe de personnes qui s'engagent ensemble sans compter leur temps ou leurs dépenses, tant que le collectif perdure* » (Weber, 2005), autour d'un objectif commun partagé : le premier achat (des enfants). Cet achat est érigé en véritable « cause commune » de la famille-maisonnée, autour duquel se met en œuvre la parenté pratique. Il faut aider le jeune couple à « s'installer », via le premier accès à la propriété, ou à trouver un deuxième logement où « faire famille », s'il est déjà propriétaire. Cette mobilisation familiale peut être monétaire, elle peut aussi prendre la forme de don de temps, de services rendus, de compétences techniques et de main-d'œuvre mises à disposition (pour les visites, les rendez-vous à la banque ou les travaux). Cet aspect sera particulièrement abordé dans la seconde partie de l'article.

Ainsi, changer de logement en raison de l'évolution du cycle de vie de la famille est une pratique qui explique qu'un ménage s'engage dans une trajectoire d'accédant, puis porte son dévolu sur un logement plus onéreux que le précédent. Le passage à ce logement plus grand et plus cher s'appuie sur la vente du logement précédent – inadapté aux projets de la famille –, une addition des apports de chacun des membres du couple, un accès à un crédit de montant supérieur car contracté à deux, et/ou encore sur la mobilisation de la famille-maisonnée, qui érige en cause commune ce nouvel achat.

Des pratiques vécues sous le signe de la chance

> – Pierre : En fait, on a eu une succession de gros coups de chance. Le premier coup de chance c'est quand on est allé voir le banquier : le coup de chance c'était que ma banquière, elle était en arrêt maladie et on a eu le directeur d'agence. Tout de suite, on lui a dit qu'on voulait juste voir comme ça et que si c'était pas intéressant, on allait voir ailleurs, Clara était dans une autre banque. Résultat il nous a sorti un taux super intéressant qui était valable deux semaines. La manière

dont il nous l'a présenté c'était « bon je vous présente ça mais ça peut changer » en plus c'était juste avant...
– Clara : une grosse hausse.
– Pierre : Comment dire : un relent de la crise, tout avait augmenté trois semaines après et donc on a eu beaucoup de chance par rapport au taux. On a eu beaucoup de chance par rapport à la maison qui était en vente le vendredi et le lundi matin on la visitait et on envoyait l'offre dix minutes après et puis après il y a eu d'autres offres dans l'après-midi (...).

Nombre d'enquêtés inscrivent leur accession à la propriété sous le signe de la chance. Dans l'extrait mobilisé, l'arrêt maladie de la chargée de clientèle est perçu comme une chance ; plus loin dans l'entretien, le décès de la grand-mère de Pierre est vécu comme un autre coup de chance : son père a décidé de lui faire don de l'héritage pour financer les travaux nécessaires à leur confort. Parmi les pratiques perçues comme relevant de la chance, on compte le fait de dénicher « accidentellement » une maison « à potentiel » à un prix plus que raisonnable, de bénéficier d'un taux relativement avantageux par rapport au marché dû à un concours de circonstances, de quitter un quartier avant qu'il ne se dégrade sans que cette dégradation ne soit en rien la cause du départ, de s'installer dans un quartier qui monte mais sans avoir consciemment anticipé qu'il monterait, ou encore d'avoir acheté avant que les prix ne montent. En somme, les pratiques sous le signe de la chance caractérisent des décisions qui sont prises à l'occasion d'événements non prévus, qui surgissent face à des individus... qui n'en demandaient pas tant. Dit autrement, elles se caractérisent par une non-maîtrise du temps.

Si percevoir des événements comme relevant de la chance n'est pas le propre des multi-accédants – Clara et Pierre cités plus haut sont d'ailleurs des primo-accédants –, lorsqu'il s'agit de multi-accession, cette perception chanceuse concerne un événement en particulier : la réalisation d'une plus-value lors de la vente du logement.

– Florence : On fait des coups immobiliers, sans vraiment le faire exprès !
– Enquêteur : D'accord, donc là on parle de la deuxième maison, vous l'avez vendue beaucoup plus cher que ce que vous l'avez eue, en plus avec les travaux...
– Florence : On l'avait achetée combien ? 120 000 euros ?
– Sébastien : 117 000.
– Florence : Et on a fait pour combien de travaux ?

– Sébastien : Le budget, on avait pour environ 30 000 euros de travaux mais, en fait, à mon avis, si on compte tout avec la maison, le compte doit être de 180 000 euros.
– Enquêteur : Ah oui, donc il y avait un important budget travaux ! Et donc, vous l'avez revendue combien ?
– Florence : 340 000 euros.

Pour les multi-accédants, la plus-value peut venir de l'augmentation des prix de l'immobilier durant les deux dernières décennies. La chance peut, dans ce cas, être invoquée pour caractériser le fait d'être devenu propriétaire au bon moment, c'est-à-dire avant la hausse des prix.

Christelle vient d'acheter une quatrième maison (la première avec son nouveau compagnon) lorsque nous la rencontrons. Elle évoque la façon dont elle est devenue propriétaire la première fois en 1994. Elle était locataire à Tourcoing d'un petit appartement avec son compagnon d'alors. Ils entendent parler d'une maison très belle à louer à Roubaix, c'est la maison d'un peintre local qui vient de décéder. Il l'avait faite construire et elle contient son atelier. Ils visitent la maison mais apprennent alors qu'elle n'est plus à louer mais à vendre. Son prix est accessible car nous sommes en 1994 et à Roubaix, si bien que ce jeune couple mono-actif parvient à accéder à cette maison de laquelle ils tireront une plus-value substantielle neuf ans après.

Qu'en est-il de la dimension familiale dans ces pratiques sous le coup de la « chance » ? La famille est évoquée sous la figure du « coup de pouce ». C'est le caractère ponctuel et limité de l'aide (et non la réciprocité) qui est mis en avant par les enquêtés. Ainsi, la maison de Clara et Pierre était d'un montant un peu supérieur au montant qu'ils s'étaient fixés, tout en entrant dans la limite des 33% fixée par la banque. Les parents de Pierre, convaincus par les qualités du bâti de la maison convoitée, décident finalement de leur offrir les frais de notaire. Ce cadeau n'a pas déterminé l'achat, mais est vécu comme un bonus qui participe à la félicité de l'achat. On peut aussi considérer l'héritage de la grand-mère de Pierre de la même façon, tant il est vrai que l'héritage ne constitue une ressource légitime que pour autant qu'on n'a pas compté dessus (Gotman, 1988). Mais ce n'est pas toujours l'argent des ascendants qui constitue le coup de pouce plus ou moins inattendu, parfois ce sont les compétences dans le domaine du bâtiment d'un membre de la famille ou d'un proche et la disponibilité non attendue de cette personne compétente qui permettent à un ménage d'acheter un logement en minimisant les dépenses liées aux travaux à y faire. Le point commun à ces évocations de la mobilisation familiale propre à ces logiques chanceuses, c'est que le rôle de la famille y est minimisé, euphémisé, et présenté sous la forme d'un enchantement, « *heureusement, à ce moment-là, ils nous ont proposé de...* », (Cuturello et Godard, 1982 ; Maison, 1993).

Ainsi, ces pratiques chanceuses de multi-accédants sont vécues dans un temps non maîtrisé au cours duquel surgissent des événements extérieurs, coups de pouce inattendus, opportunités, etc., qui permettent au ménage d'acheter puis de revendre en réalisant une plus-value. Si ces pratiques d'achat n'ont pas été faites dans ce but, elles se révèlent totalement ajustées aux attentes du marché, ce qui est vécu sur le mode enchanté où la chance et le hasard sont mobilisés. Bien entendu, parler de pratiques chanceuses ne signifie pas qu'elles le soient réellement, mais plutôt qu'elles sont soit vécues, soit racontées comme telles et participent ainsi à l'enchantement qui accompagne l'accession à la propriété. À l'enchantement premier de la propriété s'en ajoute même un second : celui de réaliser, sans l'avoir prémédité, une plus-value.

Des pratiques stratégiques

Sous cette troisième désignation, nous regroupons les pratiques délibérément orientées par la perspective de la revente ultérieure, pour la constitution d'un capital/patrimoine. La dimension temporelle est ici rapportée à trois éléments : l'aune de la revente, l'aune de la fin du crédit, l'aune de la constitution finale d'un patrimoine, et donc une aune temporelle *post mortem* puisqu'il s'agit de laisser quelque chose à ses enfants. Les acteurs qui relèvent de ces pratiques stratégiques formulent une déclinaison de ces éléments : négocier une clause du contrat de crédit prévoyant qu'il n'y aura pas de frais à régler lors du paiement anticipé du crédit, choisir son logement en toute conscience de « sa liquidité sur le marché », choisir le secteur en faisant un pari sur les quartiers qui montent. Ci-dessous, il est question des matériaux choisis lors des travaux.

> – Corinne : Enfin les deux maisons qu'on a achetées, on a fait beaucoup de travaux dans les maisons. Mais on a toujours essayé de faire des travaux, pas trop pour que, quand on revend la maison on puisse récupérer au minimum l'argent investi dans les travaux. Parce que ça sert à rien par exemple d'acheter une petite maison, de mettre des produits super haut de gamme dedans parce qu'au moment où on va la revendre, les gens qui vont la racheter ils s'en foutent du haut de gamme ou pas.

Mais si les pratiques sont orientées par la perspective de la revente, ce n'est pas toujours la perspective de la plus-value qui est recherchée.

Ainsi, et même si cela semble paradoxal, la décision d'acheter un logement relativement cher et dans un beau quartier peut être vécue comme un renoncement conscient à toute opportunité de plus-value. À l'opportunité de plus-value, qui n'est qu'une potentialité au moment de l'achat, ce couple préfère l'investissement sûr à court terme, n'ayant pas d'ancrage familial dans la région et prévoyant de ne pas y rester.

> – Anne : Donc je pense que La Madeleine ce n'était pas une mauvaise stratégie. Et voilà et je rebondis sur ce que tu dis, c'est que t'as souvent les discours de gens qui disent que Hellemmes ou Fives ça va monter. Nous comme on sait que qu'on ne sait pas combien de temps on reste, quand tu te dis que ça va monter c'est que tu te dis je vais attendre quelques temps ; donc je suis prêt à attendre cinq, dix ans avant de revendre mon bien et que ça ait monté entre temps. Nous comme on ne sait pas bah on s'était dit qu'il ne fallait pas prendre un quartier qui un jour va monter, en plus moi j'y crois pas forcement à ces trucs-là et on ne pouvait pas prendre le risque de se dire « un jour ça va monter ». Il valait mieux prendre une valeur sûre, donc La Madeleine est une valeur à peu près sûre je pense, comme le vieux Lille tu vois je pense que t'as les deux quartiers où t'es à peu près sûr pour ces deux-là, et le centre de Lille aussi. Et donc oui on s'était dit on ne prend pas un pari sachant qu'on ne sait pas combien de temps on reste et est-ce que ce pari sera gagnant dans deux, trois ans peut-être pas donc ça ne sert à rien de tenter le truc.

La « famille lignée » peut être mobilisée dans ces pratiques stratégiques pour aider les enfants à construire un patrimoine. Viviana Zelizer (2005) a mis en évidence la fausse alternative entre argent et sentiments : le calcul rationnel en famille ne tue pas les sentiments, au contraire, les éléments financiers trouvent alors pleinement leur place dans les échanges et relations familiales, à travers les PEL ouverts pour les enfants, les conseils financiers, les rendez-vous chez les banquiers auxquels viennent les parents, la connaissance mutuelle des taux et capacités d'endettement des différentes générations, le tout n'empêchant visiblement pas la chaleur des sentiments. C'est le cas de Vincent, qui vient d'acheter avec sa compagne une maison sur plan et qui n'est pas primo-accédant. Son premier achat était une maison qu'il avait achetée avec l'aide de sa mère, co-emprunteuse. Lorsqu'il raconte l'intention de sa mère, il présente le fait qu'il s'est agi d'aider son fils à s'établir dans une maison, mais aussi de lui donner l'opportunité de faire une plus-value par la suite. Cela s'inscrit, bien entendu, dans un contrôle social de l'argent en famille, et même d'un contrôle de l'argent à venir : celui de la plus-value.

– Enquêteur : Donc théoriquement, la maison appartient à votre mère aussi...
– Vincent : Oui c'est un pourcentage alors c'est un pourcentage au 135e et je dois être à peu près à 80/135e.
– Enquêteur : Je ne savais pas que ça se faisait, c'est intéressant c'est le banquier qui a proposé ?
– Vincent : Non c'est ma mère qui a proposé à l'époque. Pour elle c'était un investissement, et c'est vrai qu'elle avait bien vu que j'étais vraiment intéressé, que j'avais envie d'acheter cette maison, (...) c'est un investissement quelque part, (...) parce qu'une maison qui valait 135 il y a sept ans elle en vaut bientôt 160 aujourd'hui. Et c'est vrai que même elle aujourd'hui elle me dit : « Écoute, moi de toute façon, je vais récupérer ma part sur la maison qui sera vendue, payer les impôts qu'il faut par rapport à ça et après, le reste, la plus-value que tu auras faite par rapport à ça et bien ce sera pour toi ». Et c'est sûr que elle, elle préférait que je m'investisse dans un projet immobilier, acheter une maison, quitte à le faire avec elle plutôt que de me dire « ça n'est pas grave je vais continuer à louer un appartement mais je vais m'acheter la grosse Mercedes ou la BMW » qui sera tout de même aujourd'hui mais qui dans dix ans ou vingt ans sera une ruine. Alors qu'investir dans la pierre prend un risque minime d'après certains économistes c'est le meilleur investissement aujourd'hui, l'investissement dans la pierre.

Ces trois logiques d'action dessinent des types idéaux dont la combinatoire permet de rendre compte des trajectoires d'accession à la propriété et d'ascension sociale observées sur le corpus.

**

La plupart des enquêtés multi-accédants interrogés dans le cadre de la recherche ANR TransEnergy ont en commun d'appartenir aux catégories intermédiaires, d'avoir le plus souvent des parents eux-mêmes propriétaires, issus des fractions supérieures des catégories populaires, et d'avoir acquis précocement une stabilité professionnelle et/ou amoureuse. Dans une aire géographique telle que l'agglomération lilloise où de nombreuses maisons anciennes ou vétustes s'acquièrent facilement et à bon prix, ces éléments se transforment en ressources permettant de devenir précocement propriétaire, puis de transformer cette entrée dans la propriété en trajectoire. Toutefois, ces pratiques d'achat-revente sont extrêmement risquées à l'échelle du budget du ménage.

« Faire pour soi » dans la première maison, « bien la vendre », empocher une plus-value substantielle n'indiquent pas que la même opération répétée quelques années plus tard aboutira au même résultat.

D'abord, parce que rien ne dit que les sous-marchés immobiliers (en fonction des types de logements, des niveaux d'ancienneté, des secteurs géographiques) fonctionnent de la même façon – en améliorant le confort chez soi, on peut produire un bien ajusté au marché des maisons de type 1930 rénovées mais moins adapté au marché lorsqu'il s'agit de maisons semi-individuelles récentes dans le périurbain. On remarque d'ailleurs que tous les enquêtés ont fait la plus-value la plus importante avec la première maison (la plus petite, et la plus vétuste). Ensuite, parce que les politiques publiques exercent une influence sur la demande. À titre d'exemple, la fin du prêt à taux zéro permettant de financer l'achat dans l'ancien a joué contre les ménages enquêtés lorsqu'ils cherchaient à revendre. Enfin, parce que le contexte économique évolue, affectant en même temps la stabilité dans l'emploi des ménages vendeurs et acheteurs, le niveau de la demande et la propension des banques à « accompagner » les ménages engagés désireux de s'engager dans la propriété.

Bibliographie

Bonvalet C., Gotman A., Grafmeyer Y., *Le Logement : une affaire de famille. L'approche intergénérationnelle des statuts résidentiels*, Paris, L'Harmattan, 1993.

Bonvalet C., Maison D., Charles L., *et al.*, « Proches et parents », *Population*, vol. 48, n°1, 1993, pp. 83-110.

Bourdieu P., Boltanski L., Chamboredon J.-C., *La Banque et sa clientèle. Éléments d'une sociologie du crédit*, tome I, Centre de sociologie européenne de l'École pratique des hautes études, Paris, 1963.

Bourdieu P., *Les Structures sociales de l'économie*, Paris, Le Seuil, 2000.

Capdeveille J., *Le Fétichisme du patrimoine. Essai sur un fondement de la classe moyenne*, Paris, Presses de la Fondation nationale des sciences politiques, 1986.

Cartier M., Coutant I., Masclet O., *et al.*, *La France des « petits-moyens ». Enquête sur la banlieue pavillonnaire*, La Découverte, coll. « Textes à l'appui », 2008.

Cuturello P., Godard F., Pendariès J.-R., *Familles mobilisées. Accessions à la propriété du logement et notion de l'effort des ménages*, Paris, Plan construction, 1982.

Grafmeyer Y., Authier J.-Y, *Sociologie urbaine*, Paris, Armand Colin, 2008.

Gotman A., *Hériter.* Paris, PUF, coll. « Économie en liberté », préface de Marc Augé, 1988.

Lambert A., « Tous *propriétaires ! ». Politiques urbaines et parcours d'accédants dans les lotissements périurbains (des années 1970 à 2010)*, thèse de doctorat de l'École normale supérieure, 2012.

Maison D., « Effets d'alliance et transmission différée dans le rapport à la propriété ou à l'habitat », in Bonvalet C., Gotman A. (coord.), *Le Logement, une affaire de famille*, Paris, L'Harmattan, 1993, pp. 87-109.

ORTAR N., DROUILLEAU F., DUCOURANT H., *et al.*, *Processus d'accession à la propriété de classes moyennes en temps de crise. Quelle place pour les enjeux énergétiques dans le choix du logement ?,* Rapport du projet TransEnergy tâche 4, 2013.

WEBER F., *Le Sang, le nom, le quotidien : une sociologie de la parenté pratique*, La Courneuve, Éditions Aux lieux d'être, 2005.

ZELIZER V., *La Signification sociale de l'argent*, Paris, Le Seuil, coll. « Liber », 2005.

Vivre la discontinuité.
Les lotissements « sociaux » récents de Mexico

Céline JACQUIN

Une dynamique nouvelle de fabrication de l'urbain est en cours au Mexique depuis les années 2000. Elle prend toute son ampleur dans l'agglomération de Mexico où se concentre la demande de logements en accession à la propriété. Le résultat est la reprise d'une croissance soutenue de l'agglomération après un ralentissement à la fin des années 1970. Si la ville produite après les années 1940 était dominée par les quartiers spontanés autoconstruits[1], l'urbanisation résidentielle postérieure à 2000 s'est réduite à un seul type d'habitat standardisé horizontal, dans des lotissements de très grandes dimensions.

Ce *boom* immobilier a été la cause d'un étalement urbain rapide et discontinu, qui a reporté les espaces résidentiels au-delà du *continuum* urbain et de l'aire métropolitaine. L'urbanisation actuelle n'est pas accompagnée de projets d'infrastructure, de systèmes de transport, elle bénéficie d'un strict minimum d'équipements publics. Aucune action n'est menée pour générer un développement économique local. L'absence d'action publique parallèle à l'investissement immobilier fait de ce phénomène un problème majeur qui a un lourd impact sur le quotidien des habitants de la périphérie.

Ce texte expose d'abord les logiques qui ont entraîné la reprise d'une urbanisation à la fois intensive et discontinue, dans l'une des plus grandes agglomérations du monde. Il présente ensuite les problèmes et stratégies quotidiennes des habitants, candidats non au périurbain mais à l'accession d'un patrimoine immobilier, dont la possession s'avère vitale en contexte d'insécurité sociale et économique (Castel, 2003).

Les analyses présentées reposent sur un travail d'observation participante mené pendant deux ans dans deux lotissements de très grande taille de la périphérie de Mexico : San Buenaventura dans la municipalité d'Ixtapaluca et Santa Teresa à Huehuetoca, respectivement

[1] L'autoconstruction au Mexique fait référence au mode d'accès au sol urbain et au logement des groupes sociaux exclus du marché formel, qui, il y a quelques décennies, occupaient illégalement des terrains vides, en groupes organisés et sous la protection de *leaders* politiques. La vente des terrains s'effectue aujourd'hui individuellement sur la base d'un marché foncier illégal. Les maisons sont construites par étape, au fur et à mesure de l'épargne des foyers, n'autorisant des conditions de vie satisfaisantes qu'au bout de longues années d'efforts.

situés à l'est et au nord de l'agglomération. Nous avons, en outre, produit une soixantaine d'entretiens compréhensifs, et une enquête approfondie par questionnaire auprès de quatre cents foyers. Ces lotissements avaient respectivement un et dix ans d'existence au moment de la recherche. La sélection des terrains d'enquête a reposé sur une méthodologie qui faisait le postulat de la comparabilité de deux lotissements de caractéristiques similaires (en ce qui concerne la situation urbaine, le modèle développé et la population cible) mais d'âges différents. L'intervalle temporel nous a permis d'observer les dynamiques d'installation dans le lotissement le plus récent et les évolutions dix ans après dans le lotissement le plus ancien.

Les nouvelles règles en matière de logement « d'intérêt social »

Avant les années 1990, les fonds des instituts publics pour le logement[2] finançaient directement la production de grands ensembles verticaux au bénéfice des travailleurs de l'économie formelle[3]. Ces logements en accession à la propriété étaient commercialisés au travers d'hypothèques à taux réduits, gérées par les mêmes fonds sur de longues périodes de remboursement. Les familles remboursaient ainsi leur crédit par des montants très réduits, inférieurs à la valeur d'une location.

Du fait de difficultés administratives, ces fonds se sont peu à peu décapitalisés. Les crises économiques de la fin du XXe siècle ont mené l'État mexicain à une rationalisation de l'action publique. Les institutions sociales ont été fortement restructurées et le logement fut l'un des premiers champs touchés. Il a ainsi fait l'objet d'un ensemble de réformes dans les années 1990, qui se sont traduites par le transfert intégral du rôle de production du logement, alors considéré d'« intérêt social », des instituts publics vers le secteur privé de la construction. Les instituts ont alors vu leur action se réduire à la seule gestion hypothécaire des crédits à taux contrôlés pour des logements acquis par les particuliers dans le marché libre, lequel était fortement soutenu, par ailleurs, par un

---

[2] Deux instituts publics attribuent et gèrent les crédits immobiliers de la majorité des salariés de l'économie formelle. Ils se partagent les employés du secteur public – le FOVISSSTE (Fondo de la Vivienda del Instituto de Seguridad y Servicios Sociales de los Trabajadores del Estado) – et ceux du secteur privé – l'INFONAVIT (Instituto del Fondo Nacional de la Vivienda para los Trabajadores). D'autres instituts gèrent les crédits des employés de corps spécifiques de l'Administration.

[3] Notons que l'économie informelle (Lautier, 2004) a protégé une part croissante de la population active du Mexique après chaque crise économique. Elle est évaluée à près de la moitié de l'activité économique totale. On peut définir l'économie informelle comme réunissant toutes les activités non délictueuses se trouvant à la marge des lois du travail. Les personnes concernées ne payent pas d'impôt et ne bénéficient d'aucune prestation sociale, elles n'accèdent pas non plus au logement social.

système de crédits à la construction. En dix ans, l'État mexicain a ainsi progressivement abandonné son rôle de bienfaiteur dans un contexte populiste long de près d'un siècle, pour celui de chef d'orchestre du marché libre.

Aujourd'hui, pour faire face à un déficit en logements, évalué par le gouvernement mexicain à une dizaine de millions d'unités, la production est encouragée et fait l'objet de très peu de contraintes. Le gouvernement se contente d'orienter cette production par un ensemble de normes urbanistiques simplifiées, avec l'objectif de maintenir des conditions d'habitabilité proches de l'ancien modèle de logement social sans porter atteinte au dynamisme de ce secteur. Les normes concernent essentiellement la surface habitable et la composition des logements, des quotas minimums et des typologies d'équipements, après consultation des fédérations d'entreprises.

Parallèlement, les crises économiques successives ont épuré le secteur de la construction, ne laissant sur pied que les groupes les plus solides. Après 2000, moins d'une dizaine de groupes immobiliers prédominaient à l'échelle du Mexique, de puissants investisseurs au poids incontournable dans l'économie nationale. Érigées en acteur fort, et extension nécessaire d'un État ne pouvant plus pourvoir au logement, les entreprises ont peu à peu pris en charge toutes les dimensions de l'urbanisation résidentielle, soit une partie de la planification urbaine.

Dans les conditions présentes, le soutien apporté par l'État aux groupes immobiliers consiste en une information anticipée sur les projets d'infrastructure à moyen et long terme, permettant ainsi la constitution de réserves foncières au potentiel de plus-values élevé. Cet aiguillage du secteur privé, pour une délégation qui n'en est pas une, a pour but de minimiser la prise de risque pour chacun des acteurs tout en favorisant le développement d'une vision commune. Dans ce sens, les fédérations du secteur immobilier ont non seulement été intégrées aux commissions qui discutent des programmes de développement urbain mais elles siègent aussi aux conseils d'administration des instituts pour le logement. Elles bénéficient ainsi d'une information en temps réel sur les enveloppes budgétaires votées annuellement pour les crédits à l'achat. La production est alors calibrée en fonction de la demande potentielle, laquelle est proche de la demande réelle. En effet, la demande de logement neuf est largement supérieure à l'offre, et si les ménages sont, en théorie, libres de leurs choix d'acquisition et de localisation, il s'agit pratiquement de l'unique offre en logement neuf bon marché produite depuis 1995. Ce *statu quo* justifie des démarches de permis de construire largement simplifiées et une tolérance élevée au regard des projets, puisque les opérations, ainsi que les modifications de plans d'occupation du sol, sont convenues d'avance (Duhau et Jacquin, 2008).

L'isolement des nouveaux espaces résidentiels est le cœur du problème. Les réserves sont constituées par des lots de terrains ruraux en déclin très au-delà de l'aire urbanisée. Une proximité relative des voies rapides qui mènent au centre de l'agglomération est censée atténuer les désavantages de l'éloignement, mais ces voies sont en fait largement saturées, en aval, par les flux provenant des périphéries plus anciennes. La nouvelle figure de lotissement a été présentée en 1993 comme un outil de planification intégrale : la fonction résidentielle devait être couplée aux fonctions récréatives et économiques à l'intérieur des ensembles, afin d'éviter la formation de périphéries-dortoirs. C'est pourtant bien ce qui a lieu dans les faits puisque le volet économique n'est jamais traité, ni par les promoteurs ni par les administrations en charge. Les municipalités, à qui ce rôle est dévolu, ne possèdent ni les instruments ni les budgets nécessaires. En plus de créer un éloignement physique et fonctionnel, les producteurs imposent une baisse rapide des surfaces habitables et de la qualité des matériaux de construction. Les instituts pour le logement qui conventionnent les seuils de prix et de surface agréent leur évolution constante. Les logements en grands ensembles de plus de soixante-dix mètres carrés construits dans les années 1970 ont ainsi laissé place à des unités de trente à cinquante mètres carrés en lotissements horizontaux[4], alors que les densités habitées augmentent, aux dépens des équipements collectifs. Ces aspects rendent difficile la cohabitation de plusieurs générations dans un logement, mode d'habiter qui est traditionnel au Mexique (Adler de Lomnitz, 1993 ; Jacquin, 2012).

Près de deux cent cinquante lotissements à bas coût ont ainsi été produits autour de Mexico depuis la fin des années 1990[5], soit près de sept cent cinquante mille logements. Ils comportent en moyenne trois mille logements, une partie d'entre eux dépasse les vingt mille logements. Plus de trois millions d'habitants y vivent, soit 15% de la population de la zone métropolitaine de Mexico[6]. Au lieu d'être une modalité urbanistique, les nouveaux lotissements ont tout d'un instrument de promotion du secteur de la construction. Leur adoption a permis la

[4] Il s'agit des deux principales catégories produites : une construction minimaliste de deux pièces de plain-pied, qui prévoit la possibilité d'un agrandissement futur, et un logement « terminé » sur deux niveaux.

[5] Notre base de données provient du traitement et du classement des informations obtenues dans les permis de construire des entreprises immobilières. Ces permis sont archivés en format papier pour les dates antérieures à 1999. Les permis ultérieurs sont scannés et communiqués en ligne. Les données utilisées dans ce texte sont actualisées au 31/12/2011.

[6] Nous prenons pour référence la Zone Métropolitaine de la Vallée de Mexico, qui s'étend sur 7 854 km^2 avec un total de 20 137 152 habitants.

simplification des démarches d'urbanisation et la réduction du nombre d'acteurs dans l'arène de la programmation et de l'action urbaine, autour de deux pôles : l'État et les régions[7] d'un côté, puis les fédérations d'entreprises immobilières. Les municipalités, bien que prévues dans le scénario, n'ont pas voix au chapitre et font l'objet de pressions multiples pour éviter tout veto.

Ce mode de production de l'urbain assure en outre la pérennisation d'une structure déjà fortement ségrégée de l'agglomération de Mexico. De manière schématique, la moitié sud-ouest de la ville accueille historiquement les couches moyennes et aisées et la moitié nord-est les couches populaires, du fait qu'elle a reçu l'exode rural durant la deuxième moitié du siècle passé. Ce second secteur s'est urbanisé majoritairement sur un mode informel, ce qui représente aujourd'hui plus de la moitié du bâti d'usage résidentiel dans l'agglomération de Mexico. Les municipalités situées en limite d'agglomération au nord et à l'est sont sous-développées, mais ce sont celles qui reçoivent les opérations massives de logements standardisés, sans apport d'autres équipements que le minimum prévu à l'intérieur des lotissements. Autrement dit, les opérations de logement entraînent une redistribution de la population métropolitaine défavorisée en direction des marges sous-développées de l'agglomération. La population exposée aux carences urbaines s'en trouve ainsi fortement augmentée.

[7] Le Mexique est un État fédéral. Pour faciliter la lecture, nous utilisons en français le terme « région » pour désigner l'échelon des États fédérés.

FIGURE 1
DISTRIBUTION DES LOTISSEMENTS RÉCENTS AUTOUR DE MEXICO

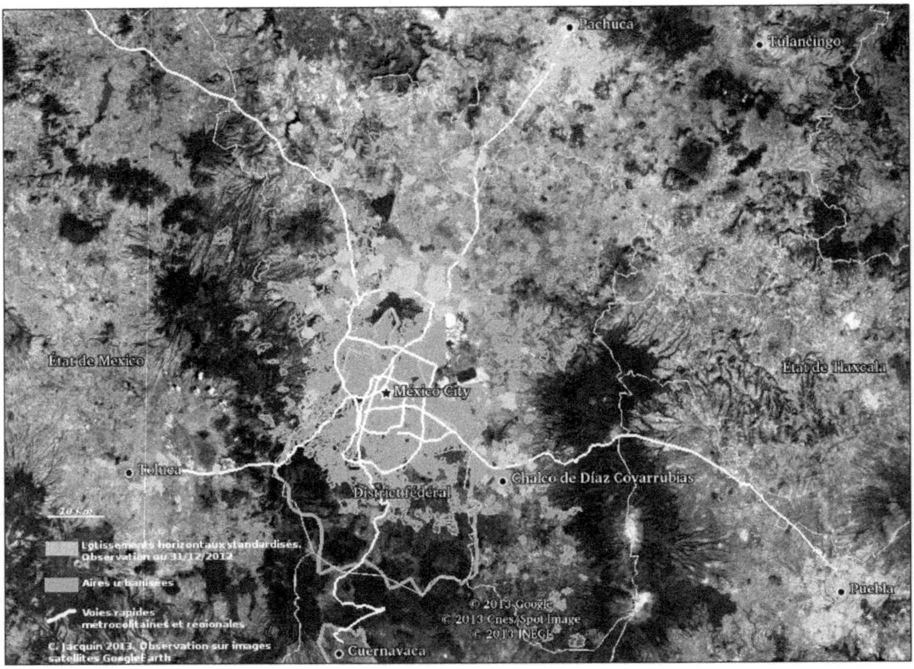

L'enjeu de la propriété dans le Mexique urbain populaire

Jusqu'en 2012, les logements standardisés se vendaient tous, sans exception, malgré les localisations les plus désavantageuses. Comprendre le succès des logements en lotissement périphérique demande de se pencher sur le sens de la propriété pour les couches urbaines populaires. Le contexte politique actuel, « généreux » dans son soutien au droit des travailleurs d'obtenir un logement « décent[8] », représente une opportunité pour les familles, que n'ont pas connue les générations antérieures. Du fait de leurs caractéristiques sociales et culturelles, la majorité des foyers visés par le logement d'intérêt social réunit trois générations dans un même logement, avec des ressources faibles et des conditions de vie précaires dans l'immense majorité. On peut parler d'une insécurité sociale généralisée pour ces ménages d'ouvriers peu qualifiés ou soumis à une succession d'emplois précaires (Castel, *op. cit.*). En l'absence d'une assistance sociale universelle, mais aussi en raison de droits du travail faibles et peu respectés par les entreprises et l'État, de l'absence générale

[8] Cette expression est employée dans les premiers articles de la Constitution politique du Mexique pour désigner le droit fondamental de toutes les familles.

de l'assurance, le moindre aléa menace les familles. Elles continuent alors de compter essentiellement sur la solidarité familiale et sur une organisation collective du quotidien (voir Kemper, 1982 ; Lomnitz, *op. cit.*).

Pour ce milieu social, pour ces foyers dont la tendance est au regroupement, l'accès à un logement indépendant se limite traditionnellement à quelques possibilités. Les logements produits par l'État avant les années 1990, en nombre réduit, étaient principalement canalisés au profit des travailleurs syndiqués des administrations et entreprises. L'option la plus répandue était, en réalité, l'achat, sur un mode illégal, d'un terrain non viabilisé, puis l'autoconstruction d'un logement en fonction de l'épargne progressive et du savoir-faire des personnes réunies dans le foyer. Ce mode de production du logement, orchestré par des intermédiaires autopromus entre les communautés d'habitants et le gouvernement, a donné lieu aux quartiers spontanés qui forment la périphérie consolidée. Ce système impliquait l'existence d'une importante épargne préalable pour l'achat du terrain et des premiers matériaux. Le foyer de trois générations est une unité sociale solide et stable malgré les évolutions conjugales et résidentielles, qui se fonde sur les principes de protection face aux aléas et de développement du groupe, tous milieux sociaux confondus. Il permet aux foyers la mutualisation de l'épargne, des dépenses et de la force de travail dans la construction du logement. Le terrain est construit de manière organique et le logement est agrandi selon les besoins d'espace, tant que le permet la surface de terrain. Le but est d'offrir une propriété en héritage à tous les ménages.

Si trois générations cohabitent, l'espace ne peut abriter tous les membres d'une famille. Une part de la génération « du milieu » finit par surpasser la capacité d'accueil. Ainsi exclus du patrimoine commun, les individus de ce groupe partent, sans épargne, en quête d'un nouveau noyau pour une famille qui, idéalement, réunira à son tour trois générations. Les salaires très modestes auxquels accède ce groupe social ne permettent cependant pas de reconstituer une épargne à un âge moyen, une fois que les ressources accumulées ont été investies dans un logement en autoconstruction. La plupart des familles dans ce cas se reportent sur la location précaire[9], et restent démunies face à toute difficulté.

Les logements en lotissement commercialisés dans le cadre de la politique actuelle représentent une solution inespérée pour les ménages concernés par cette situation. Parallèlement à la nette augmentation du

[9] Des lois encadrent la location au Mexique, mais elles ne sont pratiquement pas appliquées, plaçant propriétaires et locataires dans une situation de risque.

nombre de logements sur le marché, les instituts pour le logement ont élargi la définition des bornes de solvabilité pour les bénéficiaires des crédits à taux réduits. Des ménages plus modestes qu'avant, et avec une ancienneté moins importante dans leur emploi, accèdent alors à un crédit pour l'achat d'un logement « social ». Malgré la très petite surface des logements, et une qualité architecturale médiocre, ils accèdent à un logement sans nécessité d'épargne préalable, logement qui pourra être amélioré par la suite. Ils accèdent aussi à un environnement urbain perçu comme étant de bien meilleure qualité que les quartiers autoconstruits où la plupart ont vécu depuis l'enfance.

IMAGE 1
QUARTIER D'AUTOCONSTRUCTION ET RUE DE LOTISSEMENT

Source : Google-TeleAtlas 2012/Céline Jacquin 2010.

L'habitat en lotissement, une construction sociale

Puisqu'ils répondent aux mêmes normes architecturales, les lotissements récents varient très peu et les logements y sont pratiquement identiques, excepté quelques variations de façade et les gammes de couleurs qui constituent la marque de fabrique des entreprises. Les petits duplex mitoyens s'y alignent en bandes de vingt-cinq à trente logements dans des impasses fermées, en dents de râteau et en circuits dans un ensemble à la structure fermée. Pour les nouveaux propriétaires, conscients de la qualité constructive très basse du produit qu'ils acquièrent, les équipements – insuffisants en termes d'accueil – représentent cependant une amélioration, en comparaison des conditions de vie passées. La grande majorité valorise les éléments esthétiques et l'architecture d'ensemble des lotissements, de même que les aménagements et la voirie, évoqués comme symboles du mode de vie de la classe moyenne. L'uniformité et le sentiment d'ordre qui résultent, la conformité esthétique d'ensemble sont jugés par les habitants comme des éléments de bon goût et de modernité, par une lointaine ressemblance avec la *suburbia* nord-américaine, un décor de cinéma, ou encore « des maisons de poupée » à l'anglaise. Le sentiment de réussite du projet de propriété, qui plus est dans un espace qu'ils assimilent à un groupe social plus aisé, constitue le premier filtre de satisfaction des ménages. Quelles que soient ses caractéristiques, le logement est envisagé comme un objet de réussite et de statut social, pour la quasi-totalité des ménages interrogés et côtoyés. Rappelons que le contraste est considérable avec les conditions de vie d'origine : le manque de salubrité et un accès réduit aux services essentiels (électricité, eau courante, parfois le drainage, rues non asphaltées), le surpeuplement de toutes les pièces du logement et les fortes tensions qui en découlent. L'opposition avec ces villages et quartiers plus anciens, de tradition rurale et comparativement plus pauvres, est constamment utilisée par les familles « loties » pour souligner leur ascension sociale. Les éléments de distinction mis en avant visent les « valeurs » et l'éducation, les mœurs, le statut social. La population des quartiers voisins est, en revanche, assimilée à l'environnement social des quartiers d'autoconstruction, dont les enquêtés dressent un tableau dévalorisant.

Cette dimension favorise la construction de représentations spatiales et sociales positives et durables à partir du lotissement, qui contrastent avec les difficultés bien réelles qui ne tardent à peser sur les familles au quotidien. L'éloignement important entre le lotissement et le lieu de travail ainsi que les espaces fréquentés auparavant est atténué dans le discours des habitants, usant parfois d'un registre anti-urbain. Les lotissements semblent se placer à mi-chemin entre la ville et la province, qui apparaît comme une localisation de choix. Le sentiment d'avoir été séduit par les lieux est presque toujours évoqué, ainsi qu'un choix volontaire pour le lotissement, alors que le type de logement comme la localisation sont imposés par le marché. La plupart des ménages n'ont eu qu'une ou deux options lors de leur achat. Ils ont visité les lotissements en vente au moment de la validation du crédit, et se sont engagés pour un duplex sur plan. Le manque de solutions immobilières, qui conditionne l'arrivée dans le périurbain, a été souligné en France par exemple, de même que la construction d'un discours par les propriétaires qui légitime leur choix (Jaillet, 2004 ; Rougé, 2005). Ces mécanismes sont aussi observés au Mexique, même si le chemin parcouru par les nouveaux propriétaires, l'absence d'opportunités d'accéder à la propriété dans les conditions politiques passées et la taille du groupe familial donnent une valeur capitale à ce patrimoine résidentiel. Dans le cas des familles défavorisées mexicaines, les conditions de précarité dans l'emploi, le passage continuel entre emploi formel et informel, une sécurité sociale très fragile et des droits à la retraite peu respectés accentuent, à l'extrême, l'incertitude et les difficultés rencontrées au quotidien. Par ailleurs, les compétences sociales liées à un mode de vie rural datant d'une à deux générations et à l'expérience de l'habitat informel semblent être à l'origine de stratégies d'adaptation de l'espace présentées par la suite.

Territoires quotidiens : rupture et continuité

La discontinuité territoriale aiguë entre les lotissements et l'agglomération, mais aussi avec le tissu urbain des municipalités d'accueil, induit des territorialités complexes au quotidien (Di Méo, 1997).

La première difficulté évoquée par les ménages, en référence à la période d'installation, est l'isolement des réseaux de solidarité familiale. Les trajectoires résidentielles reposent, presque toujours dans ce milieu social, sur un réseau familial élargi et sur une très faible mobilité résidentielle. Selon notre enquête, le profil médian des foyers au moment de l'installation est un couple âgé de trente-cinq ans, avec trois enfants de sept à treize ans. Ces familles ont, pour la plupart, cohabité avec les parents et beaux-parents jusqu'à la période présente. S'agissant du premier logement indépendant, ces familles sont fortement dépendantes des échanges de solidarité, les femmes en particulier, dont une faible proportion menait une activité économique à l'extérieur du foyer. Elles avaient pour usage de s'appuyer sur les femmes de leur famille pour de nombreuses tâches et responsabilités, pour les soins des enfants de la maisonnée, et partageaient aussi avec elles leurs temps de loisir. L'installation dans un logement éloigné de ces réseaux, et soumis à une infrastructure de transport déficiente et coûteuse les premières années, soustrait cette ressource jusque-là indispensable, au moment même où tous les coûts du quotidien augmentent.

Le rôle des femmes dans cette période d´adaptation nous a amenée à développer une perspective de genre au cours de nos observations. Le genre apparaît en effet comme un facteur central de l'expérience quotidienne, en particulier dans cette période de déséquilibre. En matière de mobilité, ce biais est très révélateur. Si une petite partie des femmes avaient un emploi avant l´installation dans le lotissement, le niveau socioéconomique des familles ne permet plus de financer les navettes vers l'agglomération pour plusieurs personnes d'un même foyer. Le tissu économique est généralement très faible dans les municipalités d'accueil. Ces territoires offrent très peu d'emplois aux populations arrivantes, qui en une dizaine d'années de production ininterrompue de logements standardisés peuvent dépasser les cent mille habitants[10]. Le coût du transport pour motif de travail est la charge la plus difficile à assumer depuis le nouveau domicile, comparée aux autres charges qui sont restées globalement constantes depuis le déménagement[11]. Elle est multipliée par quatre pour la majorité des familles, du fait de la distance et du manque d'offres de transport. La somme de deux salaires, dans le cas des familles où la femme travaillait aussi, ne donne pas un bilan positif une fois le coût du transport déduit. Ce coût oblige à un arbitrage strict de tous les déplacements, en faveur du chef de famille (l'homme dans presque tous les cas). Ces difficultés d'accessibilité accentuent alors une division du travail traditionnellement forte. Les chefs de famille des foyers mexicains, zones rurales et urbaines confondues, sont masculins dans 70% des cas. Cette proportion baisse un peu dans la zone métropolitaine de Mexico, mais elle monte à 85% dans les lotissements périphériques récents[12].

Deux à trois ans après l'installation, l'adaptation au nouveau lieu de vie passe par le développement sur un mode informel d'un grand nombre d'activités de subsistance à l'intérieur du lotissement. Là où le commerce de proximité n'a été conçu qu'en proportion insignifiante et sans

---

[10] C'est le cas de plusieurs municipalités du nord de l'agglomération visées par le développement immobilier (Huehuetoca, Zumpango, Tecamac).

[11] Le coût du remboursement du crédit social n´est jamais énoncé par les familles comme un élément handicapant, par rapport aux dépenses quotidiennes et comparé au coût du logement dans les situations passées, que cela concerne l'autoconstruction des logements ou la location. Le montant des remboursements est calculé sur la base d'un pourcentage maximum (30%) du salaire, étalé sur une temporalité longue (vingt à trente ans).

[12] Cf. Recensement général de population de l'INEGI de 2010.

intégration à l'habitat, un tissu de plus en plus dense de commerces informels apparaît dès les premiers mois d'installation, aux mains des femmes. Ces commerces prennent principalement deux formes. Les marchandises sont installées à même le sol ou de simples établis sont montés dans l'espace public aux moments d'affluence dans les lieux clés, tels que les portes des écoles ou encore dans les rues fermées. Les logements eux-mêmes sont utilisés comme commerces, de manière temporaire ou permanente, au moyen d'installations à la fenêtre ou en occupant tout ou partie du rez-de-chaussée comme local commercial (Jacquin, 2008, 2012). Encouragée par l'immense demande captive et par le besoin vital de revenus de complément, cette dynamique est à la source d'un relatif développement local. Bien qu'obtenue aux dépens de surfaces habitables déjà très réduites, une amélioration progressive des conditions de vie des familles est observée dans l'intervalle d'une dizaine d'années. Les conditions de vie et la situation urbaine du lotissement suscitent ainsi une activité féminine intense. Le gain atténue le manque à gagner des femmes qui ont dû renoncer à leur emploi, et apporte un complément à celles qui comptaient avant tout sur les solidarités familiales. La grande homogénéité de situations entre les familles, jeunes parents et nouveaux propriétaires, et entre femmes, isolées dans le lotissement, favorise l'émulation autour du gain et de l'épargne. Si les liquidités sont utilisées en premier lieu pour les dépenses quotidiennes, l'objet ultime est l'agrandissement des maisons, avec le projet d'accueillir à terme un foyer plurigénérationnel. Malgré l'inadaptation des logements standardisés à une autoconstruction graduelle à la manière des quartiers spontanés et malgré l'irrégularité de ces transformations, les pratiques traditionnelles s'imposent dans la perspective d'adapter l'espace aux besoins du groupe familial. Fortes de cette motivation, les femmes sont ainsi engagées de manière constante et simultanée dans des groupes d'épargne collective pour s'entraider dans la constitution d'un capital.

Le développement local, consistant essentiellement en commerces et services de proximité, reste relatif mais bien réel dix ans après l'installation. Une lecture rapide de la situation sociale des lotissements périphériques de Mexico peut mener à penser que la différence avec les quartiers d'autoconstruction tient plus aux caractéristiques constructives de l'espace public et des réseaux qu'aux conditions de vie des habitants. C'est voiler la dimension temporelle et la trajectoire générationnelle des habitants. Les lotissements récents accueillent en effet une génération fragilisée car exclue des mécanismes de levier inhérents au modèle de foyer plurigénérationnel : les solidarités et les économies d'échelle, et surtout la garantie d'un patrimoine en héritage. L'amélioration du pouvoir d'achat et l'apparition d'un bassin d'emploi local entraînent des recompositions importantes sur les territorialités de vie. Les hommes trouvent notamment l'opportunité de s'autonomiser d'un emploi qui oblige à une mobilité pendulaire chère et contraignante, au profit d'une activité d'auto-entrepreneuriat dans le lotissement. La baisse des dépenses permet la réintroduction d'une mobilité orientée vers le loisir et les visites familiales, très limitées les premières années. Cet ancrage dans l'espace local modifie à son tour le rapport à la ville.

L'approche longitudinale des trajectoires de vie présente la décohabitation des familles comme un basculement brutal vers une situation de crise, d'un point de vue pratique, matériel, et social. C'est cette situation qui pousse les individus à mobiliser toutes leurs compétences pour réorganiser leur existence. Pour beaucoup d'enquêtés, cette situation est inédite. La similitude de profil des foyers et le partage d'une même situation dans un espace résidentiel autocentré, loin de constituer un inconvénient (c'était l'une des conclusions du travail de P. Willmott et M. Young – *op. cit.)*, permet ici la mise en place d'un cercle vertueux qui favorise l'émergence d'une économie locale, de relations sociales intenses et de multiples formes de solidarité. Ces dynamiques favorisent un ancrage progressif de la communauté à l'espace local, perceptible dès la première année d'installation.

Appropriation de l'espace et développement communautaire

Un rééquilibrage des genres dans la vie économique du lotissement s'installe progressivement. La répartition traditionnelle des rôles féminin et masculin dans les familles, accentuée par la localisation des lotissements en lointaine périphérie, produit des espaces publics essentiellement féminins durant la journée. Ce sont les femmes qui, au quotidien, se trouvent en position de chercher de nouvelles stratégies et de développer de nouvelles compétences (Berry-Chikhaoui et Deboulet, 2002) pour faire face aux difficultés liées au nouvel environnement. Face aux importantes difficultés matérielles, mais aussi émotionnelles les premières années, les femmes développent des stratégies pour créer des relations de voisinage aptes à remplacer l'aide familiale dont elles bénéficiaient dans le passé. La création de relations d'entraide stables est clairement formulée comme un objectif partagé par toutes[13]. L'enjeu, l'échange de biens de première nécessité et de petites sommes d'argent, est transparent dès les premières approches entre voisins. Plus avant, les relations de confiance naissantes peuvent être consolidées au travers de

[13] Ces logiques de transition vécues par les familles élargies lors d'une rupture géographique ont été observées dans la banlieue londonienne des années 1950 par Willmott et Young (1983).

l'organisation de groupes d'épargne collective (sur le modèle de la tontine). Dans les premiers mois d'installation, c'est à partir de la relation d'entraide matérielle qu'émergent les relations amicales, et non l'inverse[14]. Une validation de ces relations primaires a lieu au travers de l'organisation des habitants autour de problèmes collectifs, tels que l'accès défaillant à un service essentiel. Des réseaux d'action se forment ainsi d'une rue à l'autre sur la base des *leaderships* naissants, renforcés dans un second temps par les affinités. Les mises en œuvre d'actions collectives dans différents champs – scolaires, culturels, ayant trait aux services urbains, à la canalisation de l'aide sociale, etc. – font des femmes un acteur communautaire clé dans les lotissements.

L'ancrage des femmes dans l'espace local proche du foyer est traditionnel dans le Mexique populaire. La première tendance, en situation de rupture avec le cercle de parenté, est un repli encore plus fort autour du foyer. L'espace public des lotissements, un environnement vaste et hostile, semble le favoriser : peu ergonomique, très peu végétalisé, exposé au soleil et au vent, et clos par divers niveaux d'enceintes. Pourtant, l'absence de réseau social les oblige à élargir rapidement leur espace de référence. Les nécessités d'adaptation à l'espace et de création de nouvelles ressources dans l'espace local les poussent à s'approprier les lieux publics où se concentrent les sociabilités. La réaction rapide face à cette situation de rupture apporte en quelques années des nuances dans cet espace fortement structuré par le genre. Les femmes voient leur espace de référence se dilater, non seulement à l'échelle locale mais aussi à l'échelle métropolitaine. Leur création de richesse leur permet en effet de financer des voyages à caractère social et récréatif vers le centre de la municipalité d'accueil, vers d'autres parties de la ville, seules ou accompagnées, de manière plus ou moins fréquente. Sous le prétexte de l'approvisionnement, la tenue d'un commerce est une motivation supplémentaire à des mobilités en chaîne. Les visites du centre-ville se font nécessaires[15], permettant l'achat de marchandises, mais aussi la flânerie et la consommation de loisirs.

La territorialité quotidienne des hommes employés à l'extérieur du lotissement suit un tout autre modèle. Leur mobilité pendulaire couvre des distances très larges, sous une forme réticulaire et sans nœuds forts. L'éloignement réduit ainsi drastiquement la marge des activités réalisables dans le cadre d'une journée ou d'une semaine. Beaucoup d'hommes ont en outre des horaires de travail cumulés (trois-huit). Le

[14] On peut voir à ce sujet Bidart (1997).

[15] La partie historique du centre-ville de Mexico constitue un vaste marché où l'on trouve les meilleurs prix du pays pour tous types de biens (voir Monnet, 1993).

développement d'activités supplémentaires, en plus du couple travail-repos, dépend alors totalement de leur localisation sur le trajet. La mobilité est en tension constante autour des lieux fréquentés, fermés sur eux-mêmes, et elle limite l'investissement social dans chacun d'entre eux, y compris dans le logement et le lieu de travail. Les hommes sont très absents dans leur propre famille et ne développent que très rarement des relations de voisinage. L'amplitude des déplacements, de deux à quatre heures par trajet[16], les oblige à investir leur présence au foyer dans le repos. La charge de travail est amplifiée par cette mobilité contraignante, et rend ce temps si précieux que toutes les activités familiales s'organisent en fonction des moments de repos du chef de famille, qui équivalent en fait à sa présence. La vie du lotissement est ainsi rythmée, après les temps de l'école, par ceux de l'arrivée et du départ des hommes.

Conclusion

Les effets de l'actuelle politique du logement se traduisent en une forme d'urbanisation qui domine quantitativement et qualitativement dans toutes les grandes villes mexicaines. Elle pose problème sur le plan social en termes d'accès à un habitat fonctionnel, mais aussi sur le plan de la maîtrise urbaine. Cette politique octroie un patrimoine à une importante partie de la population, mais elle favorise, au travers d'autres modalités, un mode de fabrication de la ville « sans qualité ». Les lotissements, dits d'intérêt social, produisent d'importantes carences qui affectent la qualité de vie des habitants, en matière de transport, d'équipement public (éducatifs, de santé, récréatifs), à l'intérieur et à l'échelle municipale, de commerces.

Outre ce constat, les lotissements récents sont des laboratoires éloquents des modes d'adaptation des pionniers et des processus d'organisation sociale autour de la consolidation du noyau résidentiel, dans le cadre de trajectoires mobilisant plusieurs générations. Accoutumées à un mode d'urbanisation incomplet, les familles prennent en charge l'amélioration matérielle de leur environnement, et développent à leur tour des pratiques, des compétences, et ce faisant des territorialités nouvelles. Ces compétences peuvent faire penser à une responsabilisation (*empowerment*) de ces citadins, mais il ne s'agit que de remèdes palliatifs qui soulignent l'absence cruelle de planification urbaine.

Notre étude montre les similitudes entre le rôle des habitants pionniers des quartiers spontanés et celui des habitants des lotissements récents.

[16] Cette fourchette concerne des déplacements entre la partie centrale de Mexico et les municipalités en cours de développement immobilier au nord : Tecamác, Zumpango, Huehuetoca, Tizayuca.

Elle souligne la continuité dans les comportements, les attentes et les aspirations des familles, qui permet une acceptation sociale sans heurt du nouveau modèle de logement « social ». Le couple que forment le modèle de financement et le règlement à l'origine des lotissements récents est présenté par l'État comme un instrument idoine de planification urbaine et une solution au déficit en logements. Il s'agit, en réalité, d'un modèle de production de la ville qui continue de reposer sur l'effort des groupes populaires pour accéder au sol urbain, au patrimoine, et à une forme de sécurité sociale mal pourvue par l'État. Ce principe n'a pas fondamentalement changé depuis les années 1940, au moment de l'exode rural.

Bibliographie

ADLER de LOMNITZ L., *Cómo sobreviven los marginados*, (1975), Mexico, D.F. : Siglo XXI, 1993.

BERRY-CHIKHAOUI I., DEBOULET A., « Les Compétences des citadins : enjeux et illustrations à propos du monde arabe », *L'Homme et la société*, vol. 143-144, n°1, 2002, pp. 65-85.

BIDART C., *L'Amitié, un lien social*, Paris, La Découverte, 1997.

CASTEL R., *L'Insécurité sociale. Qu'est-ce qu'être protégé ?*, Paris, Le Seuil, 2003.

DI MÉO G. (coord.), *Les Territoires du quotidien*, Paris, L'Harmattan, 1997.

DUHAU E., JACQUIN C., « Les Ensembles de logements géants de Mexico. Nouvelles formes de l'habitat social, cadres de vie et reformulations par les habitants », *Autrepart*, n°47, 2008, pp. 169-186.

JACQUIN C., « Producir y habitar la periferia. Los nuevos conjuntos de vivienda de bajo costo en México (ZMVM) », *Boletin del IFEA*, "Nuevas periferias", vol. 41, n°3, 2012, pp. 389-415.

JACQUIN C., « El Conjunto habitacional Las Américas, un laboratorio para la edificación de una microsociedad », *Revista Alteridades*, vol. 17, n°34, 2008, pp. 57-73.

JAILLET M.-C., « L'Espace périurbain : un univers pour les classes moyennes », *Esprit*, 2004, pp. 40-62.

KEMPER R.V., « The Compadrazgo in Urban Mexico », *Anthropological Quarterly*, vol. 55, n°1, 1982, pp. 17-30.

LAUTIER B., *L'Économie informelle dans le tiers-monde,* Paris, La Découverte, coll. « Repères », 2004.

MONNET J., *La Ville et son double, la parabole de Mexico*, Paris, Nathan, « Essais & recherches », 1993.

ROUGÉ L., *Accession à la propriété et modes de vie en maison individuelle des familles modestes installées en périurbain lointain toulousain. Les « captifs » du périurbain ?,* thèse de doctorat en géographie et aménagement. Université de Toulouse II Le Mirail, 2005.

WILLMOTT P., YOUNG M., *Le Village dans la ville*, Paris, Centre Georges Pompidou, Centre de la création industrielle, 1983.

Acheter une maison à tout prix. L'hypothèse d'un « filet territorial »

Jérôme PRUGNEAU et Emmanuel BIOTEAU,
avec la collaboration d'Aurélien MARTINEAU et Anne WILKINSON

L'accession à la propriété d'une maison individuelle constitue à la fois un rêve pour de nombreux ménages et un objectif de politiques publiques de logement. Mais être propriétaire n'est pas un gage de protection[1]. Ce texte s'intéresse aux mécanismes débouchant sur des situations de non-remboursements de crédits immobiliers dans des zones rurales et périurbaines, en interrogeant la dimension spatiale de la stratégie résidentielle des surendettés. Pourquoi ont-ils acheté hors des villes ? La localisation choisie joue-t-elle sur les difficultés ? L'émergence de ces parcours et de ces profils de surendettement est-elle prise en compte dans les politiques d'urbanisme, de logement et dans les politiques sociales des territoires où ils s'inscrivent ? Ce questionnement en appelle un autre, portant sur la capacité de mobilisation collective en réponse aux problèmes liés au surendettement, ici celui des ménages. En cherchant à identifier les ressources locales pouvant être mobilisées face à ces situations individuelles, nous posons l'hypothèse d'un cumul potentiel de soutiens, en utilisant la métaphore du filet.

Les éléments développés ici concernent les exemples français et irlandais. Nous avons choisi de nous focaliser sur des territoires ruraux et périurbains lointains, que nous considérons comme des territoires à risques pour les personnes accédant à la propriété qui souscrivent un crédit immobilier. Les espaces ruraux et périurbains lointains sont aujourd'hui assez fortement marqués par ces projets, aussi bien pour des raisons économiques (moindre coût du foncier et de la construction) que par choix personnel (attachement à un endroit, volonté de vivre « à la campagne »). La stratégie résidentielle repose alors avant tout sur le désir d'avoir une maison à soi, fût-ce au prix d'une vulnérabilisation financière, laquelle est facilitée, voire initiée, par les différents acteurs du secteur immobilier, collectivités locales incluses. À cela s'ajoutent un discours globalement normatif en faveur de l'accession (Ronald, Elsinga, 2012), un certain rejet du logement social (ou une impossibilité d'y accéder) et

[1] Ainsi s'amorce le texte de Pierre Bourdieu consacré à la problématique du surendettement (d'une chômeuse, d'ailleurs), dans *La Misère du monde* (1993, p. 745) : *« Elle fait commencer ses malheurs avec l'achat de sa maison, "une folie"... »*

la relative faiblesse de l'offre locative privée dans ces espaces. En cas de prise de risques initiale excessive, si certains paramètres, comme la nécessité de déplacement, ont été sous-évalués, ou lorsque survient un aléa de la vie, le rêve se fracasse sur les difficultés de remboursement du prêt et les personnes basculent rapidement dans le surendettement.

Deux questions seront ici développées :

– L'inscription du projet immobilier dans des territoires ruraux et périurbains lointains génère-t-elle, en termes de maximisation de la vulnérabilité, des risques de vulnérabilisation des individus ?

– Ces territoires peuvent-ils fournir des ressources susceptibles de limiter la vulnérabilisation pendant et après la crise liée aux arriérés de paiement, mais aussi en amont ?

Irlande, France : des contextes proches mais néanmoins distincts

Les terrains retenus pour ce travail sont les secteurs ruraux de trois comtés du sud-est de l'Irlande (Wicklow, Wexford, Carlow), et en France, les zones rurales (hors agglomérations d'Angers, Cholet et Saumur) du département du Maine-et-Loire. L'Irlande n'est pas la France de l'Ouest. Notre démarche consiste donc à nous appuyer sur des données de cadrage relatives à ces deux contextes. L'objectif poursuivi est de comprendre les processus menant au surendettement, et la vie dans le surendettement, plutôt que d'engager des comparaisons.

La recherche se fonde, outre un travail d'observation de terrain, sur l'étude de parcours et de suivis de ménages en surendettement, collectés auprès d'organismes d'accompagnement (ADIL[2] en France, MABS[3] en Irlande) et sur des entretiens avec l'ensemble des acteurs impliqués : personnels de ces organismes, travailleurs sociaux, organisations communautaires locales, financeurs, élus. Il s'agit donc d'une étude qualitative territorialisée[4].

Les espaces ruraux du Maine-et-Loire sont marqués par un fort essor de la construction de maisons individuelles (et secondairement, par la reprise d'un patrimoine immobilier ancien), correspondant à la dynamique de périurbanisation lointaine des agglomérations angevine et choletaise, voire nantaise, mais aussi à des dynamiques locales autour de petites villes, les différentes auréoles pouvant se chevaucher.

---

[2] ADIL : Agence départementale d'information sur le logement.

[3] Les MABS (Money Advice and Budgeting Services) accompagnent directement les endettés. Il y a soixante bureaux des MABS en Irlande dont deux à Wicklow, un à Wexford et un à Carlow, qui furent nos terrains d'étude.

[4] L'équipe rassemblée autour de ce projet se compose de deux chercheurs en géographie sociale, d'un assistant social travaillant à l'ADIL 49, actuellement en formation continue à l'université, et d'une enseignante d'anglais.

Nous nous sommes dirigés vers l'ADIL 49 chargée, pour le compte du conseil général de Maine-et-Loire, de l'instruction technique des dossiers relevant du Fonds d'aide aux accédants en difficulté. Ce fonds vise à faciliter le maintien dans le logement et dans le projet d'accession de personnes en arriéré de paiement de leur crédit immobilier. Afin de déceler les éléments liés à la dimension spatiale dans les parcours de surendettement, vingt-six comptes-rendus de suivis de ménages ont été analysés, tous localisés en zone rurale ou dans le périurbain lointain de Cholet ou Angers. Ce travail a également été mené en collaboration avec les responsables et les travailleurs sociaux de certaines Maisons des solidarités (ex-circonscriptions d'action sociale du conseil général) confrontés localement aux acquisitions immobilières à risques et à leurs conséquences.

L'Irlande a connu un formidable *boom* immobilier, avec une flambée des prix conduisant de nombreux ménages à prendre des risques pour accéder à la propriété (Norris, Winston, 2011). L'éclatement de la bulle immobilière et l'ampleur de la vacance, via le phénomène des *ghost estates*, lotissements fantômes partiellement ou totalement inoccupés, voire inachevés, privent désormais les acheteurs d'une sortie par la revente. Cet exemple incite à s'interroger sur le devenir de certains territoires ruraux de l'Ouest français frappés eux aussi d'une forme de frénésie bâtisseuse.

La croissance spectaculaire du marché immobilier irlandais, tant en termes de constructions que de transactions, a abouti à la formation d'une bulle, rendue possible par un accès aisé au crédit, aussi bien pour les promoteurs que pour les acheteurs. La solvabilisation s'est opérée par l'octroi de prêts de montant et de durée sans cesse croissants. Les prix ont culminé pendant la période 2006/2008 (figure n°1), avant de s'effondrer.

FIGURE N°1
INDICE DES PRIX DES MAISONS INDIVIDUELLES (IRLANDE, HORS DUBLIN ENTRE 2005 ET 2013)

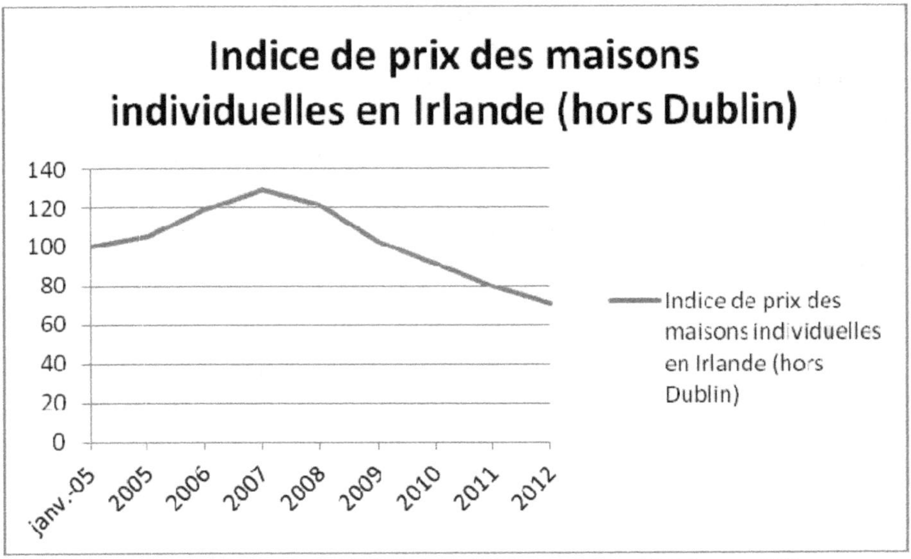

Residential Property Price Index, Central Statistics Office, 28 February 2013.

La période récente se caractérise par la conjonction d'un marché immobilier atone et d'une crise économique et sociale de grande ampleur se traduisant par le retour du chômage de masse et de l'émigration[5]. La vulnérabilité des ménages ayant acheté à crédit au moment où les prix s'envolaient est devenue maximale : la moitié des emprunteurs immobiliers irlandais sont en *negative equity*[6] ; s'ils parviennent à trouver un acquéreur pour leur bien, c'est à un prix inférieur au montant qu'il leur reste à rembourser[7], ils sont donc piégés sur place. Par ailleurs, le nombre de personnes incapables d'honorer leurs mensualités suite à une baisse d'activité, à une perte d'emploi, à la fin de leurs indemnités chômage[8] ne cesse de croître (figure n°2).

[5] Structurellement présents en Irlande, ces deux processus s'étaient inversés pendant la période de prospérité à partir du milieu des années 90.
[6] *Irish Mortgage Arrears Analysis*, étude du cabinet de conseil financier DAVY effectuée à partir des données fournies par les trois principales banques du pays.
[7] Entre 2010 et 2012, selon la *Property Services Regulatory Authority*, le prix médian de vente des biens immobiliers a chuté de 47 000€ à Wexford, 50 709€ à Carlow et 67 500€ à Wicklow.
[8] Au bout d'un an de chômage, les chômeurs irlandais passent d'un système assurantiel à un système d'assistance avec un revenu minimum, le *dole* (qui prend en compte les revenus du conjoint). Les effets financiers de la perte d'emploi sont donc décalés dans le temps.

FIGURE 2
LES ARRIÉRÉS DE CRÉDIT IMMOBILIER EN IRLANDE FIN 2012

(Central Bank of Ireland (mars 2013)	Janvier 2010	Janvier 2011	Janvier 2012	Janvier 2013
Nombre de crédits immobiliers avec des arriérés de paiement > 6 mois	28 603	44 508	69 354	94 488
Part des arriérés > 6 mois dans le nombre total de crédits	3,60%	5,70%	9,00%	11,90%
Part des arriérés > 18 mois dans le nombre total de crédits				9,50%
Montant moyen de l'arriéré pour les ménages ayant plus de 6 mois de retard				17 448€
Montant moyen de l'emprunt pour les ménages ayant plus de 6 mois d'arriérés				184 731€

Central Bank of Ireland (mars 2013).

Dans le projet immobilier, des enjeux territorialisés aux risques de la vulnérabilité

Ce qui différencie le projet immobilier rural ou périurbain d'un projet urbain tient, selon nous, de deux critères. Premièrement, la résidence est éloignée des principaux centres d'emplois (zones industrielles isolées mises à part), et des principaux pôles de services. Par ailleurs, ces espaces véhiculent, à tort ou à raison, l'image de sociabilités plus aisées. La vie en milieu rural faciliterait l'établissement de liens de voisinage et de proximité. Cette image est constitutive du rêve associé à ces espaces, au même titre que l'envie d'une plus grande propriété (dotée d'un jardin) ou la recherche du calme (face à la ville, vue comme répulsive). Comment cette envie d'un ailleurs et d'un autrement peut-elle conduire à une dégradation de situation, au point d'en arriver au surendettement ? Comment l'inscription du rêve, ou de l'aventure, de la prise de risque immobilière dans ces territoires génère-t-elle une fragilisation des individus en maximisant certains aléas ?

Comme le soulignent Metzger et d'Ercole (2011), l'approche des risques se focalise souvent sur les aléas, envisagés comme des causalités clairement identifiables, en les pondérant par une évaluation de la vulnérabilité, plus difficile à cerner. Si « *la vulnérabilité n'est plus seulement une propension à subir des dommages mais intègre aussi une capacité à les provoquer, les modifier, une capacité à faire face à une catastrophe* », cette « dimension active » n'est plus rendue par le paradigme initial Risque = Aléa x Vulnérabilité. En effet, l'intensité du processus de vulnérabilisation peut influer sur le déclenchement des aléas, les dommages qu'ils engendrent ou la capacité des individus à les surmonter.

Dans notre approche sociale de la dimension spatiale du risque de surendettement, nous rejoignons l'idée de Metzger et d'Ercole selon laquelle aléa et vulnérabilité sont interdépendants et intégrons l'exposition aux aléas comme un paramètre de la vulnérabilisation des ménages. Cela permet de mettre en avant le concept d'enjeux et de « *dissocier clairement ce qu'on peut perdre (les enjeux) de ce qui peut provoquer leur perte (la vulnérabilité)* ». Entretiens de terrain et analyse des suivis montrent bien la force de ces enjeux (perdre la maison, renoncer au rêve qu'elle représente, à la vision du monde et de soi dans le monde qui sous-tend l'investissement immobilier).

Afin d'aborder la dimension spatiale du surendettement immobilier, il nous a semblé utile de partir des récits de vie que des personnes en difficulté avec leur emprunt immobilier ont accepté de confier[9]. Nous suivons cinq ménages. « A », « B » et « C » ont été accompagnés par l'ADIL 49. Nous nous basons sur les notes prises lors des entretiens avec eux par les conseillers de l'ADIL : il s'agit de comptes-rendus assez détaillés des rencontres, qui peuvent omettre quelques informations mais visent à saisir au mieux la situation économique et sociale des personnes. « D » et « E » ont été rencontrés en Irlande. Ces cinq cas sont représentatifs des principaux vecteurs de risques, d'aléas et de vulnérabilités expliquant l'évolution de situations personnelles vers le surendettement.

Le territoire et le « rêve » immobilier générateurs de fragilité. Enjeux

« A » et son épouse ont fait le choix de devenir propriétaires en quittant un logement social afin d'acquérir une maison plus grande, d'un pavillon type 3 à un type 5. Cette opération leur permettait aussi de passer d'une commune rurale de deux mille cinq cents habitants à une petite ville de sept mille habitants. Ce couple a été démarché à domicile par un promoteur/constructeur. Dans ce cas, le rêve d'une habitation à soi, plus vaste, à proximité des services, joue à plein. La relative sécurité financière apportée par le logement social disparait.

---

[9] Méthode aussi employée par Michelle Norris (UCD) et Simon Brooke (MABS) dans leur rapport diligenté par le MABS de Waterford, basé sur des entretiens avec 43 ménages suivis par 9 MABS, dont les personnels ont eux aussi été interrogés.

Dans le cas du couple « B », l'investissement immobilier est effectué à grande distance du lieu de vie initial (plus de 50 km). Au moment de contracter le crédit, lui est travailleur intérimaire et occupe des postes dans la ville d'achat ou alentours. Elle est salariée à proximité de l'ancien lieu de vie, à plus de trente kilomètres dans une direction opposée. Elle effectue donc au début des trajets quotidiens de plus de cent soixante kilomètres. Est-ce la part de rêve ou simplement la volonté de s'établir dans la seconde commune qui l'emporte ? Le dossier ne dit pas ce qui a motivé cet achat : des attaches familiales, amicales, un coup de cœur pour l'habitation ? Nous savons juste qu'ils disposent d'un solide réseau de connaissances autour de leur ancienne commune de résidence. Suite à l'achat, elle est rapidement licenciée puis retrouve un emploi dans leur commune de nouvelle résidence. Mais lui obtient un emploi à temps plein, en CDI, à vingt kilomètres de l'ancienne commune de résidence, ce qui lui fait effectuer, à son tour, des trajets journaliers de plus de cent quarante kilomètres.

« D » est un couple d'une quarantaine d'années avec trois enfants, qui s'installe au sud du comté de Wicklow en 2006. Propriétaires d'une maison en deuxième couronne de l'agglomération dublinoise, ils ont, suite à une visite chez quelqu'un de leur famille, eu le coup de cœur pour cette commune rurale à une heure de route (en particulier pour la vue sur les montagnes depuis le lotissement où ils ont acheté). Vendant bien leur précédent logement, ils ont contracté un prêt conséquent pour des travaux d'agrandissement et d'embellissement. Nous sommes ici dans une recherche d'« idylle rurale » (le terme est employé à plusieurs reprises lors de l'entretien), permettant d'offrir aux enfants un cadre de vie jugé sûr et agréable (précisons que leur commune d'origine n'a pas mauvaise réputation et qu'aucun évènement particulier n'y a concerné cette famille). Cette vision idyllique se prolonge par l'achat d'un cheval pour la fille ainée. Lui conserve son emploi de fonctionnaire basé dans la ville où ils habitaient auparavant, avec plus de deux heures de route par jour. Elle quitte son travail dans un magasin, et devient formatrice pour adultes sur leur nouveau lieu de résidence. Elle n'a pas le permis de conduire et le bourg d'un millier d'habitants où ils résident n'est desservi par aucun réseau de transports en commun. Même si, via l'école et l'emploi qu'elle occupe, le couple s'est constitué un réseau relationnel, ils n'ont aucune famille sur place (la personne qu'ils connaissaient étant décédée en 2009).

« E » est un jeune couple d'une trentaine d'années, avec deux enfants en bas âge, installé en 2008 dans le comté de Wexford. Ils ont fait construire une grande maison (la bénévole qui les suit parle de « quasi-manoir »), avec sept chambres, en rase campagne (pas de voisinage immédiat, plus proches services à quatre kilomètres de route sinueuse). Cela correspond à un projet de famille nombreuse dans un cadre de vie soigneusement choisi (leur maison est à flanc de montagne avec une rivière qui serpente au fond du terrain) ; là encore, la dimension idyllique joue à plein. Lui est chef de chantier dans une entreprise de BTP localisée à l'ouest de Dublin, soit à une heure trente de route. Elle ne travaille pas, ils ont deux voitures et ne connaissent personne sur place à leur arrivée.

« Le grain de sable dans le bonheur rêvé ». Aléas

Les propriétaires occupants en situation de surendettement ne le sont pas uniquement en raison de leur achat de logement (Bioteau, 2011). Les causes sont multiples ; l'ensemble renvoie à ce que très souvent l'on nomme les « accidents de la vie ». L'accident à proprement parler joue en tant qu'aléa, certes, mais peut-on considérer qu'un projet de vie dont les enjeux conduisent à une prise de risque élevée soit un « accident » ? L'aléa est l'évènement déclencheur, quelle qu'en soient la nature et l'origine, mais il est également une des composantes d'une vulnérabilité à laquelle concourt la dimension spatiale du projet.

Remobilisons ici l'exemple de la famille « B ». Peu de temps après l'obtention d'un emploi dans la commune de nouvelle résidence, elle est victime d'un accident de circulation. Elle suit une rééducation, qu'elle effectue dans l'agglomération nantaise (à plus de 60 km de leur résidence). Elle doit ensuite avoir une voiture adaptée. Si le couple n'a pas à subir les frais de rééducation, il doit engager des frais pour ce véhicule. Par ailleurs, l'indisponibilité de Madame et le travail à longue distance de Monsieur leur imposent de recourir à des prestataires de transport pour leurs enfants. Le couple contracte des dettes de transport scolaire, puis auprès du collège.

Le cas « C » découle de multiples aléas. Lui dispose d'un statut de travailleur handicapé suite à un accident du travail déjà ancien. Il perd son emploi trois mois avant le début de l'accompagnement assuré par l'ADIL 49. Elle est à cette même époque, et depuis plus d'un an, en incapacité de travail pour dépression. Dans leur cas, l'assurance du prêt immobilier n'a pas fonctionné ; elle ne couvrait pas les risques de maladie longue durée et n'incluait pas le risque de perte d'emploi pour lui, du fait de son handicap. Par ailleurs, ils font le choix de scolariser leurs enfants dans un établissement d'enseignement privé, et de les placer en internat.

Le ménage irlandais « D » cumule lui aussi les aléas : le poste de l'épouse est supprimé en 2010 et, en même temps, le mari est victime de graves problèmes de santé l'empêchant de poursuivre son activité. S'il bénéficie d'une prise en charge en tant que fonctionnaire, il perd un certain nombre d'avantages et voit son revenu décroître ; parallèlement, son état nécessite de fréquents déplacements vers une structure médicale située à une heure trente de route.

Le mari du couple « E » est, comme nombre d'Irlandais et d'immigrants travaillant dans le bâtiment, victime de l'implosion de la bulle immobilière : il perd son emploi en 2010. Le montant de l'emprunt était calculé sur ses revenus de 2006. Les mensualités à rembourser deviennent vite insoutenables, d'autant plus que l'épouse est mobilisée par la logistique autour des trois enfants (il y a eu une naissance entre temps). Leur prêt est défini comme « irréaliste », « fantasmagorique » et « tout simplement criminel » par les deux bénévoles et le professionnel qui accompagnent cette famille. Lui trouve sporadiquement des chantiers comme simple ouvrier, mais souvent loin de la maison ; il effectue parfois des travaux au noir, au risque de perdre ses droits à l'aide sociale.

Des inégalités sociales devant l'aléa. Vulnérabilités

Dans le cas de « A », aucun aléa ne semble jouer en particulier ! La fragilisation de la situation financière du couple est liée à l'achat immobilier lui-même. Le crédit immobilier contracté est seul déclencheur de la situation de surendettement. L'aléa peut être considéré comme la rencontre avec le promoteur, et l'attention donnée au projet proposé. La vulnérabilité de ces personnes est ici évidente sur le plan financier : l'acquisition du bien signifie une augmentation de la charge financière du logement, et l'abandon des facilités offertes par un loyer de logement social. C'est l'achat qui conduit, seul, au surendettement.

Pour cette famille, comme dans le cas de « B » et de « C », les aléas révélés sont un incident ou une série d'incidents cumulés. Mais ces incidents n'ont d'effets que parce qu'ils se produisent dans un contexte de fragilité antérieure. Cette vulnérabilité de la personne ou du couple peut être expliquée : pour « B », l'amplitude des déplacements effectués ; dans le cas de « C », une assurance immobilière incomplète, mais aussi le choix de scolarisation des enfants.

C'est là un aspect essentiel : la vulnérabilité n'est pas uniquement induite par des événements subis, elle est aussi induite par le projet de vie des personnes. Pour le couple « C », le fait de résider dans une commune rurale impose l'internat, et les surcoûts financiers qu'il induit, afin de préserver le bien-être et la qualité des études des enfants ; les temps des trajets auraient été trop longs.

Le rôle du projet de vie – et de sa dimension territoriale – apparaît très nettement pour les familles irlandaises « D » et « E ». Dans les deux cas, le déclencheur de l'endettement est le désir d'idylle rurale, mais il est conçu dans une logique périurbaine : l'emploi des hommes reste basé à Dublin. Cet éloignement constitue un facteur de vulnérabilisation en soi : les troubles de santé de Monsieur « D » sont partiellement dus à un état de fatigue intense (il se lève à quatre heures pour embaucher à six heures et revient chez lui vers dix-huit heures).

Le sentiment d'isolement ressenti par Madame « E » dans leur maison de rêve renvoie aussi aux périodes d'absence de son mari parti sur ses chantiers. Lorsque l'aléa survient sous la forme d'une perte totale ou partielle d'emploi, le choix initial d'installation en zone rurale exacerbe le processus de vulnérabilisation : pour Madame « E », l'absence de réseau local (et les horaires d'école irlandais) puis la nécessité de limiter les frais de déplacement la confinent dans un rôle de mère au foyer qu'elle ne peut plus assumer, faute de moyens (ils ont vendu une voiture, donc soit elle se déplace à pied, soit elle a recours à l'assistance de voisines). Madame « D », quant à elle, ne conduit pas ; elle ne peut guère espérer retrouver d'emploi localement (sauf si on recrée son poste), ni postuler ailleurs.

Le paradis initial de la « grande maison dans la prairie » devient un enfer dont on ne peut s'extraire : le couple « E » cherche vainement à vendre et à louer depuis deux ans.

Pour la famille « D », l'emprunt immobilier et l'entretien du cheval sont devenus insoutenables en raison de leur baisse de revenus (d'autant que lui étant encore en emploi, elle ne reçoit qu'une aide minimale). C'est d'ailleurs le cheval, symbole du projet rural de la famille, qui cristallise tous les problèmes : Madame « D » privilégie le paiement de l'écurie au remboursement du prêt mais la possession de cet animal (signe extérieur de bonne santé financière) la coupe de nombreux circuits d'aide. Cela dit, dans le contexte irlandais actuel, il est invendable, donc la seule solution serait de le faire abattre ou de l'abandonner. On imagine les effets sur le bien-être de la famille... Ce cas illustre la logique des « enjeux » tels que les entendent Metzger et d'Ercole : l'importance accordée à ce qui risque d'être perdu joue terriblement sur le niveau de risque consenti.

Des ressources du territoire : un « filet » protecteur ?

Comment les territoires peuvent-ils apporter des ressources permettant de réduire la vulnérabilité, pendant et après la crise liée à l'arriéré de remboursement de crédit ? Certains territoires proposent des solutions d'accompagnement (le conseil général du Maine-et-Loire via ses conventions), d'autres des supports de sortie de la crise individuelle ou familiale. Mais aussi, comment les territoires peuvent-ils jouer en amont sur le processus de vulnérabilisation ? Par ce dernier questionnement, nous posons l'hypothèse d'inégalités sociales liées au lieu de vie. Certains territoires se révèlent facilitateurs, ressourçants, lorsque d'autres, au contraire, peuvent être vecteurs d'un renforcement des fragilités individuelles.

Au travers de cette hypothèse, nous interrogeons l'ensemble des soutiens locaux (familiaux, amicaux, professionnels) qui, réduisant la vulnérabilité, amoindrissent les effets de l'aléa. En quoi le territoire est-il ici ressource ? Cela conduit à analyser les stratégies des politiques publiques, des projets associatifs, des familles. En travaillant sur les vulnérabilités à l'échelle d'un territoire donné, il s'agit de montrer et de produire des ressources du territoire, utiles à ses habitants.

Ces deux entrées, « par » le territoire et « pour » le territoire, interrogent la capacité du territoire à faire « filet ». Par cette analogie, nous entendons l'ensemble des mécanismes en œuvre qui permettent de mieux protéger les personnes en situation de surendettement.

Sur les soutiens locaux :
le territoire (lieu de vie, réseaux, proximités) comme ressource.
Accompagner et si possible corriger

Nous proposons d'associer aux exemples développés précédemment de nouveaux cas d'étude qui témoignent par leur évolution, voire par leur résolution, d'une sortie par le haut de la situation de crise, sortie permise « par » le territoire et ses ressources. Ainsi « F » et « G » seront mobilisés : il s'agit de deux exemples supplémentaires issus des suivis réalisés par l'ADIL 49.

« F » pourrait être considéré comme le cas classique d'un couple avec enfants se séparant. Elle est, lors de sa première rencontre avec l'ADIL 49, en charge des deux enfants. Un premier jugement lui ayant accordé la jouissance de la maison, elle assume seule, en attente du divorce, le remboursement du prêt immobilier. Elle ne demande pas de frais compensatoires, son époux étant dans l'incapacité d'y subvenir. Le prêt immobilier contracté moins de deux ans auparavant court encore sur plus de vingt-sept ans. Face à cette situation de crise, elle va disposer de l'appui d'une banque, qui accepte le rachat du crédit initial et l'étalement du remboursement sur trente ans, et surtout d'un soutien familial fort, ses parents se portent caution et co-emprunteurs auprès de la nouvelle banque, dont ils sont clients. Enfin, elle se voit proposer un emploi dans un commerce de la commune.

Dans ce cas précis, l'attachement à la maison, au lieu, est à la fois ce qui précipite la crise et ce qui permet de la résoudre. La personne ne souhaite pas quitter son habitation. Ses parents résident dans la commune. Son aîné y est scolarisé. Elle y garde des attaches amicales. La situation de crise engendrée par le surcroît de remboursement de crédit est donc imputable à ce choix de se maintenir dans la commune, et de ne pas changer d'habitation pour ses enfants. Mais l'ensemble du tissu relationnel local est aussi ce qui permet de solutionner les difficultés, par l'apport de son capital d'autochtonie (Retière, 2003) : ses parents, proches et disposés à l'assister, le banquier qui les connaît, son réseau local qui conduit à l'emploi.

Le territoire, à l'échelle de la commune, joue ici le rôle d'un filet protecteur pour la personne.

Dans le cas de « C », la réduction de la vulnérabilité est imputable à la conjonction de différents soutiens :

– Une aide du service social du lycée dans lequel est scolarisé l'un des enfants (dispense de frais d'internat),

– L'acceptation par différents créanciers d'une baisse des charges de différents emprunts, par allongement des délais ou réduction des taux d'intérêt,

– Le maintien du versement de l'intégralité du salaire de Madame par son employeur (une collectivité territoriale), ainsi qu'une proposition de suivi de formation pour reclassement dans un autre service,

– Enfin, une aide (non remboursable) du conseil général de Maine-et-Loire pour l'apurement de quelques dettes (eau, électricité).

Différentes composantes du filet jouent ici simultanément. Des solidarités professionnelles sont activées (l'employeur de Madame). Différentes institutions jouent un rôle amortisseur dans cette crise : l'ensemble des collectivités territoriales, jusqu'au lycée et aux établissements créanciers. Dans cette sortie de crise par le haut, Monsieur retrouve un emploi à plus courte distance de son domicile que ne l'était son précédent poste. Son nouvel employeur fait le choix de le salarier eu égard à son statut de travailleur handicapé et à la crise traversée par la famille.

Le « filet territorial » – la capacité du territoire à porter des ressources – est dans les deux cas à la fois le résultat de mobilisations communautaires dans une relation de proximité géographique ou via un réseau interpersonnel, et de la mise en œuvre de procédures d'accompagnement par les collectivités. Les accompagnants de l'ADIL 49 sont essentiels pour la détection des problèmes des familles, leur compréhension, et la recherche de leur résolution. Le rôle médiateur de l'association est ici primordial. Ces associations sont elles aussi constitutives du filet territorial. En cas de non ou de moindre présence sur tel ou tel territoire, voire de délai d'intervention plus long de ces associations, ou sans la convention avec le conseil général, le dénouement aurait pu s'avérer moins heureux.

Mais le tableau brossé ne doit pas éluder la part du choix des personnes dans le suivi des conseils donnés. Un autre cas, « G », peut être mentionné. Il démontre que l'action communautaire auprès des personnes en situation de surendettement n'est parfois pas suivie d'effets. Il s'agit d'un couple dans lequel seule l'épouse dispose d'un salaire ; sept crédits à la consommation sont en cours en sus d'un crédit immobilier, et le taux d'effort subi dans le cadre d'un apurement de dette en cours est de plus de 65% mensuels sur deux ans. Ce cas ne trouve pas de résolution du fait du refus de vendre l'habitation et du renoncement à solliciter un soutien dans le cercle familial.

Au final, l'habitation sera mise en vente dans le cadre d'un plan de redressement décidé en jugement. Les mécanismes décrits précédemment ne jouent pas ici leur rôle de filet, du fait du choix du couple de ne pas suivre certaines recommandations pouvant leur être faites, au titre de la volonté farouche de « garder la maison ».

Sur l'intégration des ressources du territoire dans la stratégie. Anticiper

Un exemple irlandais, la famille « H », illustre à la fois la capacité des individus à s'inscrire d'eux-mêmes dans une logique de filet et le rôle des éléments communautaires et territoriaux dans le processus de vulnérabilisation face à l'emprunt immobilier. Quand ils achètent leur maison en 2009, les « H » ont quatre enfants (deux autres sont nés depuis). Lui est à son compte (il vend des produits biologiques aux agriculteurs du sud-est de l'Irlande), elle est formatrice pour adultes dans un centre communautaire.

Originaires d'un bourg du comté de Wicklow, ils ont hésité sur la localisation de leur achat, envisageant de s'installer à Waterford (plus centrale par rapport au périmètre couvert par lui et offrant davantage d'employeurs potentiels pour elle). Après réflexion, ils ont décidé de rester sur place ; leur emprunt est basé sur deux années de revenus très élevés pour lui (90 000€ de chiffre d'affaires) avec un emploi à plein temps pour elle. Les aléas vont se succéder durant trois ans : naissances, maladies et accidents des enfants (étant au-dessus du seuil de la *medical card*, les frais médicaux sont entièrement à leur charge), perte d'emploi pour elle, revenus en baisse et irréguliers pour lui.

Les « H » présentent donc un profil pouvant conduire à une situation de surendettement. Or tel n'est pas le cas, et la stratégie territoriale de leur achat immobilier n'est pas étrangère à cette résilience.

Les parents de Madame « H » habitent à un kilomètre et récupèrent les enfants à l'école en début d'après-midi, les gardent si besoin, les nourrissent fréquemment et intègrent une partie des courses des « H » à leur propre panier. Une estimation des transferts liés à la nourriture évalue ceux-ci à deux cents euros par mois, sans compter les produits issus du potager des parents. Outre l'apport matériel indéniable, la possibilité de faire garder les enfants, de ne pas multiplier les déplacements (une sœur de Madame « H », mère au foyer, vit à cinq kilomètres de là et intervient dans le système d'échanges intrafamilial) a permis à Madame « H » d'être disponible pour des CDD un peu éloignés, puis de retrouver un emploi sur place, donc de sécuriser (au moins temporairement) leur emprunt. D'après elle, il lui serait totalement impossible de travailler si elle ne bénéficiait pas de cette solidarité familiale de proximité (qui marche à double sens, Monsieur « H » se rendant disponible pour emmener ses beaux-parents à Dublin ou les aider au jardin et dans la maison).

En entretien, les « H » affirment avoir pris en compte ce paramètre lors de leur choix initial et le considèrent comme décisif : il n'explique pas à lui seul leur non-surendettement, mais participe grandement d'une limitation de leur vulnérabilité, par l'activation d'un filet de protection territorialisé. Ce dernier a également joué dans le retour au travail de Madame « H » : localement, elle est reconnue comme une femme capable de concilier famille nombreuse et emploi. Il n'est pas certain qu'elle aurait été considérée de la même façon dans un autre contexte territorial, plus anonyme et sans capital d'autochtonie. L'équilibre économique des « H » demeure fragile et soumis à des évolutions à la fois de leur filet local, du contexte économique et d'éventuelles modifications des prestations sociales familiales dont ils bénéficient.

Être du territoire est en ce sens un avantage. Connaître la personne ou son environnement proche est utile à un meilleur accompagnement. Il n'est pas question de réactiver le mythe des solidarités plus marquées dans les territoires ruraux que dans les territoires urbains. Mais dans ces territoires, la pauvreté diluée dans l'espace est ainsi plus proche de chacun, donc peut être en contact plus facilement avec des leviers d'intervention potentiels, y compris pour ceux qui n'y connaissent personne. Encore faut-il que ces leviers soient activés.

Conclusion

Considérant que l'exclusion financière engendre l'exclusion sociale, les conséquences qu'entraîne cet isolement financier sont « *à la fois sociales, par le risque d'un repli sur soi et par l'absence de contacts avec l'extérieur et spatiales, par les contraintes d'une mobilité réduite et la limitation de l'espace de vie aux seuls domicile et voisinage immédiat* » (Glémain, 2012). Cela nous interroge sur une forme de spatialisation de la question sociale (Séchet, 2006). La métaphore du filet prend ici tout son sens.

L'existence d'un filet communautaire est confirmée par une deuxième dimension spatiale de ce filet : la relation entre vulnérabilité et territoires. Dans certaines situations, le territoire est susceptible d'apporter des ressources en amont pour réduire la vulnérabilité de ses habitants. La volonté politique (des collectivités, des États) de faire prévention et repérage, d'accompagner, les capacités communautaires à répondre collectivement aux difficultés liées au surendettement sont autant de mailles de ce filet. La circulation de l'information entre partenaires, le rôle des tutelles, la mise en réseau sont ici essentiels.

Les éléments constitutifs du filet interagissent différemment selon les territoires, les périodes, et les profils des bénéficiaires potentiels. Passer du surendettement lié à un projet immobilier à un questionnement sur les ressources des territoires permet d'appréhender la problématique des différenciations socio-spatiales et des inégalités territoriales. Nous avons fait le choix d'un travail à partir de territoires ruraux pour ces deux raisons : montrer comment le rêve d'une vie meilleure, véhiculant les images du bien-vivre à la campagne associées au désir de propriété, peut constituer un piège pour les personnes ; et illustrer l'importance du tissu local, des collectivités et des communautés dans la résolution potentielle des crises que traversent ces familles.

Bibliographie

BIOTEAU E., « Frontières et disparités spatiales du surendettement. L'action de la CLCV en Maine-et-Loire », in GAILLARD R., BILLAUDEAU V., BIOTEAU E., *Argent facile. Argent piégé. Pour comprendre les situations de surendettement personnel*, Rapport remis au conseil scientifique de l'Université d'Angers, Projets d'émergence interne, octobre 2011, pp. 73-89.

BOURDIEU P., « Suspendue à un fil », in BOURDIEU P. (coord.), *La Misère du monde*, Le Seuil, format poche, 1993, pp. 745-749.

DAVY (group), *Irish Mortgage Arrears Analysis*, Rapport, 2012, http://www.Davy.ie/content/email/mortgage20120817.pdf, consulté le 30 mars 2013.

GLÉMAIN P. (coord.), *Le Microcrédit personnel garanti : une analyse transdisciplinaire de l'accompagnement dans le cadre d'un service bancaire solidaire,* Rapport remis à la Direction générale de la cohésion sociale, ministère délégué à l'Économie sociale et solidaire, 18 octobre 2012, pp.10-18 consacrées aux liens entre surendettement et microcrédit.

METZGER P., D'ERCOLE R., « Les Risques en milieu urbain : éléments de réflexion », *EchoGéo*, n°18, septembre-décembre, 2011, http://echogeo.revues.org/12640, consulté le 30 mars 2013.

NORRIS M., BROOKE S., *Lifting the Load. Help for people with Mortgage arrears*, MABS (rapport), 2011, http://www.citizensinformationboard.ie/downloads/lifting_the_load_sep11.pdf, consulté le 30 mars 2013.

NORRIS M., WINSTON N., « Housing wealth, debt and stress before, during and after the Celtic Tiger », in FORREST R. (coord.), *Housing Markets and the Global Financial Crisis,* Cheltenham, Edward Elgar, 2011, pp. 74-93.

RETIÈRE J-N., « Autour de l'autochtonie. Réflexions sur la notion de capital social populaire », *Politix*, vol. 16, n°63, 2003, pp.121-143.

RONALD R., ELSINGA M., *Beyond home ownership; housing, welfare, society*, London, Routledge, 2012.

ROUGÉ L., « Inégale mobilité et urbanité par défaut des périurbains modestes toulousains », 2013, EspacesTemps.net, Travaux, 25/04/2007, http://www.espacestemps.net/articles/inegale-mobilite-et-urbanite-par-defaut-des-periurbains-modestes-toulousains/, consulté le 30 mars 2013.

SÉCHET R., « Quand le risque et l'urgence cachent les vulnérabilités et les inégalités », in SÉCHET R., VESCHAMBRE V. (coord.), *Penser et faire la géographie sociale. Contributions à une épistémologie de la géographie sociale*, Rennes, Presses Universitaires de Rennes, coll. « Géographie sociale », 2006, pp.117-132.

Politique
aux éditions L'Harmattan

Dernières parutions

UN MONDE SANS FAIM
Nous pourrons nourrir le monde en 2050
Lejeune Hervé
Un milliard de personnes souffrent de la faim alors que nous sommes 7 milliards et que nous produisons assez pour satisfaire les besoins alimentaires de douze milliards de personnes. Où est l'erreur ? Pauvreté, corruption, catastrophes naturelles, guerres, gaspillage, inefficacité de l'aide au développement... Produire plus de nourriture n'est pas la seule voie. Il faut dépasser les débats idéologiques qui freinent ou empêchent les progrès. Nous pourrons nourrir le monde en 2050 si nous le voulons.
(Coll. Questions contemporaines, 22.00 euros, 228 p.)
ISBN : 978-2-343-00745-8, ISBN EBOOK : 978-2-296-53859-7

SOLDATS DE FRANCE
L'armée au cœur de la nation
de Jerphanion Guillaume
Qui sont ces hommes et ces femmes qui patrouillent dans les gares parisiennes ou mènent de durs et meurtriers combats dans les montagnes afghanes et les sables maliens ? Comment sont-ils recrutés, formés, encadrés, motivés ? L'auteur, en s'appuyant sur trente années d'expérience militaire et de commandement, se propose de faire découvrir de l'intérieur cette catégorie socioprofessionnelle, en montrant la vie courante et les habitudes de ces soldats.
(34.00 euros, 328 p.)
ISBN : 978-2-343-01099-1, ISBN EBOOK : 978-2-296-53959-4

QUELLE ACTION PUBLIQUE FACE AU RACISME ?
Une recherche-action dans le Nord-Pas-de-Calais
Collectif Nous Autres
Qu'est-ce que le racisme du point de vue de l'action publique ? Comment s'envisage et comment fonctionne l'action antiraciste ? Confrontés aux limites d'un discours moralisant «contre le racisme» et par ailleurs témoins de la banalisation de formes de racialisation et d'ethnicisation jusqu'au sein de leurs institutions, les agents publics se sentent souvent impuissants et peu légitimes à agir. Comment résister dans ce contexte ? Comment imaginer d'autres chemins, d'autres pratiques possibles ?
(Coll. Questions contemporaines, 27.00 euros, 274 p.)
ISBN : 978-2-343-00910-0, ISBN EBOOK : 978-2-296-53914-3

PEUPLES AUTOCHTONES DANS LE MONDE
Les enjeux de la reconnaissance
Sous la direction d'Irène Bellier
À partir d'un atelier international qui travaille le sens de l'autodétermination à l'heure de la globalisation, anthropologues, sociologues, juristes et acteurs autochtones se sont interrogés sur le legs colonial et les enjeux politiques et sociaux des processus de catégorisation. Les évolutions du champ juridique et des constitutions. Ils montrent les articulations entre les domaines du social, du politique et du juridique qui témoignent des mécanismes - et des résistances - à l'œuvre dans le processus de reconnaissance.
(Coll. Horizons autochtones, 37.50 euros, 372 p.)
ISBN : 978-2-343-01120-2, ISBN EBOOK : 978-2-296-53922-8

GUERRE ET ÉCONOMIE : DE L'ÉCONOMIE DE GUERRE À LA GUERRE ÉCONOMIQUE
Kempf Olivier
Les relations entre l'économie et la guerre sont depuis l'origine structurelles, l'économie permettant la guerre et la guerre affectant l'économie. Comment considérer la guerre face à l'économie ? Que signifie vraiment cette guerre économique que les médias nous annoncent ? Ce livre permet de poser les analyses actuelles que suscite le rapport contemporain entre la guerre et l'économie.
(Coll. Défense, 27.00 euros, 276 p.)
ISBN : 978-2-343-00037-4, ISBN EBOOK : 978-2-296-53243-4

RÉGULER LES PRIX AGRICOLES
Berthelot Jacques - Préface de Mamadou Cissokho
Les vagues de flambée des prix agricoles mondiaux sont dues à l'effondrement des stocks céréaliers de l'UE et des États-Unis, suite à la folle promotion des agrocarburants et à la dérégulation de leurs politiques agricoles. Étant donné les hausses de revenus considérables en matière de céréales et oléagineux, l'engagement du G20 de lutter contre la volatilité des cours n'a aucune crédibilité. Concernant l'Afrique de l'Ouest, l'UE doit cesser d'imposer un accord de libre-échange et l'OMC ses contraintes, afin de stimuler une promotion sur la base de prix stables.
(17.00 euros, 170 p.)
ISBN : 978-2-343-00491-4, ISBN EBOOK : 978-2-296-53236-6

DE L'HÉGÉMONIE DU NORD AU TRIOMPHE DES SUDS
Vers l'inévitable catastrophe démographique et environnementale
Monnier Yves
Par la suite d'une uniformisation des comportements démographiques dans le Nord et dans les Suds, la population mondiale devrait se stabiliser autour de 10 milliards d'habitants vers 2100. L'auteur tente d'évaluer le coût environnemental de cette pression et définit les tendances des transformations socio-économiques et des bouleversements humains qui accompagneront cette ultime poussée. Aujourd'hui le Nord et les Suds sont coresponsables du destin du monde, aucun ne peut prétendre à l'innocence.
(Coll. Les Tropiques entre mythe et réalité, 17.50 euros, 174 p.)
ISBN : 978-2-336-29353-0, ISBN EBOOK : 978-2-296-53176-5

DE SMITH À MARX : DEUX APPROCHES DU CAPITALISME
Mesin André
Tout semble opposer ces deux auteurs majeurs : quoi de commun entre le champion de la gauche anticapitaliste et celui de la droite libérale, voire hyperlibérale ? Pourtant, une lecture attentive de leurs oeuvres majeures (*Le Capital* et *Richesses des Nations*) révèle quelques convergences au-delà de divergences réelles. Voici un ouvrage pour ceux qui souhaitent mieux connaître ces deux auteurs.
(Coll. Pour Comprendre, 14.50 euros, 142 p.)
ISBN : 978-2-296-99838-4, ISBN EBOOK : 978-2-296-53127-7

PASSAGE AU CRIBLE DE LA SCÈNE MONDIALE – L'actualité internationale 2012
Sous la direction de Josepha Laroche
Cet ouvrage réunit des textes portant sur l'actualité internationale de l'année 2012. Elle forme un ensemble homogène qui éclaire le lecteur sur les lignes de force parcourant la scène mondiale. Il met l'accent sur la vulnérabilité de tous les États. En effet, qu'il s'agisse d'États faillis comme le Mali ou bien au contraire de l'hégémon américain, voire d'un simple État en formation comme la Palestine, le constat reste le même : tous participent aujourd'hui du chaos international.
(Coll. Chaos International, 17.00 euros, 170 p.)
ISBN : 978-2-343-00309-2, ISBN EBOOK : 978-2-296-53118-5

PUBLIC (LE), NOUVEL ACTEUR DES PROJETS D'AMÉNAGEMENT ?
Coullange Anaïs
L'expression de démocratie participative aura fait un temps florès dans le discours politique. Mais qu'en est-il de la réalité de la participation des citoyens lors de l'élaboration des projets

d'aménagement ? Dépassant le simple aspect procédural, à travers l'exemple de l'urbanisme et des modalités permettant d'associer les habitants, ce sont le concept même de participation et la place que le politique entend donner (ou non) au citoyen qui sont ici questionnés.
(Coll. Master Collectivités territoriales et politiques publiques, 15.00 euros, 146 p.)
ISBN : 978-2-343-00131-9, ISBN EBOOK : 978-2-296-53070-6

VOUS N'EXISTEZ PAS – Négationnisme et mensonges d'État
Torossian Sévag
Le négationnisme est la dissimulation du crime de génocide. Cette infraction est concomitante au crime : en même temps que le criminel opère, il efface les preuves du génocide. Sous l'angle du mensonge d'Etat, ce concept couvre ainsi une définition plus large que celle retenue actuellement par le droit positif. Un an après l'invalidation de la loi Boyer par le Conseil constitutionnel, l'auteur revient sur la pénalisation du négationnisme du génocide arménien.
(14.00 euros, 134 p.)
ISBN : 978-2-343-00351-1, ISBN EBOOK : 978-2-296-53191-8

DEMAIN L'OCCIDENT !
Essai
Valdman Edouard
Si l'Occident veut poursuivre sa course, dans un monde à présent multipolaire, il lui faut trouver de nouvelles formes d'expression. Il doit unir le puritanisme américain, créateur du libre-échange et du marché, à une Europe fédérée qui a su préserver en son sein l'héritage de la création, de la beauté et de la gratuité. Il doit aussi accueillir la Loi juive, à même de regagner son rôle de tronc spirituel commun. Quelle forme originale prendra cette alliance si elle se réalise ?
(15.50 euros, 152 p.)
ISBN : 978-2-336-00919-3, ISBN EBOOK : 978-2-296-51557-4

CAMPAGNE (LA) PRÉSIDENTIELLE DE 2012 – Votez pour moi !
Sous la direction de Dominique Labbé et Denis Monière
2 241 messages, c'est le volume de la communication des cinq principaux candidats à la présidentielle de 2012. Ce livre en présente les caractéristiques grâce à l'analyse de contenu et à la lexicométrie : orientation de la communication, mise en valeur de soi et critiques des autres, thématiques et style des candidats. L'importance de la négativité dans les campagnes récentes est ainsi mise en valeur, confirmant la prédominance de la polémique et du dénigrement sur le contenu positif dans la communication politique.
(Coll. Logiques politiques, 19.00 euros, 182 p.)
ISBN : 978-2-336-00671-0, ISBN EBOOK : 978-2-296-53029-4

VILLE (LA) DURABLE APRÈS LE GRENELLE DE L'ENVIRONNEMENT
Sous la direction de Jean-Luc Pissaloux et Gérald Orange
Cet ouvrage traite explicitement de la ville durable : conséquences du Grenelle de l'environnement sur les administrations locales, nouvelles sources de financement, construction d'indicateurs, écoquartiers, biodiversité, risques environnementaux... sans oublier de nouveaux outils en gestation comme les quotas individuels de carbone.
(Coll. Grale, 27.00 euros, 262 p.)
ISBN : 978-2-336-29035-5, ISBN EBOOK : 978-2-296-51710-3

RÉVOLUTION (LA) IMPOSSIBLE – Mes années avec Socialisme ou Barbarie
De Diesbach Sébastien
Fin des années 40 : deux blocs se partagent le monde, mais une bande de jeunes refuse ce choix : être du bord des bureaucrates à l'Est ou des capitalistes à l'Ouest. L'ouvrage raconte l'histoire de ces iconoclastes et de leur organisation, dont l'auteur fit partie, *Socialisme ou Barbarie.* C'est aussi l'histoire de l'auteur, déchiré entre la fidélité à ses camarades et l'attraction des nouveaux courants culturels, comme le jazz, l'alpinisme, la littérature américaine, ou encore le nouveau cinéma.
(Coll. Questions contemporaines, 25.00 euros, 248 p.)
ISBN : 978-2-343-00071-8, ISBN EBOOK : 978-2-296-53013-3

TRIPLES A DE LA BIO-ÉCONOMIE
Efficacité, sobriété et diversité de la croissance verte
Le CLUB des Bio-économistes, ouvrage coordonné par Claude Roy
Dans cinquante ans tout au plus, ce qui fonde notre civilisation et notre confort sera menacé de rareté (eau, alimentation, énergie...) ou de dérèglement (climat). Or face à ces menaces, les ressources renouvelables de la terre, des forêts, et les hommes qui les cultivent et les valorisent, détiennent une part cruciale des réponses. Comment ? Ces réflexions nous livrent un exceptionnel concentré de développement durable, riche de données et de synthèses, pour voir loin et large, et pour assumer l'avenir avec cohérence.
(Coll. Développement durable, 30.50 euros, 294 p.)
ISBN : 978-2-296-99739-4, ISBN EBOOK : 978-2-296-51161-3

RENOUVEAU DU NUCLÉAIRE APRÈS FUKUSHIMA
Monfort Julie, Du Castel Viviane
L'énergie nucléaire, controversée suite à l'accident de la centrale nucléaire de Fukushima, revient sur le devant de la scène, tant ses avantages supplantent les risques potentiels. La raréfaction des hydrocarbures, les incertitudes géopolitiques, la volatilité des prix amènent une conjoncture qui favorise l'énergie nucléaire à usage civil.
(Coll. Géoéconomie et Géofinance, 22.00 euros, 224 p.)
ISBN : 978-2-296-99797-4, ISBN EBOOK : 978-2-296-51185-9

ÉTAT-PROVIDENCE ET LES JEUNES
Chevalier Tom - Préface de Bruno Palier
La jeunesse est de plus en plus présente au cœur des préoccupations publiques. En témoignent l'insistance du président François Hollande à se présenter comme le président de la jeunesse et sa proposition d'une allocation d'autonomie. Cet ouvrage compare les deux périodes où la question de la mise en place de cette allocation a été discutée, et explique comment la politique familiale a été privilégiée, aux dépens de ce type de prestation favorisant l'indépendance des jeunes.
(Coll. Inter-National, 19.00 euros, 194 p.)
ISBN : 978-2-296-99741-7, ISBN EBOOK : 978-2-296-51137-8

SAUVER LA SÉCURITÉ SOCIALE – Question de générations
Peraldi Olivier, Jeger François
Près de 70 ans après sa naissance, faut-il sauver la Sécu ? Retraites de plus en plus coûteuses, car de plus en plus longues, nouvelles pathologies, mais aussi nouveaux enjeux tels le renoncement aux soins et la pénurie des médecins... La Sécurité sociale concentre toutes les interrogations sur le modèle de société laissé aux générations suivantes, semant le doute chez les jeunes quant à la solidarité intergénérationnelle.
(15.50 euros, 148 p.)
ISBN : 978-2-336-00184-5, ISBN EBOOK : 978-2-296-51089-0

MONTÉE DE L'EXTRÊME DROITE EN FRANCE
Le cas du département de la Somme (CD inclus)
Nkunzumwami Emmanuel
Le présent ouvrage présente et analyse les évolutions de la sociologie électorale en France au cours du quinquennat de Nicolas Sarkozy. L'auteur apporte ici un éclairage sur les évolutions comparées des formations politiques engagées sur le terrain des batailles électorales. Le lecteur pourra ainsi suivre les évolutions du paysage électoral dans les communes, les cantons et les circonscriptions, ainsi que l'implantation de plus en plus forte de l'extrême droite dans le département de la Somme.
(31.00 euros, 264 p.)
ISBN : 978-2-336-00576-8, ISBN EBOOK : 978-2-296-51106-4

L'HARMATTAN ITALIA
Via Degli Artisti 15; 10124 Torino

L'HARMATTAN HONGRIE
Könyvesbolt ; Kossuth L. u. 14-16
1053 Budapest

L'HARMATTAN KINSHASA
185, avenue Nyangwe
Commune de Lingwala
Kinshasa, R.D. Congo
(00243) 998697603 ou (00243) 999229662

L'HARMATTAN CONGO
67, av. E. P. Lumumba
Bât. – Congo Pharmacie (Bib. Nat.)
BP2874 Brazzaville
harmattan.congo@yahoo.fr

L'HARMATTAN GUINÉE
Almamya Rue KA 028, en face du restaurant Le Cèdre
OKB agency BP 3470 Conakry
(00224) 60 20 85 08
harmattanguinee@yahoo.fr

L'HARMATTAN CAMEROUN
BP 11486
Face à la SNI, immeuble Don Bosco
Yaoundé
(00237) 99 76 61 66
harmattancam@yahoo.fr

L'HARMATTAN CÔTE D'IVOIRE
Résidence Karl / cité des arts
Abidjan-Cocody 03 BP 1588 Abidjan 03
(00225) 05 77 87 31
etien_nda@yahoo.fr

L'HARMATTAN MAURITANIE
Espace El Kettab du livre francophone
N° 472 avenue du Palais des Congrès
BP 316 Nouakchott
(00222) 63 25 980

L'HARMATTAN SÉNÉGAL
« Villa Rose », rue de Diourbel X G, Point E
BP 45034 Dakar FANN
(00221) 33 825 98 58 / 77 242 25 08
senharmattan@gmail.com

L'HARMATTAN BÉNIN
ISOR-BENIN
01 BP 359 COTONOU-RP
Quartier Gbèdjromèdé,
Rue Agbélenco, Lot 1247 I
Tél : 00 229 21 32 53 79
christian_dablaka123@yahoo.fr

627103 - Novembre 2015
Achevé d'imprimer par

1livre.com
du rêve à la réalité !

www.ingramcontent.com/pod-product-compliance
Lightning Source LLC
LaVergne TN
LVHW011301061026
849535LV00005B/1343